LES BANQUES CENTRALES SONT-ELLES LÉGITIMES ?

Colloque du Centre Cournot pour la recherche en économie

LES BANQUES CENTRALES SONT-ELLES LÉGITIMES ?

Ouvrage réalisé sous la direction de Jean-Philippe Touffut

Patrick Artus
Alan Blinder
Willem Buiter
Barry Eichengreen
Benjamin Friedman
Carl-Ludwig Holtfrerich
Gerhard Illing
Otmar Issing
Takatoshi Ito
Stephen Morris
André Orléan
Nouriel Roubini
Robert Solow

Albin Michel

Sommaire

Introduction

JEAN-PHILIPPE TOUFFUT[1]

De dix-huit à la fin du XIXe siècle, les banques centrales ont vu leur nombre passer à cent soixante-treize au début de ce siècle. Peu d'institutions se sont diffusées comme elles à travers le monde. Alors que les premières banques centrales étaient les banques des gouvernements, elles ont progressivement incorporé les fonctions qui en ont fait au XXe siècle les banques des banques. À partir des années 1990, leur rôle s'est transformé : elles ont dû progressivement se montrer plus indépendantes à l'égard du pouvoir politique. L'ensemble de la planète a été touché par cette transformation : les banques de trente-quatre pays ont ainsi adopté de nouveaux statuts entre 1990 et 2001.

En même temps que changeaient les instruments de la politique monétaire, la conduite de cette politique se modifiait : l'accent est aujourd'hui davantage mis sur la transparence des objectifs de la banque à court et à moyen terme (inflation et niveau d'activité), plutôt que sur les objectifs intermédiaires, comme la stabilité des taux de change, la croissance de la masse monétaire ou le niveau des taux d'intérêt nominaux. Il est difficile de démêler dans la politique monétaire les instruments qui permettent de la mener des formes qui la rendent légitime. À vrai dire, les arguments strictement économiques et les arguments que l'histoire fait valoir sont inséparables. Cet ouvrage trouve son origine dans la conférence

1. Secrétaire général du Centre Cournot.

organisée à la fin de l'année 2006 par le Centre Cournot[1], dont l'objectif était précisément de rendre compte de la construction institutionnelle que les banques centrales ont représentée au cours des dernières décennies. Depuis lors, l'actualité n'a cessé de placer ces institutions au premier rang de la scène économique : le rôle-titre qu'on leur accorde dans l'économie a suscité de nombreux commentaires en dehors de ce champ, sans que soient toujours compris les fondements et la latitude de leurs interventions.

Il faut reconnaître que la banque centrale n'est plus seulement, comme la décrivait Walter Bagehot en 1874, « un prêteur parmi de nombreux autres en temps normal, alors qu'elle est le seul prêteur en temps de panique ». La banque centrale n'a, de fait, jamais eu un rôle limité à celui de prêteur. Elle occupe une place en surplomb de l'activité économique, qu'elle doit au moins autant à son discours qu'à ses actes. Son expression publique est ainsi organisée de manière très précise. Les déclarations des gouverneurs, dont la presse fait souvent le plus large écho, constituent quelques lignes du vaste ensemble d'informations, souvent très denses, qu'elle distille sous forme de statistiques ou d'études. Les publications des banques centrales ont ceci de particulier qu'elles sont l'objet d'interprétations croisées qui peuvent s'opposer, au point de contredire l'expression initiale de leurs auteurs. Elles sont aussi l'occasion d'anticipations, lesquelles peuvent également prendre toute communication à contre-pied.

Quelle que soit la contradiction qui affecte les énoncés de la banque centrale, sa formulation ne remet pas en cause la légitimité qu'ils expriment. Certes, la déclaration d'un banquier central, quel que soit son contenu, doit être interprétée en fonction de sa situa-

1. Je remercie l'ensemble des participants à la conférence du Centre Cournot sur les banques centrales et en particulier Robert Solow, qui l'a présidée ; il lui a donné le souffle historique qui manque à l'économie lorsqu'elle débat entre soi. Que Therrese Goodlett et Anna Kaiser soient vivement remerciées ! De l'organisation du colloque, à la préparation du manuscrit et jusqu'à la rédaction de l'index, elles ont permis à l'ouvrage de voir le jour dans les meilleures conditions. Édouard Challe, Xavier Ragot, Gérard Liné et Gérard Magne n'ont pas ménagé leurs efforts pour réviser les traductions, un grand merci pour leur sagacité. Le film de l'ensemble des interventions est disponible sur commande en ligne auprès du Centre Cournot : www.centre-cournot.org.

tion énonciative, mais des expressions aussi classiques que « il y a un risque de hausse de l'inflation à court terme » ou « les marchés ont raison de s'attendre à une hausse des taux prochaine[1] » partagent une singularité. Ces affirmations privilégient le sous-entendu au présupposé dans la mesure où elles expriment la souveraineté politique[2]. Dans le présupposé, en effet, la responsabilité du sens implicite appartient entièrement à l'énonciateur, alors qu'elle incombe exclusivement à l'interlocuteur dans le sous-entendu. Le banquier central n'adopte pas un discours codifié dans ses composants syntaxiques, mais dépendant du contexte et lié à l'énonciation ; il peut en tout cas se retrancher derrière la littéralité de son énoncé.

L'expression de l'indépendance de l'institution est un enjeu qui rappelle la marque de son autonomisation par rapport à son histoire. Tout ce que le discours de la banque centrale pose comme donné, cet ensemble de dispositions qui fondent son universalité anhistorique, est pourtant le produit d'un long cheminement collectif qui aboutit à cette apparente évidence naturelle[3]. Les formulations de la banque centrale contribuent à créditer les agents d'une conduite économique rationnelle, escamotant les conditions sociales de l'accès à cette aptitude et de l'action indispensable pour universaliser ces conditions. La banque centrale se situe ainsi *a priori* dans la sphère d'échanges marchands qui entretient une légitimité politique. Les pays qui ont modifié les statuts de leurs banques centrales dans les années 1990 se sont en quelque sorte convertis en acceptant un univers de croyance devenu autonome.

André Orléan s'interroge ainsi sur les fondements, l'entretien et les crises de cette étonnante croyance collective, dans laquelle se révèle la puissance propre de la monnaie. La piste de l'inscription juridique des engagements de la banque centrale ne mène pas très loin. Certes, la contrainte juridique accroît sa crédibilité en raison

1. Déclaration du gouverneur de la BCE, le 1er février 2006.

2. Sans rentrer plus profondément dans l'analyse sémantique du discours, il apparaît que ces deux phrases ne résistent pas au test de comportement syntaxique, la négation ou l'interrogation, qui modifie complètement l'énoncé.

3. La banque centrale est ainsi une institution spécifique de l'économie, comme la décrit P. Bourdieu (2000), pp. 15-17.

des lourdes sanctions encourues si l'engagement n'est pas honoré, mais elle confère au mieux à la banque centrale une autonomie opérationnelle. Les contraintes juridiques varient d'ailleurs grandement d'un pays à l'autre : aux États-Unis, la Fed a par exemple un triple objectif, alors que la plupart des autres banques centrales doivent seulement assurer la stabilité des prix. L'analyse comparée de l'histoire de ces institutions, que confirme l'étude des deux événements décrits par André Orléan, montre que, fondamentalement, la monnaie dispose d'un pouvoir propre, ce qu'ignore par définition la vision légaliste. Le décalage entre les contraintes imposées par la loi et l'inscription historique de la banque centrale apparaît avec force dans la contribution de Carl Holtfrerich, consacrée à la Reichsbank. De la fondation de l'Empire allemand en 1871 à l'entrée en vigueur de l'euro en 1999, les avatars de la banque centrale allemande permettent de comprendre les fondements de la Banque centrale européenne. La Reichsbank puis la Bundesbank ont été continûment subordonnées au politique. L'analyse de Holtfrerich montre ainsi que les prises de position de ces institutions ont sous-tendu la promotion d'un mercantilisme spécifique, fondé sur les exportations. Restreindre la demande intérieure à l'aide de politiques fiscales et monétaires adéquates a permis de garder les importations et l'inflation nationale à un niveau bas et de libérer ainsi des ressources productives pour exporter davantage.

Le texte de Benjamin Friedman pose la question de la pertinence du discours sur l'activité économique financière et non financière des banquiers centraux. Comment les objectifs politiques d'une banque centrale doivent-ils être présentés en interne, aux marchés financiers ou au grand public, comme « cibles » de la politique monétaire ? Les questions de transparence et de responsabilité de la banque centrale mettent en jeu l'ensemble des représentations de l'institution en charge de la politique publique. La conduite monétaire affecte non seulement des résultats économiques réels comme la production et l'emploi, mais constitue aussi, à des fins pratiques, le seul instrument unifié dont dispose la politique publique à moyen terme. Les politiques doivent avoir des objectifs concernant les résultats réels et écarter l'argument selon lequel la politique monétaire ne dispose que d'un seul instrument indépendant et ne se concentre que sur un seul objectif.

Si l'on s'attarde sur la conformité du discours et des recommandations des banques centrales aux résultats qu'elles estiment avoir obtenus au cours des quinze dernières années, « la politique monétaire a été une très grande réussite », comme l'indique Gerhard Illing en exergue de sa contribution. Tirée de la nouvelle synthèse néoclassique, leur inspiration serait ainsi validée : elle met l'accent sur l'engagement des banques centrales à peser efficacement sur les taux d'intérêt réels de long terme, en assurant la crédibilité de leur action sur les taux à court terme et en communiquant en amont les informations sur les variations futures des taux nominaux envisagées. L'offre de monnaie n'a, dans cette interprétation, qu'un rôle marginal à jouer. Une partie du discours s'est fondée sur la mise en œuvre d'innovations financières, censées rendre les marchés plus efficaces dans leur ensemble. Ces innovations sont également susceptibles d'engendrer des problèmes plus graves en cas de détérioration importante de la conjoncture. En période de crise, l'injection de liquidités par les banques centrales permet de sauver la situation, elle peut également contribuer à amplifier le problème : les institutions, déjà endettées, comptant sur l'intervention des banques centrales en cas de crise, sont encouragées à prendre des risques encore plus importants. En amont, la politique optimale consisterait à essayer d'éviter la constitution de fragilités financières plutôt que de se lancer dans un engagement (très coûteux) à intervenir face au risque d'un effondrement financier.

Les problèmes de stabilité risquent d'entrer en conflit avec les autres objectifs de l'autorité monétaire. Une banque centrale peut hésiter à augmenter les taux d'intérêt au rythme nécessaire pour stabiliser l'économie de manière efficace. Si une augmentation des taux risque de mettre en danger les institutions fortement endettées, la banque centrale peut se trouver piégée dans une trappe de taux d'intérêt : les problèmes de stabilité financière peuvent la forcer à suivre une trajectoire d'un gradualisme disproportionné. Dans le même ordre d'idées, pendant les périodes favorables, elles peuvent augmenter les taux d'intérêt au-dessus du niveau nécessaire pour faire face aux problèmes de stabilisation, visant ainsi à avoir assez de munitions quand les choses vont plus mal. À nouveau, les modalités de la stabilisation peuvent être contradictoires avec une politique stabilisatrice efficace. La justesse du scénario que propose Gerhard

Illing se mesure, au début de l'été 2008, à sa correspondance avec la crise qui se développe sous nos yeux depuis l'automne 2007.

Comme l'a expliqué Stephen Morris lors de la conférence du Centre Cournot, les économistes ne peuvent plus défendre l'idée d'une dichotomie entre, d'un côté, l'action de la banque centrale à partir des instruments dont elle dispose et, de l'autre, le jeu des acteurs économiques, qui prennent indépendamment leurs décisions. Dans sa contribution qui l'associe à Hyun Song Shin, il montre que les décisions se forgent dans l'entre-deux des interprétations des uns et des autres. La politique monétaire s'évertue à remédier aux échecs de coordination : même si une communication réussie peut réduire l'importance des instruments directs de la banque centrale, comme le contrôle des taux d'intérêt à un jour, ceux-ci restent déterminants en cas de crise. Depuis une quinzaine d'années, nous disent Morris et Shin, les banques centrales doivent maîtriser l'art de coordonner les anticipations dans l'économie. Lorsque la politique de diffusion de l'information échoue à coordonner les anticipations, ces instruments sont mobilisés. Leur impact peut être d'autant plus fort que leur utilisation est inattendue. Si la coordination des anticipations est possible, on dispose alors d'un instrument puissant et efficace, comme l'ont montré les succès d'une plus grande transparence dans la communication des banques centrales ces quinze dernières années.

La transparence est justement ce qui différencie de la manière la plus marquante la banque centrale d'aujourd'hui de celle d'antan. Au cours des dernières années, cette vertu doit concerner les objectifs, les procédures, les principes, les modèles et les données des autorités monétaires. Cette tendance est-elle générale et susceptible de durer ? L'article de Barry Eichengreen et Nergiz Dincer tente de répondre à ces questions : il révèle qu'elle est remarquablement généralisée et traite les conditions de sa durabilité. Il semble que les incidences sur la variabilité de l'inflation et de la production soient positives. Si les dispositifs institutionnels qui engendrent de bons résultats obtiennent le soutien du public, on peut penser que cette tendance à une plus grande transparence de la politique monétaire perdurera.

Quelques études ont déjà été menées sur le sujet, mais on sait peu de chose sur les tendances de la transparence, sur leurs corrélats et leurs implications. La théorie a ouvert des perspectives utiles, mais ses implications sont pour le moins limitées. Eichengreen et Dincer apportent de nouveaux éléments dans leur contribution : ils élaborent un indice de transparence des banques centrales. Cet indice en fait apparaître les composantes et les dimensions, il couvre un nombre de pays et d'années plus important que dans les études antérieures. L'analyse de la diffusion dans le temps et dans l'espace apporte un éclairage sur les tendances récentes : dans quels pays, et pour quelles raisons, les banques centrales sont-elles devenues plus transparentes ? Quelle est l'incidence de la transparence sur la persistance de l'inflation et sur la variabilité de l'inflation comme de la production ? L'analyse des déterminants de la transparence et de ses effets met au jour des variables instrumentales qui confirment la corrélation observée entre les résultats.

Les deux dernières contributions donnent une saveur particulière à ce recueil des actes, présentés à la toute fin 2006. Ils livrent en effet la recette de la crise financière qui se déclenche huit mois plus tard. Comme Nouriel Roubini, Takatoshi Ito présente les origines d'une crise qui couve mais dont tous deux ignorent d'où viendra l'étincelle. Ito s'attarde ainsi sur le rôle des banques centrales face aux déséquilibres planétaires de la finance, apparus depuis 2003. Il s'inquiète de quatre caractéristiques : les déficits très lourds de la balance courante des États-Unis ; les excédents importants de la balance courante de la Chine, d'autres pays de l'Est asiatique et des pays producteurs de pétrole ; de l'accumulation des réserves de change parmi ces pays excédentaires due à une résistance à l'appréciation de leur monnaie, et des importantes entrées de capitaux aux États-Unis, ainsi que des faibles taux d'intérêt à l'échelle mondiale. Parmi les éléments qui rendent la prolongation de ce phénomène impossible se trouve en tête la pérennité de la consommation des États-Unis, soutenue par la hausse de l'immobilier… C'est d'ailleurs l'un des sept scénarios que propose Nouriel Roubini pour comprendre la saga de la crise qui se développe sous ses yeux. Chaque version, de la plus rassurante à la plus catastrophiste, dévoile sa conception de la banque centrale : point focal des anticipations de l'activité économique ou clé de voûte du système. Jusqu'à tout récemment, l'intervention des banques centrales était d'ailleurs destinée à prévenir les crises de systèmes, celles qui mettaient en danger l'architecture du financement de l'économie. Elles intervenaient ainsi au titre de « prêteur en dernier ressort », pour sauver les quelques institutions qui en constituaient la charpente. Au cours du mois de mars 2008, l'injection par la banque centrale des États-Unis de 30 millions de dollars pour contribuer à la survie de Bear Stearns Companies, une société de courtage, a constitué un phénomène inédit, dont on ignore s'il constitue l'amorce d'un changement de périmètre des responsabilités que se donnent les banques centrales vis-à-vis d'institutions non bancaires. Depuis les années 1930 en effet, jamais la Fed n'avait prêté à d'autres qu'à des banques. L'intervention d'une banque centrale en faveur d'une société qui n'est pas soumise aux mêmes réglementations que les banques la place sur le même pied que des structures réglementées strictement, objets de supervision et de contrôle sévères, de ratios de liquidités, de confidentialité. Quelle est alors l'instance politique supérieure qui justifie ce glissement ?

Au niveau mondial, le G 8 n'est pas devenu le directoire des affaires monétaires mondiales qu'il avait un temps espéré constituer. Aucune instance politique, qu'elle soit un groupe *ad hoc* ou onusien, n'a réussi à gérer la discordance des politiques économiques dont les déterminants dépassent l'espace des huit plus grandes puissances mondiales. Les minutes de la table ronde qui rassemble Patrick Artus, Alan Blinder, Willem Buiter et Otmar Issing autour de Robert Solow mettent en perspective les préoccupations des banques centrales : quels doivent être les objectifs des banques centrales et les instruments dont elles disposent ? quels sont les répercussions et les effets de la mondialisation sur la politique monétaire ? Ces interrogations se déclinent selon la perception que les autorités monétaires ont de la communication et de la transparence, comme de leur indépendance et de leur responsabilité. D'une région du monde à l'autre, la crise contemporaine montre que les réponses apportées par les banques centrales renvoient au fondement de la légitimité politique des gouvernements.

Les croyances monétaires et le pouvoir des banques centrales

ANDRÉ ORLÉAN[1]

> « Si toute monnaie est fiduciaire comme l'affirme Simiand, reste à déterminer, à chaque étape de l'évolution, les motifs de cette confiance collective. En déceler, société par société, la nature et en mesurer la force, nulle tâche plus impérativement que celle-là ne devrait solliciter les historiens de l'économie. Il y faudrait une analyse serrée de toute l'atmosphère sociale. »
>
> Marc Bloch

L'engagement des banques centrales à maintenir le pouvoir d'achat de l'unité de compte joue un rôle pivot dans un système à monnaies purement autoréférentielles. Lorsque les monnaies sont ainsi émancipées de toute contrainte de convertibilité à taux fixe, aussi bien à l'égard des étalons métalliques qu'à l'égard d'autres monnaies, c'est cet engagement qui assure l'ancrage nominal. C'est par lui que les anticipations privées de prix se trouvent stabilisées. Toute la théorie contemporaine insiste à juste titre sur l'importance de cette tâche comme sur sa difficulté. Un point retient plus particulièrement son attention : l'influence perturbatrice du pouvoir politique[2].

1. Directeur de recherche au Centre national de la recherche scientifique, directeur d'études à l'École des hautes études en sciences sociales.

2. Comme le notent Capie *et al.* (1994), cette influence est considérée comme essentielle : « La littérature de l'incohérence temporelle suggère que c'est la structure d'incitation des banques centrales et non les limitations techniques qui ont empêché l'atteinte de l'objectif de prix stables. »

En effet, celui-ci est incité, avant les élections, à accroître l'offre de monnaie au détriment de la stabilité des prix de façon à stimuler l'économie pour augmenter ses chances de réélection. Dans le cadre d'un modèle avec anticipations rationnelles, les agents privés sont parfaitement avertis du biais inflationniste des pouvoirs publics, ils adaptent en conséquence leurs anticipations de prix. La production n'est *in fine* nullement stimulée contrairement à l'inflation. Pour échapper à ce résultat dommageable pour tout le monde, la théorie contemporaine propose de rendre la banque centrale indépendante de telle sorte qu'elle puisse s'engager de manière crédible à lutter contre l'inflation. En isolant l'institut d'émission des pressions gouvernementales, l'indépendance lui permet d'échapper aux tentations court-termistes du pouvoir politique pour s'en tenir à son objectif de stabilité des prix. Cet argumentaire bien connu a conduit au consensus international actuel qui fait du ciblage de l'inflation par une banque centrale indépendante la norme en matière de politique monétaire. Pour s'en convaincre, il n'est que d'observer le grand nombre de banques centrales ayant modifié leurs statuts dans ce sens au cours des quinze dernières années. Entre 1990 et 2001, King (2001) en a dénombré trente-quatre.

Cette analyse laisse dans l'ombre la question des forces capables de produire cette indépendance ; ou, plus exactement, conformément au modèle d'*Ulysse et les sirènes* (Elster, 1987), elle y répond en supposant que c'est l'État lui-même qui se lie les mains de sa propre autorité. Cette réponse est-elle satisfaisante ? Sans trancher sur le fait de savoir si un tel schéma est souhaitable, nous nous demandons s'il est possible. Plus précisément, en quoi l'indépendance accordée par le souverain est-elle un obstacle *crédible* à l'action ultérieure de la souveraineté ? Ce que celle-ci a consenti n'est-il pas toujours en son pouvoir de le reprendre ? Autrement dit, comment rendre cette indépendance véritablement crédible ? C'est, comme on le sait, le point central de l'analyse car, sans engagement crédible, on retombe dans les contradictions de l'incohérence temporelle.

L'étude de cette question nous conduit, dans une première section, à critiquer ce que nous appelons « l'illusion légaliste », c'est-à-dire cette conception qui pense que l'inscription juridique des engagements est capable de protéger de manière crédible l'autonomie de la banque centrale face aux empiètements de l'autorité politique. Il n'en est rien. Pourtant, il n'est pas douteux que les banques centrales, à divers moments de leur riche histoire, ont su résister aux pressions gouvernementales. Pour comprendre la nature des forces qui conduisent à un tel résultat, nous étudions plus spécifiquement deux conjonctures historiques au cours desquelles l'autorité monétaire a réussi à faire prévaloir son point de vue, c'est-à-dire la fin du gouvernement Herriot en avril 1925 (section 2) et la politique de la Reichsbank après la loi d'autonomie de mai 1922 (section 3). S'il en a été ainsi lors de ces deux épisodes, c'est parce que la banque centrale a pu s'appuyer sur un mouvement d'opinion très puissant et structuré. Ce qui se donne à voir ici, dans ces mouvements collectifs d'opinion, c'est la puissance propre de la monnaie, la puissance du nombre coalisé autour d'une certaine croyance, ce que nous avons appelé ailleurs la « puissance de la multitude » (Lordon et Orléan, 2008). Cette croyance monétaire qui traverse largement le corps social a le pouvoir de contraindre le gouvernement : s'opposer à lui met en effet gravement en péril sa légitimité. Il faut voir en elle l'expression même de cette « confiance collective » dont Marc Bloch dit qu'il n'y a rien de plus impératif pour les historiens de l'économie que d'en « déceler la nature et en mesurer la force », ce qui suppose « une analyse serrée de toute l'atmosphère sociale »[1]. En conclusion, nous revenons sur cette dimension essentielle de la réalité monétaire pour rappeler que l'autorité des banques centrales, c'est-à-dire leur capacité à préserver leur autonomie, trouve son fondement le plus solide dans leur aptitude à être les porte-voix fidèles des croyances monétaires collectives. *A contrario*, mettre en avant l'indépendance juridique peut s'avérer grandement contre-productif dès lors que cet aspect est promu au rang d'objectif en soi.

1. L'illusion légaliste

La manière la plus commune d'aborder cette question des engagements crédibles consiste à faire appel à l'appareil juridi-

1. Se reporter à la citation en exergue, citée in Bruguière (2006, p. 122).

que. Comme l'écrivent Olivier Blanchard et Stanley Fischer dans leurs *Lectures on Macroeconomics* : « La Loi, qu'elle soit constitutionnelle ou d'un moindre niveau, est à l'évidence une solution au problème de l'incohérence dynamique. » En effet, l'inscription juridique d'un engagement accroît significativement sa crédibilité en raison des lourdes sanctions encourues s'il n'est pas honoré. « La conception légaliste » s'en déduit qui fait du droit la source principale de la crédibilité. Elle est très présente dans la littérature consacrée à l'indépendance des banques centrales. Elle se manifeste de la manière la plus visible dans l'attention très forte qui est portée aux statuts juridiques des banques centrales. La plupart des indicateurs supposés mesurer l'indépendance des banques centrales sont d'ailleurs construits grâce au codage de données juridiques, essentiellement de leurs statuts. Cette conception légaliste a déjà fait l'objet de nombreuses critiques (Cukierman, 1994 ; Forder, 1996 ; King, 2001). On a souligné qu'il pouvait exister une distance importante entre l'indépendance *de jure*, telle que la mesurent ces indicateurs, et l'indépendance *de facto*, telle qu'elle se révèle dans les comportements effectifs. Pour expliquer cela, on a invoqué soit l'incomplétude de la loi qui laisse un important espace où les droits et les devoirs de chacun restent indéterminés, soit l'existence structurelle d'écarts significatifs entre la lettre de la loi et les pratiques véritables. À ces critiques qui valent tout aussi bien pour des acteurs privés, il faut en ajouter de nouvelles, plus essentielles à nos yeux car spécifiques de la situation qui nous intéresse dans laquelle c'est l'autorité politique qu'il s'agit de contraindre. En tant que dépositaire de la souveraineté, elle possède, en effet, non seulement tout un arsenal de moyens de pression, mais également d'importantes prérogatives en matière législative. Pour le moins, elle a toujours la capacité de proposer de nouvelles lois. Aussi, l'aptitude des lois à soumettre de manière crédible le souverain paraît-elle hautement problématique. D'ailleurs, les exemples ne manquent pas de clauses constitutionnelles transgressées par l'autorité publique sans aucune difficulté.

On ne sache pas, par exemple, que le fait d'avoir inscrit la parité « un dollar un peso » dans la loi fondamentale argentine ait pu, de quelques manières, être un empêchement à sa remise en cause par le gouvernement en décembre 2001. De la même manière, si la constitutionalité de la résolution du Congrès américain abrogeant la clause or, le 5 juin 1933, a été mise en cause, il n'est pourtant guère douteux que cela ne pouvait constituer un obstacle sérieux à sa mise en application. Comme l'écrit le juriste Arthur Nussbaum (1934) : « Le Congrès américain, comme les autres corps législatifs, ne pouvait faire autrement qu'atténuer par l'abrogation de la clause les conséquences dangereuses dues à la dépréciation sévère de l'unité monétaire. On ne peut sérieusement croire qu'une constitution quelle qu'elle soit puisse s'opposer au traitement d'une situation si pressante. » En cas de difficultés, il est de la responsabilité du gouvernement de faire en sorte que la situation s'améliore, y compris en modifiant les lois ou en les interprétant à sa convenance. Il est ici parfaitement dans son rôle.

Sur ce point, nous partageons le scepticisme de Milton Friedman lorsqu'il fait remarquer qu'historiquement, tous les conflits sérieux entre banque centrale et gouvernement ont vu la victoire de l'autorité publique sur la banque :

> « Je doute beaucoup que les États-Unis, ou n'importe quel pays, aient jamais fait fonctionner une banque centrale indépendante au plein sens du terme. Même lorsque les banques centrales étaient censées être complètement indépendantes, elles ne l'étaient en fait que dans la mesure où elles ne se trouvaient pas confrontées au reste des pouvoirs publics. Dès qu'un conflit sérieux apparaissait (comme ce fut le cas par exemple en temps de guerre) qui opposait les intérêts des autorités budgétaires, désireuses de collecter des fonds, et ceux des autorités monétaires, attachées à maintenir la convertibilité en espèces, c'est presque toujours la banque qui a cédé le pas, et non l'inverse. Il apparaît que même les banques centrales jugées tout à fait indépendantes ont été étroitement subordonnées au pouvoir exécutif » (1976, p. 173).

À titre d'illustration, certains historiens ont fait remarquer, à propos de la Banque de France, que la période 1878-1913, si différente de la précédente précisément en raison de la forte autonomie de la Banque de France, s'explique entièrement par le fait que, contrairement à l'époque qui précède et celle qui suit, le Trésor n'y a pas connu de besoins importants. Autrement dit, ce serait une erreur de voir dans cette indépendance l'effet d'un rapport de force favorable à la Banque. En fait, le rapport de force entre gouvernement et banque centrale ne s'est pas modifié par rapport aux années antérieures mais, en l'absence d'enjeu véritable pour le Trésor, les gouvernements successifs n'ont pas eu à faire valoir leur légitimité et leur puissance (Blancheton, 2001, p. 75). La Banque l'emporte faute d'adversaire !

Toutes ces observations conduisent à abandonner l'illusion légaliste : il n'est pas dans le pouvoir de la loi de subordonner la souveraineté démocratique, et ceci pour des raisons qui tiennent à la nature même de la souveraineté démocratique. Aussi différons-nous de l'intéressant point de vue d'Alex Cukierman qui lui aussi prend ses distances à l'égard de ce qu'il appelle « l'indépendance légale » ou l'indépendance telle qu'elle est inscrite dans la loi, mais uniquement pour tenir compte des pays dans lesquels les règles juridiques ne sont pas respectées. Notre perspective est différente. Pour nous, même un État respectueux de la loi peut contourner les contraintes légales du seul fait de sa capacité à la changer. Notons que cet argument ne nie pas pour autant la pertinence du point de vue de Cukierman au sens où le non-respect de la loi peut, en effet, constituer un instrument supplémentaire aux mains de l'autorité publique. À nos yeux, la capacité à contourner les contraintes légales ne se limite nullement au cas de non-respect des lois. Elle est inscrite dans la souveraineté elle-même et parfaitement compatible avec la légalité démocratique.

À cet endroit du raisonnement, certains font valoir qu'on peut certes modifier les lois mais que c'est là un processus coûteux pour le gouvernement de telle sorte que celui-ci hésitera avant de se lancer dans une telle modification et cela d'autant plus que ses coûts sont élevés. Cette formulation nous convient parfaitement. D'une certaine manière, on peut présenter l'analyse que nous proposons comme cherchant à évaluer les coûts liés aux modifications légales. Ce que montrent les analyses qui vont suivre est que les coûts stratégiques, les coûts qui comptent, sont essentiellement de nature politique. Aussi, l'évaluation correcte de ces coûts implique-t-elle une analyse en profondeur des rapports de forces sociopolitiques. Pour le dire simplement, il est facile, à l'instant *t*, de changer les lois qui, au moment considéré, n'ont plus la faveur de l'opinion publique. Cette approche politique des coûts s'oppose à la conception naïve qui pense ces coûts comme étant essentiellement de nature juridique, c'est-à-dire des coûts liés au fonctionnement « technique » de l'appareil judiciaire. On trouve cette idée chez Blanchard et Fischer lorsqu'ils associent à la gradation juridique qui va de la loi constitutionnelle, à la loi ordinaire, puis à la règle, pour arriver au choix discrétionnaire, une échelle de coûts de changement décroissants :

> « Les politiques discrétionnaires, comme la politique monétaire, peuvent être changées à moindres frais ; les règles fixées par la loi, comme la réglementation fiscale sont changeables à des coûts plus élevés. Les règles fixées par le droit constitutionnel comme les droits de propriété ou le commerce entre États peuvent être également modifiées en principe, mais à un coût alors bien supérieur. »

Il est facile de montrer que cette vision est erronée : à certaines époques, une loi constitutionnelle peut être bien plus rapidement changée qu'un choix discrétionnaire. Tout dépend de la nature de l'opinion publique au moment considéré. L'idée de coûts juridiques objectifs doit être rejetée.

Est-ce à dire que l'indépendance légale n'a aucune signification ? Nous verrons que non, mais pas parce que la loi serait un obstacle crédible au revirement possible du pouvoir politique. Pour cette raison, il nous semble que le terme d'indépendance n'est pas heureux. Il aurait mieux valu parler d'autonomie opérationnelle, terme qui met en avant les limites intrinsèques de ce qui peut être obtenu[1]. Cette autonomie opérationnelle, sur quoi repose-t-elle ? Si elle ne procède pas de la loi, quelle en est la source ? La question ici posée est celle, fondamentale, du pouvoir monétaire. Dans la conception légaliste, la monnaie n'a pas de pouvoir en propre. Elle n'a que les pouvoirs que lui transmet la loi. Il n'est de pouvoir qu'étatique. Tel n'est pas notre point de vue. Il existe un pouvoir monétaire propre, spécifique, capable de contraindre

1. B. Blancheton (2001) développe ce point.

l'autorité politique. Pour comprendre la nature de ce pouvoir et ses limites, quel meilleur objet d'analyse que l'exemple d'une banque centrale s'opposant victorieusement au gouvernement ? Cela nous permettra de comprendre la nature des forces que le pouvoir monétaire active pour défendre son autonomie. Il s'agit de l'épisode du Cartel des gauches, bien étudié par Jean-Noël Jeanneney (1976, 1977), et la manière dont il échoua face au « mur de l'argent ».

2. Le Cartel des gauches et le mur de l'argent

L'événement qui nous intéresse est la chute du gouvernement Herriot le 10 avril 1925 après onze mois d'existence. Il nous intéresse parce que cette chute est le résultat direct de décisions prises par la Banque de France, c'est-à-dire la révélation publique, ce même jour, du fait que le plafond légal fixé à la circulation fiduciaire a été dépassé. Il s'agit donc d'un épisode historique dans lequel la banque centrale se montre capable de contraindre l'autorité politique. Commençons par rappeler la situation économique de la France en 1924, au moment où le Cartel des gauches remporte les élections législatives du 11 mai.

D'abord la situation monétaire : depuis le 5 août 1914, a été institué le cours forcé du franc ; la convertibilité or a été suspendue et le flottement prévaut sur le marché des changes. Par ailleurs, pour financer la guerre, la France a eu recours massivement à l'endettement sous toutes ses formes : emprunts à long terme, bons du Trésor à court ou moyen terme et avances directes de la Banque de France. Le 11 novembre 1918, ces avances directes atteignent 18 milliards de francs, ce qui correspond à environ 10 % des dépenses de guerre. Pour mesurer l'ampleur de ce chiffre de 18 milliards, il faut le comparer au montant de la circulation fiduciaire d'avant-guerre, c'est-à-dire moins de 6 milliards. Bien évidemment, l'utilisation de la planche à billets pour financer le Trésor conduit mécaniquement à un accroissement important de la circulation fiduciaire qui dépasse les 30 milliards en 1918. Cette situation empire encore, une fois la paix revenue, du fait de l'importance des déficits publics sur la période 1919-1924. Pourtant, et c'est là un point essentiel pour notre analyse, les Français croient absolument non seulement au nécessaire retour à l'étalon-or, mais à un retour qui se ferait conformément à la parité d'avant-guerre. Il s'agit d'un consensus fortement établi au sein de la société française[1], qu'il s'agisse des experts, des hommes politiques ou de l'opinion publique : tous croient à ce retour aux parités d'avant-guerre. Pour cette raison, tous sont farouchement opposés à l'inflation, terme utilisé à l'époque pour désigner non la hausse des prix, mais la hausse de l'émission fiduciaire. Il est clair pour chacun qu'un rétablissement de la parité d'avant-guerre passe par une forte déflation[2].

Dans cette conjecture, deux données monétaires jouent un rôle important : d'une part, le montant des avances directes de la Banque de France au Trésor[3] ; d'autre part, le montant total de la circulation fiduciaire. Ces deux montants sont l'objet de plafonds légaux. Pendant la guerre et jusqu'en 1919, ces plafonds n'ont cessé d'être élevés en fonction des nécessités. En avril 1919, le plafond légal des avances directes est fixé à 27 milliards ; en septembre 1920, le plafond légal de la circulation est fixé à 41 milliards. Ces modifications des plafonds montrent bien les limites de la garantie légale. Les nécessités qu'impose la patrie en danger pouvaient justifier cela. Après la guerre, la Banque de France tente de résister. Analysons cette résistance. Commençons par la question des avances directes. En la matière, l'autorité souveraine joue à fond de son pouvoir exécutif et législatif. Elle le fait dès février 1919 en demandant que le plafond des avances passe de 21 milliards à 24 milliards. C'est là un événement important dans la mesure où cette demande ne peut plus être justifiée par les exigences de la guerre. Pourtant, la Banque de France ne croit pas pouvoir s'y opposer. Cependant, lorsqu'en avril 1919, Louis-

1. Les réparations que l'Allemagne est censée payer jouent un rôle important dans cette croyance.

2. Le modèle que les experts ont en tête est le rétablissement de la parité-or du franc après la guerre de 1870. Le cours forcé du franc a été aboli lorsque les avances au Trésor ont été remboursées ; voir Blancheton (2001).

3. À l'époque, on parle du Mouvement général des fonds. Nous conservons le terme moderne.

Lucien Klotz, ministre des Finances, demande 3 milliards d'avances supplémentaires, certains régents, comme Rothschild, sont partisans d'un refus pur et simple (Blancheton, 2001, p. 187). Après quelques péripéties juridiques, la Banque se déjuge et accepte mais réussit néanmoins à insérer, dans la convention du 24 avril 1919, une clause stipulant le caractère provisoire de l'avance et son remboursement rapide sur les prochaines rentrées du Trésor. L'article 3 de la convention précise que le Trésor s'engage à prélever sur le montant du plus prochain emprunt à émettre une somme suffisante pour éteindre les avances prévues par la présente convention (Blancheton, 2001, p. 188). Aussi, à la fin mars 1920, à la clôture de l'emprunt en question, la Banque de France se tourne-t-elle vers le gouvernement pour obtenir le remboursement de ses avances conformément aux engagements pris. Le ministre de l'époque, Frédéric François-Marsal, doit reconnaître que l'État n'est pas en mesure de tenir ses engagements. Bertrand Blancheton écrit : « Les régents sont sous le choc… : quelle influence peuvent-ils avoir sur la politique monétaire si les conventions qu'ils signent ne sont même pas appliquées ? » (Blancheton, 2001, p. 188). Pourtant, faute d'autre choix, une nouvelle convention est signée le 14 avril 1920. Elle prévoit qu'à nouveau le gouvernement s'engage à rembourser l'avance de 3 milliards d'avril 1919 sur le produit du plus prochain emprunt. Le gouvernement déclare en outre qu'il continuera par la suite l'amortissement de sa dette envers l'institut d'émission à raison d'au moins 2 milliards par an à dater du 1er janvier 1921. Les mêmes causes produisant les mêmes effets, malgré le lancement d'un nouvel emprunt à l'automne 1920, le ministre des Finances manque à ses engagements pour la deuxième fois et ne rembourse pas les 3 milliards. Que peut faire le Conseil général de la Banque de France ? Il se dit « une fois de plus profondément déçu » (Blancheton, 2001, p. 189). Le gouverneur Robineau déclare en janvier 1921 devant les actionnaires de la Banque : « Ce n'est pas sans une très profonde déception, vous n'en pouvez douter, que votre Conseil a dû s'incliner ainsi par deux fois devant l'inévitable » (Blancheton, 2001, p. 189). On voit ici à quel point la banque centrale peut être impuissante face à la volonté gouvernementale. Fin 1921, la convention est, pour la première fois, dûment exécutée : 2 milliards sont remboursés au Trésor et le plafond repasse de 27 milliards à 25 milliards. Cependant, en 1922, les difficultés de trésorerie conduisent à nouveau l'État à ne pas honorer ses engagements. Il ne rembourse qu'un milliard de francs. Il en est de même en 1923 où seulement 800 millions sont remboursés. La Banque de France est une fois de plus flouée. Comme on le note, le fait d'inscrire un plafond légal des avances directes n'est en rien un frein à l'action gouvernementale. Le gouvernement peut soit modifier le plafond par voie législative, soit le transgresser purement et simplement.

Pourtant, si maintenant on considère le plafond de la circulation fiduciaire, la situation se présente très différemment. Pourquoi ? Parce que, contrairement à la donnée précédente, ce chiffre est l'objet d'une vigilance toute particulière de la part de l'opinion publique. Cet indicateur joue un rôle central dans la manière dont le corps social appréhende la valeur du billet. Il en constitue même l'expression privilégiée, bien plus que l'encaisse or ou le déficit budgétaire (Perrot, 1955). L'attention que prête la presse aux bilans hebdomadaires de la Banque de France qui rendent public ce chiffre nous en fournit une illustration parmi d'autres. Toute augmentation de la circulation fiduciaire fait naître dans le public français de puissantes inquiétudes. On est hypnotisé par la crainte de dépasser le plafond légal des 41 milliards. Comme l'écrit Marguerite Perrot dans un livre consacré à l'opinion publique en France : « Ce chiffre de 41 milliards fixé par le Parlement, sans grand souci des variations du revenu national et des perturbations économiques possibles, prend figure soudain de mythe ; c'est le chiffre au-delà duquel l'inflation commence » (p. 126). Parce que ce chiffre fait l'objet d'un investissement affectif collectif considérable, il acquiert une force[1] dont les pouvoirs publics sont obligés de tenir compte. Ce n'est pas tout. Le consensus pour « ne pas crever le plafond », selon l'expression de l'époque, va bien au-delà de la seule opinion publique. Il est partagé par les experts, que ce soit au Trésor ou à l'institut d'émission, par les hommes politiques et par le gouvernement lui-même. Édouard Herriot, président du

1. On peut voir dans cet épisode une illustration des thèses développées par Frédéric Lordon (2000) sur la « force des idées simples ».

Conseil, et son ministre des Finances, Étienne Clémentel, ne cessent de répéter sur tous les tons qu'ils sont farouchement opposés à toute inflation. Par exemple, Herriot fait à la Chambre, le 17 janvier 1925, cette étonnante déclaration :

> « Eh bien, quoi qu'il arrive, quelles que soient les restrictions qui doivent s'ensuivre, si héroïques que puissent être les obligations auxquelles vous serez astreints, même si, à certains moments, votre situation personnelle, mes chers collègues, pouvait en souffrir, je demanderai à toute la Chambre de comprendre qu'il faut tout subordonner à la nécessité de mettre fin à la politique des emprunts et des expédients. Pas d'inflation ! Subordonnons tout à cela ! » (cité *in* Blancheton, 2001, p. 219).

Comme on le voit, on n'hésite pas à employer des superlatifs. Herriot déclare même que « l'anti-inflationnisme est pour certains, dont il est, une religion[1] » (cité *in* Jeanneney, 1977, p. 214). Dans la même veine, Robineau, le gouverneur de la Banque de France, a déclaré bien imprudemment « qu'il se couperait le poignet plutôt que de signer un nouveau billet » (cité *in* Jeanneney, 1977, p. 214).

La force de cette croyance collective peut d'ailleurs se mesurer aux risques que prennent les très rares voix dissonantes, par exemple Charles Rist lorsqu'il dénonce le dogme de la déflation. Rueff écrit à ce propos : « Ceux qui n'ont pas vécu le problème de la stabilisation ne peuvent mesurer le courage intellectuel et moral, ni même le risque personnel que cette déclaration impliquait [...]. M. Colson, alors vice-président du Conseil d'État, fut menacé de révocation, parce que dans une communication à l'Académie des sciences morales et politiques, il avait indiqué, très prudemment et avec beaucoup de réserves, au scandale de l'unanimité de ses confrères, qu'il se demandait s'il était raisonnable de poursuivre le retour à la parité d'avant-guerre » (cité *in* Blancheton, 2001, p. 225).

1. On pourrait multiplier les déclarations des uns et des autres : « Coûte que coûte, il nous faut tendre vers la revalorisation du franc [...] à la manière de la Grande-Bretagne qui a osé rester fidèle à la doctrine de retour de la livre à la parité de l'or » (Herriot *in* Jeanneney, 1977, p. 222).

Dans une telle situation, forte d'une telle adhésion collective, la Banque de France a les moyens de résister au gouvernement. En menaçant de prendre à témoin l'opinion publique et politique, elle profère une menace très crédible, celle de voir la confiance dans le gouvernement s'écrouler, au Parlement et dans la rue, car on ne touche pas impunément à un tel dogme. Comme on le comprend aisément, ce n'est nullement l'inscription légale des limites à l'émission fiduciaire qui est ici en cause, mais le fait qu'existe une croyance monétaire partagée par tout le corps social, y compris le gouvernement ! C'est la force des convictions qui se fait ici sentir. Aussi, lorsqu'il y aura dépassement, début 1925, le Conseil de la Banque de France pourra exiger du gouvernement qu'il régularise le dépassement observé et celui-ci n'aura pas d'autres choix que de s'y plier, ce qui conduira à sa destitution. On a pu dire qu'Herriot s'est lui-même pris au piège. En effet, parce qu'il s'est présenté comme un défenseur du plafond, il n'a pas pu utiliser la persuasion politique aux fins d'affaiblir la conviction commune et de rendre le dépassement du plafond acceptable par une certaine partie de la population. Il est resté entièrement prisonnier du dogme.

Encore faut-il noter que, pour retarder le dépassement du plafond, l'État n'est pas resté inactif. Il a eu recours à une série d'expédients pour diminuer le nombre des billets en circulation, comme l'intensification de l'usage des chèques[1] ; les consignes données aux trésoriers publics pour réduire au maximum leurs encaisses ; ou l'institution d'une monnaie spéciale à Madagascar et dans la Sarre. Et quand aucune de ces mesures ne suffit, il reste la rédaction de faux bilans, qui a été utilisée jusqu'au début avril 1925. On observe ici l'importance des moyens qui sont à la disposition du pouvoir exécutif. C'est la volonté de la Banque de France appuyée par la confiance de l'opinion publique qui l'a contraint à reconnaître le dépassement.

Cet épisode nous donne une image de la question monétaire distincte de sa représentation dans les modèles d'incohérence tempo-

1. Ce qui a permis une économie de 200 millions de billets (Blancheton, 2001, p. 210).

relle en ce que ce n'est pas la composante stratégique des comportements qui est ici mise en avant, mais, tout au contraire, le poids des convictions monétaires. Les acteurs sont mus essentiellement par des croyances, y compris le gouvernement. Ce sont ces croyances partagées qui constituent la vraie source du pouvoir monétaire. En elles, c'est la confiance en la monnaie qui s'exprime. Si l'État ne peut pas faire ce qu'il veut, ce n'est pas parce qu'on lui opposerait la loi, mais parce qu'il trouve face à lui l'opinion publique qui est le souverain en dernière instance. En dernière instance, c'est elle qui décide. Par ailleurs, on note que la croyance monétaire affecte la totalité des acteurs. Contrairement à l'idée d'un banquier central conservateur par nature, cette hypothèse nous conduit à chercher la compréhension des modes d'actions du banquier central dans la croyance monétaire qui structure à un moment donné le corps social. De ce point de vue, l'exemple de l'hyperinflation allemande des années 1920 est particulièrement éclairant.

3. L'hyperinflation allemande

Commençons par rappeler en deux mots que l'Allemagne, au sortir de la guerre de 14-18, se trouve devant les mêmes difficultés que la France, c'est-à-dire une dette publique considérable dont une partie importante est monétisée, mais avec en plus le poids énorme des réparations. Il s'ensuit un intense débat intérieur sur ce qu'il convient de faire pour sortir de l'inflation. Pour rendre compte de ces controverses, il est intéressant de partir de l'opposition entre deux théories de l'inflation : à savoir la théorie quantitative et la théorie de la balance des paiements. Aux yeux de la théorie quantitative, l'inflation est de nature essentiellement monétaire. Sans impression de billets, il ne saurait y avoir d'augmentation durable des prix. Pour la théorie de la balance des paiements, c'est le déficit de la balance des paiements, causé par les réparations, qui est à la source de l'inflation via son action sur le taux de change. Il s'ensuit deux politiques différentes : la première met en avant l'arrêt du financement monétaire de la dette publique alors que la seconde fait de la solution au problème des réparations l'absolu préalable à toute réforme monétaire sérieuse. Gerald Feldman, dans son *opus magnum*, écrit que « la théorie de la balance des paiements était la théorie dominante, la théorie virtuellement officielle dans les milieux académiques et politiques allemands » (p. 399). Un de ses diffuseurs les plus fervents, à la fois pour ce qui est de ses soubassements théoriques comme de ses implications politiques, est le député nationaliste Karl Helfferich. Il décrit ainsi la chaîne des causalités :

> « La dépréciation du mark est causée par les charges excessives imposées à l'Allemagne et par la politique de violence adoptée par la France ; l'augmentation des prix de tous les biens importés est causée par la dépréciation du taux de change ; puis vient l'augmentation générale des prix intérieurs et des salaires, un besoin accru de moyens de paiement de la part du public et de l'État, des exigences plus grandes à l'égard de la Reichsbank venant des entreprises privées et de l'État et l'accroissement des émissions de mark papier. Contrairement à la conception communément répandue, ce n'est pas l'inflation monétaire [la création de monnaie, NDA] mais la dépréciation du mark qui se trouve à l'origine de la chaîne des causes et des effets ; l'inflation monétaire n'est pas la cause de l'augmentation des prix et de la dépréciation du mark ; mais la dépréciation du mark est la cause de l'augmentation des prix et des émissions de mark papier » (cité *in* Bresciani-Turroni, 1968, p. 45).

On ne saurait dire les choses plus clairement. Si l'on se tourne du côté de la banque centrale, la Reichsbank, la situation est moins tranchée, comme l'a bien montré Carl-Ludwig Holtfrerich dans son livre sur l'inflation allemande qui nous sert ici de référence. La Reichsbank, au moins jusqu'en 1920, considère, conformément aux thèses quantitativistes, que le financement monétaire du déficit public est une source importante d'inflation. En conséquence, elle fait pression sur le gouvernement pour qu'il réforme sa fiscalité et diminue ses dépenses, exactement comme dans le cas français. Cependant, à partir de 1921, son attitude change. Cela est lié à la question des réparations qui, à partir de cette date, occupe le devant de la scène. En effet, c'est au premier semestre 1921 qu'est connu le montant global des réparations comme celui des annuités à payer. Celles-ci sont fixées à 2 milliards de marks or, plus 26 %

de la valeur des exportations. Rudolf Havenstein, président de la Reichsbank, intervient fermement : « Je considère l'offre faite à Londres et les obligations qui en découlent comme impossibles, insupportables pour notre économie et nos finances et dangereuses, si ce n'est fatales, pour notre parité et notre système monétaire » (cité *in* Feldman, 1993, p. 336). Il s'ensuit un changement des priorités de la Reichsbank qui fait, désormais, de la révision des réparations, un préalable à toute stabilisation monétaire. Sa conception devient ainsi de plus en plus en phase avec la théorie de la balance des paiements, si ce n'est dans tous ses aspects théoriques, du moins, ce qui est fondamental, concernant ses conclusions quant à la politique à mener. Ces convictions conduisent la banque centrale à ne plus s'opposer au financement monétaire de l'État, comme l'illustre le fait qu'Havenstein demande alors que soit suspendue la clause légale restreignant l'émission monétaire en lui imposant une couverture au tiers par une encaisse mixte. Bien que cette clause ait été depuis longtemps tournée, sa suspension exprime clairement la volonté de la Reichsbank d'avoir désormais les mains totalement libres pour monétiser les déficits.

Cette expérience d'un banquier central, nullement conservateur mais laxiste, peut étonner tant elle semble contre nature. Ne faut-il pas y voir la conséquence de règles statutaires qui font étroitement dépendre la Reichsbank du pouvoir politique de telle sorte qu'il aurait été vain de la part de celle-ci de vouloir s'opposer aux décisions gouvernementales ? C'est précisément cette analyse qui est faite par les pays de l'Entente. Ils pensent que cette subordination statutaire au pouvoir politique est à la racine de la politique laxiste d'émission monétaire. Aussi veulent-ils changer la situation en dotant la Reichsbank d'un statut d'autonomie. Ils espèrent ainsi obtenir une politique monétaire plus rigoureuse. Ils profitent des discussions autour du moratoire pour imposer cette réforme. C'est la loi d'autonomie du 26 mai 1922 (Holtfrerich, 1988). Cette modification de statut est intéressante puisqu'elle permet d'observer empiriquement l'influence des modifications légales sur la politique de la banque centrale. Il n'y en eut aucune.

De ce point de vue, la réaction d'Havenstein est exemplaire. Il conteste violemment l'idée que la Reichsbank ait pu, en quoi que soit, participer à la création d'une inflation artificielle. Il insiste à nouveau sur le fait que l'inflation est la conséquence du déséquilibre de la balance des paiements de telle sorte que même si le déficit budgétaire avait été corrigé grâce à une collecte plus efficace des impôts, « la planche à billets serait toujours contrainte de demeurer active » (cité *in* Feldman, 1993, p. 403). À ses yeux, la Reichsbank doit impérativement escompter les bons du Trésor. C'est là un choix parfaitement autonome et indépendant. Havenstein en endosse la pleine responsabilité et déclare : « Ni le chancelier du Reich, ni une quelconque autorité du Reich n'ont jamais fait pression sur la direction de la Reichsbank pour obtenir des crédits. Bien au contraire, c'est toujours volontairement que nous avons décidé d'accepter les bons du Trésor proposés à l'escompte par le Reich » (cité *in* Feldman, 1993, pp. 403-404). On ne saurait mieux dire. Le gouverneur a toujours agi conformément à ce qu'il pensait devoir être fait de telle sorte que l'autonomie ne changera en rien sa politique. Ce n'est pas une question de loi mais bien une question de conviction. Aussi, la modification des statuts n'entraîna-t-elle aucune transformation dans la politique monétaire. S'expliquant sur ce point, les autorités monétaires firent valoir que la banque centrale donnait la priorité aux intérêts nationaux. Si jamais elle avait refusé la monétisation, l3es conséquences économiques, politiques et sociales en auraient été dramatiques. D'où cette expérience peu commune d'un banquier central indépendant, non seulement poursuivant une politique d'émission parfaitement laxiste, mais faisant de l'accroissement des capacités d'impression de la Reichsbank un motif d'extrême satisfaction. Par exemple, le 17 août 1922, il déclare sur un ton victorieux : « Aujourd'hui, la Reichsbank émet quotidiennement pour 20 000 milliards de marks de nouveaux billets [...]. La semaine prochaine, la banque accroîtra sa production jusqu'à 46 000 milliards par jour... Ainsi, dans quelques jours, nous serons capable d'émettre en une seule journée les deux tiers de la circulation totale » (*in* Widdig, 2001, p. 44). C'est ce genre de propos publics dont on imagine les répercussions sur les marchés financiers qui ont fait douter des capacités d'Havenstein à remplir sa fonction[1]. Pourtant,

1. Voir les propos de lord d'Abernon à son sujet (Feldman, 1993, p. 715).

ce n'est là que la conséquence de la manière dont il conçoit ses priorités.

Les croyances monétaires sont bien plus que des théories économiques. Elles intègrent des considérations à la fois morales, sociales et politiques : morales en ce qu'elles prennent appui sur une certaine idée du bien collectif et des valeurs qui le constituent ; sociales parce qu'elles ont en vue la stabilité des hiérarchies entre groupes et classes ; politiques, enfin, parce qu'elles ont vocation à s'insérer dans une perspective stratégique précisant ce qu'il faut faire et comment. Les exemples français et allemand sont de ce point de vue sans ambiguïté. Si la Banque de France défend la déflation, c'est au nom de la morale et d'une certaine vision de la stabilité sociale. De même, la faveur dont jouit la théorie de la balance des paiements dans les milieux dirigeants allemands est étroitement liée à leur refus politique du traité de Versailles. Par ailleurs, on a montré le rôle structurant de ces croyances collectives lié à la charge affective qui était investie en elles. Elles construisent les références sur la base desquelles les acteurs privés et publics prennent leurs décisions.

Ces croyances constituent une dimension essentielle et négligée du fait monétaire, négligée parce que les approches économiques usuelles ont trop tendance à réduire la monnaie à son seul rôle d'instrument facilitant les échanges. Or la monnaie est bien plus qu'un instrument. Elle est avant tout un lien. Elle est ce qui unit, elle est ce par quoi une communauté de destin se constitue et se fortifie. L'expression la plus visible de cette unité est à trouver dans les convictions monétaires qui soudent le corps social. La puissance de la monnaie se mesure directement à la force de l'engagement collectif en sa faveur. On retrouve ici transformée, l'idée traditionnelle de confiance mise en avant par François Simiand puis Marc Bloch. La confiance en la monnaie est ce qui échappe à la manipulation politique, ce qui lui fait face. C'est cette confiance qui est la source véritable du pouvoir des banques centrales. C'est sur elle que les banques centrales prennent appui pour contraindre le pouvoir politique, et non sur leur indépendance statutaire. C'est là un pouvoir qui ne doit rien à la légalité et qui doit tout à la conviction partagée des acteurs économiques. Comme le souligne Charles Goodhart (1992) : « Une Banque centrale indépendante aura toujours besoin de conserver ses soutiens électifs et politiques en s'assurant qu'une partie suffisante de la population comprend et accepte ses objectifs et ses actions » (p. 31). Tel est le point fondamental. Il ne faudrait pas que la revendication d'indépendance statutaire fasse perdre de vue cette réalité !

La politique monétaire en Allemagne depuis 1948

Tradition nationale, meilleure pratique internationale ou idéologie[1] ?

CARL-LUDWIG HOLTFRERICH[2]

Pour comprendre théoriquement des phénomènes aussi spécifiques que le verrouillage de nos claviers d'ordinateurs dans le système *azerty*[3], ou aussi généraux que le développement de nos institutions, il faut comprendre le chemin qui les a menés jusqu'à nous et faire appel à l'histoire. Récemment, la recherche a consacré beaucoup d'attention aux relations entre la culture et les institutions économiques et à leurs effets[4]. Dans quelle mesure l'histoire des institutions façonne-t-elle la représentation que les banquiers centraux ont aujourd'hui de leurs objectifs et de leurs méthodes ?

Aucun grand pays industriel n'a connu des politiques monétaires et des institutions chargées de les mettre en œuvre aussi variées que l'Allemagne depuis la fondation du Reich en 1871. La banque centrale fut tour à tour contrôlée par l'État et son gouvernement, puis rendue indépendante. Elle mena des politiques qui laissèrent la voie ouverte à l'hyperinflation ou la supprimèrent ; une grande déflation survint après 1873 puis une déflation encore plus forte entre 1929 et 1932 et deux contrôles des changes furent imposés (de 1914 à 1919, puis de 1931 jusqu'au

1. Traduction de l'anglais par Sandra Rigot relue par Gérard Liné.
2. Professeur au département des études nord-américaines de la Freie Universität de Berlin.
3. David, 1985.
4. Voir notamment Greif, 1994.

milieu des années 1950). Deux changements de monnaie eurent lieu (en 1923-1924 et en 1948), voire quatre, si l'on compte l'introduction du mark dans l'ancienne Allemagne de l'Est en 1990 et celle de l'euro en 1999. Ces événements se sont produits alors que de nombreuses réformes structurelles de la banque centrale se succédaient.

Comparé aux cas des États-Unis, de la Suisse et de la Suède, voire du Royaume-Uni ou de la France, le cas allemand est exceptionnel. Il constitue en quelque sorte un record historique. L'histoire de la politique monétaire de l'Allemagne, jusqu'à ce qu'elle prenne fin avec la création de la Banque centrale européenne (BCE), le 1er janvier 1999, est ainsi l'une des plus belles études de cas dont on puisse tirer des leçons sur le développement des banques centrales en tant qu'institutions économiques. Cet article se concentre précisément sur l'histoire de la Bundesbank depuis 1948 et sur son influence déterminante sur la forme institutionnelle reprise par la BCE. Il s'appuie sur l'expérience allemande de gestion et de direction d'une banque centrale, antérieure à la création de la BCE.

Cet article aborde ainsi les questions suivantes :

- Le degré élevé d'indépendance de la Bundesbank vis-à-vis du gouvernement était-il le résultat d'un apprentissage des meilleures pratiques dans le monde ?
- Le record de stabilité des prix associé au rôle de la Bundesbank était-il le corollaire d'une tradition nationale marquée par le traumatisme des deux hyperinflations qui ont sévi en Allemagne au cours du XXe siècle ?
- L'attention que la Bundesbank a portée, après 1973, à l'objectif de stabilité des prix, aux dépens d'autres objectifs, comme le plein-emploi et la croissance économique, était-elle la conséquence de cette tradition et de la peur de l'inflation préoccupant la population allemande, de la nouvelle donne politique, d'un nouvel alignement avec le secteur financier à la place de l'industrie, ou bien encore de l'idéologie ?
- L'influence déterminante de la Bundesbank sur la forme institutionnelle de la BCE était-elle le résultat de l'imposi-

tion de la tradition nationale de la République fédérale d'Allemagne sur l'Europe, suivant son rôle *de facto* de banque centrale de l'Europe, ou plutôt de l'apprentissage international des « meilleures pratiques », ou bien encore d'une idéologie ?

1. L'origine de l'indépendance de la Bundesbank

La tradition allemande peut être comprise à partir du contrôle du gouvernement et de l'indépendance de la banque centrale avant la fondation en 1948 de la Bank Deutscher Länder, précurseur de la Bundesbank (établie en 1957). Quand la Reichsbank, la banque centrale du Reich, commença ses opérations le 1er janvier 1876, la loi stipulait que le chancelier était à la tête de la Reichsbank et que le président et le conseil d'administration se devaient de suivre ses instructions. Bien que le capital de la banque fût largement privé, les actionnaires n'avaient pas les droits qu'ils auraient normalement détenus dans une société par actions. La Reichsbank fut créée telle une « entité légale de droit public » et son personnel eut le statut des fonctionnaires civils du Reich. Le *Zentralausschuss*, le comité central représentant les détenteurs d'actions privées, se vit accorder plus de droits d'accès que le public aux informations concernant la politique monétaire de la Reichsbank. De même, il fut investi d'une fonction de conseil, concernant plus particulièrement les politiques de crédit et de nomination des membres du conseil d'administration. Il ne fut investi d'un pouvoir réel que dans un seul domaine : il avait droit de veto sur les affaires liant la banque au Reich ou au Trésor public, dans des circonstances extraordinaires, par exemple sur des bases préférentielles. Le contrôle de la Reichsbank par le gouvernement fut accentué par le fait que le Reich retint le droit de mettre un terme aux activités de la Banque ou de la nationaliser en achetant ses parts de capital privé à leur valeur faciale[1].

1. Borchardt, 1976, pp. 15-16 ; Holtfrerich, 1988, pp. 108-110.

En fait, le conseil d'administration de la Reichsbank n'eut guère à subir l'ingérence du gouvernement jusqu'en 1914[1]. Les règles de l'étalon-or, qui avaient été mises en place depuis 1871, restreignaient bien davantage l'autonomie de la Reichsbank, que sa subordination légale à la chancellerie. Ceci changea fondamentalement quand l'Allemagne abandonna l'étalon-or lors de l'éclatement de la Première Guerre mondiale. Le gouvernement exigea de la Reichsbank qu'elle joue le rôle de prêteur en dernier ressort pour ainsi dire de façon illimitée, afin de financer d'abord les dépenses de guerre puis celles d'après-guerre, jusqu'à la fin de l'hyperinflation, en 1923. Les Alliés demandèrent cependant, comme l'une des conditions du moratoire sur les réparations, que la subordination légale de la Reichsbank au chancelier du Reich prenne fin. Ce qui fut fait par la loi d'autonomie du 26 mai 1922, entrée en vigueur par un décret gouvernemental du 24 juillet 1922[2]. C'est en soi quelque peu surprenant de voir que l'hyperinflation, selon la définition de Phillip Cagan (1956), commença en Allemagne en juillet 1922. Les Alliés s'étaient attendus à ce que la Reichsbank, qui venait de gagner son indépendance, utilise ses pouvoirs récemment acquis pour freiner le taux d'expansion monétaire, et ce, à l'encontre de la volonté du gouvernement[3]. Cet espoir était aussi fondé sur le fait que lors d'une réunion tenue à Londres en octobre 1921, le président de la Reichsbank, Rudolf von Havenstein, avait demandé et obtenu le soutien du gouverneur de la Banque d'Angleterre, Montague Norman, pour renforcer la position de la Reichsbank vis-à-vis du gouvernement dans la nouvelle loi bancaire de 1922 (Sayers, 1976, pp. 175-176). Il faut toutefois relever qu'en plein débat public sur la loi d'autonomie de 1922, l'indépendance de la Reichsbank fut âpre-

1. Seuls deux cas sont connus où Bismarck donna des instructions au conseil d'administration de la Reichsbank. En décembre 1880, il ordonna à la banque d'augmenter son taux d'escompte et de réduire son crédit lombard. En 1887, pour des raisons de politique étrangère, il ordonna à la banque de mettre fin aux obligations russes. Le conseil d'administration obéit dans les deux cas (Holtfrerich, 1988, p. 112).

2. Ce point est aussi abordé par André Orléan dans le texte précédent.

3. Holtfrerich, 1986, p. 168.

ment contestée en raison de son extranéité à la tradition allemande[1].

Quand la Reichsbank fut réorganisée selon le plan Dawes du 30 août 1924, elle conserva son indépendance à l'égard du gouvernement allemand et l'accès du gouvernement au crédit de la Reichsbank fut strictement limité. Son nouveau président, Hjalmar Schacht (de décembre 1923 à mars 1930), qui jouissait du soutien de la finance internationale, put défendre le pouvoir de la Reichsbank vis-à-vis des gouvernements relativement instables de la République de Weimar, notamment lorsqu'il demanda et obtint la réglementation des importations allemandes et la réduction du déficit et de la dette publics. Sous Schacht, la Reichsbank fut alors considérée comme une *Nebenregierung*, un gouvernement-bis capable d'imposer sa volonté à un gouvernement élu et au législateur, créant ainsi un État dans l'État[2].

En appliquant le plan Dawes, l'Allemagne réintroduisit la convertibilité de l'étalon de change-or. La Reichsbank demeurait indépendante du gouvernement allemand mais restait sujette à une supervision étrangère durant le plan Dawes. Cette supervision dura jusqu'en mars 1930 quand le plan Dawes fut remplacé par le plan Young. Des pouvoirs étendus avaient été accordés au commissaire responsable de l'émission de billets, un étranger, et au conseil général ; la moitié seulement de ses membres représentait les propriétaires privés de la Banque ; l'autre moitié était composée d'étrangers. En pratique, cependant, la Reichsbank n'était pas sous surveillance étrangère, pas plus qu'elle n'était contrôlée par le gouvernement allemand. Cela renforça plutôt la mainmise de Schacht sur les tractations avec ce dernier. Ce ne fut donc pas une coïncidence si Schacht démissionna au moment où le plan Young mit fin à la surveillance étrangère. Comme dans la période d'avant-guerre, les contraintes de l'étalon-or restreignirent encore une fois la marge de manœuvre de la Reichsbank, jusqu'à ce que la convertibilité du Reichsmark prenne fin lors de l'introduction du contrôle de changes à la suite de la crise de juillet 1931. Dès

1. Singer, 1922, pp. 734-735.
2. Müller, 1973.

lors, la Reichsbank ne fut plus dépendante du gouvernement allemand, ni des règles de l'étalon-or. Elle était soumise au règlement de la Banque des règlements internationaux (BRI) l'obligeant à participer aux amendements de la loi relative à la banque centrale allemande, et de la surveillance étrangère.

En mars 1933, Hitler, qui avait pris le pouvoir le 30 janvier, confirma Hjalmar Schacht à la tête de la Reichsbank. Schacht ouvrit les vannes du crédit dans le but de financer les mesures gouvernementales sur l'emploi et le réarmement, tout en resserrant les contrôles de change de concert avec le gouvernement. Officiellement, la banque jouissait du même degré d'indépendance que depuis 1922. Elle soutenait la politique fiscale expansionniste du gouvernement, comme cela avait été le cas pendant la période d'hyperinflation de 1922-1923, immédiatement après que ce statut d'indépendance avait été entériné sous la pression des Alliés. Sa motivation dans les deux cas fut le patriotisme, et, en 1933, sa détermination à mettre fin à la déflation et à la dépression économique.

Une loi bancaire du 27 octobre 1933 révisa quelque peu l'organisation institutionnelle de la Reichsbank, principalement en transférant au chancelier du Reich le droit de nommer et de révoquer le président de la banque ainsi que les membres du conseil d'administration, d'accepter ou d'exclure des propriétaires privés de la banque (le comité central, qui fut aboli). Il s'agissait aussi d'autoriser la Reichsbank à faire des opérations d'*openmarket* avec les titres à intérêt fixe et d'utiliser ces titres comme seconde couverture pour ses émissions de billets sur un pied d'égalité avec les effets de commerce. Le gouvernement allemand, conformément aux stipulations du plan Young, demanda à la BRI son approbation pour ces changements. Cette approbation survint le 9 octobre 1933, grâce en grande partie à la réputation dont jouissait Schacht, présent à la réunion du conseil d'administration de la BRI, parmi ses collègues étrangers. Il est important de noter que la délicate question de l'indépendance formelle de la Reichsbank vis-à-vis du gouvernement allemand ne fut pas abordée à ce moment-là. Au Reichstag, toutefois, le 30 janvier 1937 (anniversaire de l'accession de Hitler au pouvoir et jour où les lois d'habilitation du 21 mars 1933 furent prolongées de quatre ans), Hitler annonça que le gouvernement reprendrait sa souveraineté illimitée sur la Reichsbank (Verhandlungen des Reichstags, 1938, p. 10). L'annonce vint après plusieurs autres violations du traité de Versailles au succès garanti c'est-à-dire sans coûts pour l'Allemagne. Elle signifiait que l'Allemagne désormais ne respecterait plus le droit de la BRI à participer aux modifications concernant la loi sur la banque centrale allemande (Bayrhoffer, 1941, p. 94 ; Puhl, 1941, pp. 49-50). Onze jours plus tard ce n'était plus le Reichstag mais le gouvernement du Reich, autorisé par un décret d'application, qui édictait une nouvelle loi relative à la Reichsbank. Celle-ci stipulait, à l'instar de la loi originelle sur la Reichsbank de 1875, que le directoire administrait la banque mais qu'il était subordonné au Führer chancelier du Reich. Cette fois-ci, même Schacht approuva la fin de l'indépendance de la banque centrale avec enthousiasme (Schacht, 1937, pp. 137-139).

La Reichsbank demeura soumise au gouvernement jusqu'à la fin de la Seconde Guerre mondiale. Schacht et les membres du directoire s'opposèrent à l'utilisation sans réserve des ressources de crédit de la banque par Hitler pour financer les dépenses de guerre. Leur opposition se solda par le renvoi de Schacht et de trois de ses collègues siégeant au conseil en janvier 1939 (Hansmeyer et Caesar, 1976, pp. 380-385). Cette fois-ci, les conséquences hyperinflationnistes de cet endettement illimité ne furent pas perçues en raison du contrôle des prix et du rationnement quasi total des biens.

À la fin de la guerre, quand l'Allemagne fut divisée en quatre zones d'occupation, la Reichsbank, dont le siège se situait à l'origine dans le secteur soviétique de Berlin, cessa d'exister en tant que banque centrale. Les alliés préférèrent réorganiser l'Allemagne en un État fédéral décentralisé avec une structure de banque centrale fédéralisée (Geisler, 1953, pp. 83-84 ; Wandel, 1980, pp. 59-62). Les filiales de la Reichsbank furent conservées en l'état à l'initiative des alliés occidentaux, mais leurs fonctions furent réduites à la supervision bancaire, au traitement des dépôts liquides et des décaissements, à la compensation des transactions non liquides et à la transmission d'informations et d'instructions des gouvernements militaires aux institutions de crédit. Ces instructions incluaient le gel des comptes des personnes et des institutions compromises avec le régime nazi, ainsi que la mise en œuvre des lois militaires qui exigeaient de ces institutions de déclarer et de racheter les holdings en devises étrangères et autres actifs étrangers (Buchheim, 1999, pp. 63-64). À l'initiative des États-Unis, de nouvelles institutions furent fondées par les autorités d'occupation entre 1946-1947 dans les zones française et nord-américaine, et en février 1948, dans la zone britannique (Distel, 2003, pp. 105, 133, 186). Ces *Landeszentralbanken* remplacèrent ce qui resta de la structure de la Reichsbank. Les Britanniques y participèrent, seulement après que les États-Unis eurent donné leur accord en 1948 à la création de la Bank des Länder installée à Francfort, en tant que banque centrale des banques centrales des Länder sous la férule des trois gouvernements militaires occidentaux[1]. Cette structure qui préparait l'avènement de la Bundesbank entra en fonction de façon régulière le 20 juin 1948, quand la réforme monétaire dans les zones d'occupation occidentales fut applicable. La structure fédérale de ce système dans son ensemble était désormais semblable à celle de la Réserve fédérale américaine, bien différente de la Reichsbank qui, jusqu'à la fin de la Seconde Guerre mondiale (tradition allemande oblige), avait été une structure centralisée ayant son siège à Berlin et des filiales réparties dans toute l'Allemagne, à l'image de la Banque d'Angleterre et de la Banque de France.

Qu'en était-il du contrôle et de l'indépendance de la banque centrale ? Le gouvernement de chaque Land fournissait le capital nécessaire pour ces « institutions légales de droit public » et nommait les cadres dirigeants de la banque centrale du Land ainsi que les présidents respectifs du *Zentralbankrat* (Conseil de la banque centrale) de la Bank deutscher Länder. Encore que ces nouvelles institutions en charge des politiques monétaires ne soient ni soumises au gouvernement de leur Land respectif, et moins encore au gouvernement de la République fédérale d'Allemagne (RFA) fondée en 1949. En ce sens, elles étaient indépendantes. Les trois pouvoirs occidentaux avaient créé l'*Allied Bank Commission* (ABC) composée des chefs des divisions financières des gouvernements

1. Pour en savoir plus sur la création de ce système, voir Distel (2003).

militaires (puis des Hauts-Commissaires après la fondation de la République fédérale), dans le but de mieux contrôler le nouveau système de banque centrale mis en place. Toutes les décisions importantes de politique monétaire étaient sujettes à l'approbation de l'ABC. Celle-ci était autorisée à donner des instructions au Conseil de la banque centrale, lequel à son tour contrôlait le *Direktorium* de la banque (conseil exécutif), investie du droit de veto en cas de nécessité. Il est à ce titre symbolique que le siège de l'ABC se situait au sommet de l'immeuble de la Bank deutscher Länder à Francfort. En ce sens, la banque était sujette au contrôle du gouvernement tout comme l'étaient la Banque de France depuis le dix XIXe siècle (Plessis, 1985 ; Bouvier, 1988) et la Banque d'Angleterre après sa nationalisation en 1945, mais pas le système de la Réserve fédérale américaine.

En pratique toutefois, l'ABC n'exerça jamais son droit de veto. Si des divergences d'opinions entre la banque et l'ABC pouvaient intervenir, elles étaient discutées et aplanies avant toute décision formelle prise par le Conseil de la banque centrale, grâce notamment au persuasif président du Conseil exécutif, Wilhelm Vocke. À l'instar de l'ABC, ce dernier privilégia les instruments d'une politique faisant confiance aux marchés, plutôt que les outils d'une politique interventionniste (Holtfrerich, 1999, pp. 323-324). De même, il favorisa l'objectif de stabilité des prix, sur lequel se focalisait l'ABC. Cependant, Vocke ne recherchait pas l'objectif de stabilité des prix pour lui-même, mais pour une autre raison que nous aborderons plus loin. Comme sous la République de Weimar, les Alliés souhaitaient conjuguer la stabilité de la monnaie à la reconstruction solide de l'économie allemande dans le but de sécuriser les investissements privés de l'entre-deux-guerres (Deutsche Bundesbank, 1988, p. 104). Ensemble, la banque et les Alliés s'accordaient volontiers pour que l'utilisation du crédit par le gouvernement allemand soit strictement limitée.

L'autonomie de la banque vis-à-vis du gouvernement fédéral était vivement soutenue par l'opinion publique. Seuls quelques politiques et économistes universitaires argumentèrent en faveur d'une restriction de l'autonomie de la banque dans les deux premières années de la République fédérale (Die Bundesbank, 1950). L'indépendance de la banque était déjà presque universellement acceptée en 1951 comme un modèle qui devait perdurer (Caesar, 1981, p. 202 ; Gaugenrieder, 1960, p. 4), ce qui explique en partie les péripéties législatives qui suivirent la première loi bancaire de l'Allemagne de l'Ouest.

En août 1951, le Parlement ouest-allemand promulgua, avec le consentement des Alliés, une fois que la RFA eut recouvré une partie de sa souveraineté, un amendement significatif à leur loi, portant création de la banque centrale en 1948. Le ministre des Finances, Fritz Schäffer, était alors chargé de réorganiser le fonctionnement de la banque centrale, et notamment de transposer la loi relative à la Bundesbank exigée par la Constitution de l'Allemagne de l'Ouest de 1949. Il était alors évident, au début de l'année 1951, que cette loi relative à la Bundesbank ne serait pas promulguée avant la fin de l'année, étant donné les divergences d'opinion et les questions en suspens. Le ministre des Finances Schäffer prépara ainsi en mars 1951 une proposition de loi dans laquelle il transférait les pouvoirs de contrôle sur la Bank deutscher Länder de l'ABC au gouvernement fédéral. La banque centrale protesta d'emblée, voyant là un moyen pour le gouvernement d'exiger d'elle des lignes de crédits illimitées. Les ministres de l'Économie et de la Justice, Ludwig Erhard et Thomas Dehler, qui n'avaient pas été consultés auparavant, étaient également opposés à ce contrôle gouvernemental de la banque centrale. Un compromis fut trouvé par le gouvernement. L'approbation de l'ABC et le droit de veto sur les décisions de politique monétaire du Conseil de la banque centrale ne seraient pas transférés au gouvernement fédéral mais abolis. À la place, la banque centrale était obligée de soutenir la ligne générale de politique économique du gouvernement « dans le cadre de ses fonctions », autrement dit, tant que ses orientations n'entraient pas en conflit avec l'objectif de stabilité des prix.

Afin d'atteindre une meilleure coordination des politiques monétaires de la banque centrale et des politiques économiques du gouvernement, les ministres des Finances et de l'Économie furent habilités à participer aux réunions du Conseil de la banque centrale, tout en étant investis du droit de convoquer de telles réunions. Ils n'avaient aucun droit de vote, mais avaient le pouvoir de mettre leurs propositions aux voix. Lorsque l'un d'eux estimait qu'une décision du Conseil allait à l'encontre des orientations de la politique économique du gouvernement, il avait le droit de suspendre cette décision durant huit jours (Deutsche Bundesbank, 1988, pp. 98,108). Ces mesures ne constituaient pas de réelles atteintes à l'indépendance de la banque centrale de l'Allemagne de l'Ouest, qui était en fait restée intacte depuis août 1951. Quand la loi créant la Bundesbank, succédant à la Bank deutscher Länder, fut esquissée dans les années 1950, la pérennité de cette indépendance fut mise en jeu et devint un sujet de discorde politique.

Il y eut plusieurs crises entre le gouvernement d'Adenauer de Bonn et la Bank deutscher Länder de Francfort, avant que la loi sur la Bundesbank ne soit rédigée et finalement promulguée le 26 juillet. Après l'éclatement de la guerre de Corée, le 25 juin 1950, l'essor économique menaça la stabilité des prix en Allemagne comme partout ailleurs dans le monde occidental. Le Conseil de la banque centrale était disposé à combattre l'inflation, non seulement en usant d'outils administratifs, comme l'augmentation du niveau de ses réserves de change, mais aussi en soutenant une forte montée du taux d'escompte. Le ministre de l'Économie était favorable à ce genre de solution du fait de sa préférence pour le libre marché, mais le chancelier Adenauer et le ministre des Finances Fritz Schäffer, préoccupés respectivement par le taux encore élevé de chômage et le service de la dette, étaient contre ces mesures. À la demande d'Adenauer, une réunion exceptionnelle du Conseil de la banque centrale fut organisée à la chancellerie le 26 octobre 1950 à Bonn. Les objections politiques de Bonn furent vaines. Le taux d'escompte fut relevé directement de 4 % à 6 % (Holtfrerich, 1999, pp. 337-338), ce qui était alors considéré comme un taux inhabituellement élevé.

L'augmentation du taux d'escompte de 3 % en août 1955 à 5,5 % le 18 mai 1956 fut vivement et publiquement attaquée par Adenauer, bien que, cette fois-ci, cette décision fût prise avec le consentement des ministres de l'Économie et des Finances Erhard et Schäffer. Le chancelier Adenauer, soucieux des conséquences négatives sur la croissance économique et le chômage dans la perspective des élections de 1957, redoutant le retrait du soutien du patronat allemand (lui aussi opposé à cette décision), prit alors ses distances vis-à-vis de cette mesure politique cinq jours après la dernière hausse des taux, à l'occasion de la réunion annuelle de la Fédération des industries allemandes, dans une intervention remarquée : « [...] Un coup dur a été porté à l'économie allemande, et ce sont les petits producteurs qui vont être laissés sur le bord du chemin, pour être précis... les petites industries, les petits fermiers et artisans. [...] Jusqu'alors, je n'ai pas été convaincu de la nécessité d'une telle mesure. Je ne suis même pas convaincu que celle-ci aura l'effet escompté[1]. »

Ce désaccord renforça Adenauer dans sa conviction qu'il devait placer la banque centrale de l'Allemagne de l'Ouest sous le contrôle du gouvernement et se débarrasser à tout prix de son président, Wilhelm Vocke. La loi transformant la Bank deutscher Länder en Deutsche Bundesbank, alors en préparation, lui offrit cette opportunité[2]. De plus, le chancelier fut alors très déterminé à transférer le siège de la banque centrale de Francfort à Cologne, une distance jugée plus raisonnable du fait des quelque 30 kilomètres qui la séparaient de Bonn, la capitale politique[3]. Quand l'avant-projet de loi relatif à la Bundesbank fut discuté lors de la 143e réunion de cabinet le 11 juillet 1956, Adenauer exprima les raisons de son choix pour la localisation du siège de la Bundesbank. La banque centrale fédérale devait être selon lui, plus que toute autre institution, sensible à l'atmosphère politique du pays[4] et ne pas être séparée de sa vie politique comme l'était précédemment la Bank deutscher Länder du fait de son implantation. Le conseiller financier d'Adenauer, le banquier de Cologne Robert Pferdmenges, aborda de front la question en faisant alors au gouvernement une offre immobilière avantageuse pour le futur siège de la banque centrale. La presse allemande réagit par de vives critiques à ce qu'elle perçut comme une menace pesant sur l'indépendance de la banque centrale de l'Allemagne de l'Ouest (Deutsche Bundesbank, 1988, pp. 134-137).

---

1. Traduit par la Deutsche Bundesbank, 1988, p. 116. Voir aussi Koerfer, 1987, p. 117.
2. Voir Hentschel (1988) pour en savoir plus sur l'histoire de cette loi.
3. Adenauer l'avait demandé le premier durant la 110e réunion de cabinet en 1955.
4. 143e réunion de cabinet du 11 juillet 1956.

Après l'échec d'un accord sur la loi relative à la Bundesbank durant la première session parlementaire de 1949 à 1953, le ministre de l'Économie Ludwig Erhard élabora un avant-projet de loi après les élections de 1953. Schäffer était, encore plus qu'Adenauer, opposé à l'indépendance totale de la banque centrale vis-à-vis du gouvernement. Les expériences malheureuses des gouvernements de la République de Weimar, durant laquelle la Reichsbank avait été totalement indépendante (de la fin de 1923 à 1930, sous Schacht), favorisant la survie d'un État dans l'État, avaient incité Schäffer à garantir au gouvernement une certaine influence sur les décisions en matière de politique monétaire. La première loi sur la Bundesbank, esquissée par son ministère, en mars 1950, n'évoquait pas l'indépendance de la banque. À la place, elle créait un Comité fédéral travaillant en coordination avec la Bundesbank pour les questions monétaires et les décisions de politique économique (semblable en cela à l'idée française d'un *gouvernement économique* intégrant et rattachant la BCE au cadre plus large d'une orientation générale en matière de politiques macroéconomiques, voir plus bas). Si le gouvernement opposait son veto à un choix de politique monétaire, c'était au Comité fédéral d'avoir alors le dernier mot. Ce dernier aurait été composé de dix membres, cinq nommés par le gouvernement, cinq par le conseil de la banque centrale, plus un président nommé par le gouvernement. Les décisions auraient été prises à la majorité de ses membres. En cas d'égalité, le président aurait emporté la décision, faisant force de loi pour le Conseil de la banque centrale (Bethusy-Huc, 1962, p. 95). Cette forme de contrôle effectif du gouvernement sur la politique monétaire se heurta à une opposition féroce de la banque centrale. Ludwig Erhard et le ministre de la Justice, Thomas Dehler, y furent également hostiles. La presse, favorable à l'indépendance de la banque centrale, fit rejeter la proposition de Schäffer.

Le nouveau projet de loi relatif à la Bundesbank élaboré par Erhard en date du 1er mars 1956 s'écarta de la forme d'institution contraignant fortement la banque centrale de l'Allemagne de l'Ouest en réduisant son indépendance. Quand il fut discuté en réunion de cabinet le 11 juillet 1956, le chancelier Adenauer continua d'exprimer sa crainte qu'une indépendance totale de la banque centrale n'aboutisse à la création d'un État dans l'État. De plus, celui-ci considéra, avec la majorité de son cabinet, comme inconstitutionnelle la délégation des pouvoirs de politique monétaire à une institution politiquement indépendante. Ludwig Erhard s'éleva contre ces objections[1].

La garantie de l'indépendance inscrite dans la loi relative à la Bundesbank subit les attaques des représentants de l'industrie allemande parmi lesquels Fritz Berg, président de la Fédération des industries allemandes. « En période de crise, l'indépendance de la banque centrale se devait de disparaître », comme l'attestaient *a contrario* les politiques monétaires désastreuses menées durant la grande crise de 1929, alors que la Reichsbank était totalement indépendante (Deutsche Bundesbank, 1988, p. 131). Les hommes d'affaires exigeaient une capacité d'influence réelle sur la politique monétaire au travers d'un conseil consultatif rattaché à la Bundesbank et quelque peu similaire au comité proposé dans la loi Schäffer (Deutsche Bundesbank, 1988, pp. 122, 132), en vain. Avec la controverse sur la structure organisationnelle, centralisée ou décentralisée, et les procédés de nomination du personnel dirigeant, ce problème demeura un sujet brûlant aussi bien dans les médias qui étaient tous, quasi unanimement, en faveur de l'indépendance, qu'au Parlement et au sein de ses comités respectifs, et ce, jusqu'à la promulgation de la loi sur la Bundesbank. Au final, toutes les attaques sur l'indépendance de la banque centrale furent neutralisées et écartées[2].

La loi sur la Bundesbank du 26 juillet 1957 inversa largement le processus de décentralisation du système de banque centrale de l'Allemagne de l'Ouest (Stern, 1999, p. 113). Les banques centrales de chaque Land conservèrent leur nom mais fusionnèrent avec la Bundesbank pour devenir ses principales filiales locales. En ce sens, la tradition unitaire de la Reichsbank fut rétablie. La loi garantissait explicitement l'indépendance de la banque vis-à-vis

1. *Ibid.*

2. Le rôle de ces attaques et plus tard les conflits entre la Bundesbank et le gouvernement ouest-allemand quant à la garantie de l'indépendance de la banque, sa crédibilité et sa réputation sont analysés dans un cadre théorique par Berger (1997) et par Berger et Haan (1999).

d'instructions éventuelles du gouvernement. Contraire à la tradition allemande, cette loi résultait des demandes formulées et imposées à l'Allemagne par les Alliés après la Première Guerre mondiale, de 1922 jusqu'à la période hitlérienne, et encore par la suite, après la Seconde Guerre mondiale.

En pratique néanmoins, les marges de manœuvre de la Bundesbank furent quelque peu restreintes en raison des flux de capitaux internationaux, notamment après la convertibilité du Deutschemark, *de facto* en 1955, et des autres devises européennes, le 1er janvier 1959, et ce, aussi longtemps que le Deutschemark fut rattaché au système de changes fixes de Bretton Woods. Durant cette période, ce fut de la responsabilité du gouvernement et non de la banque de décider de la parité du Deutschemark. Aussi, l'indépendance de la Bundesbank se renforça-t-elle lorsque les taux de change flexibles furent introduits et généralisés dès 1973.

Sensiblement à la même époque, la question de l'indépendance revint à nouveau sur le devant de la scène politique. La grande coalition gouvernementale de 1967 à 1969 introduisit un nouveau concept de politique économique fondé sur la loi de stabilité et de croissance de mai 1967 proposée par le nouveau ministre de l'Économie Karl Schiller. Le gouvernement se dota ainsi d'instruments de politiques d'ajustement d'inspiration keynésienne, semblables au concept de *new economics* de l'administration Kennedy en 1961 aux États-Unis. Une coordination plus étroite des politiques fiscales et monétaires menées respectivement par le gouvernement et la banque centrale entraîna de nouvelles discussions sur l'autonomie de la banque dans les années 1970, lorsque l'augmentation des taux d'inflation jeta de l'huile sur le feu. Certains sociaux-démocrates (particulièrement Herbert Ehrenberg[1], secrétaire d'État au ministère du Travail de 1971 à 1972, porte-parole de son parti au Parlement de 1974 à 1976 et ministre du Travail de 1976 à 1982) s'associèrent à des responsables syndicaux et des économistes universitaires pour réclamer des restrictions législatives à l'indépendance de la Bundesbank. Ehrenberg ne parvint jamais à gagner un soutien majoritaire au sein de son propre parti sur cette

1. Ehrenberg, 1973, pp. 33-34, 197-200.

question, encore moins au sein du Conseil des ministres (Caesar, 1981, pp. 199-200 ; Robert, 1978, p. 37).

L'agitation sur le marché des changes au début des années 1970 poussa à amender la loi relative à la Bundesbank. L'objectif était d'étendre la gamme de ses instruments en matière de politique monétaire. À la fin de l'année 1972, la Bundesbank demanda elle-même au gouvernement et au Parlement de lui donner le pouvoir d'exiger un minimum de réserves sur les titres et les passifs des banques commerciales ainsi que de stipuler les quotas maximum encadrant l'extension de crédit des banques commerciales. Les politiques prévoyaient d'exiger l'accord du gouvernement pour utiliser ces nouveaux instruments. Le Parti social-démocrate (SPD) insista sur l'importance de cette double provision, prix à payer pour l'extension des instruments de la Bundesbank. Ni le partenaire de coalition du SPD, les démocrates libres, ni la Bundesbank ne voulurent payer ce prix, assimilé à une brèche dans l'autonomie de la banque. En 1973, ayant pourtant atteint le stade de proposition de loi, le projet fut finalement abandonné[1].

Sur le plan plus général du débat scientifique et politique, au moment du passage aux taux de change flexibles en 1973, la politique de la banque dut se soumettre aux objectifs économiques rendus obligatoires pour le gouvernement depuis le *Stabilitätsgesetz* de 1967 (à savoir la poursuite du carré magique : stabilité des prix, plein-emploi, balance commerciale positive, croissance équitable), ou tout au moins aux instructions gouvernementales. On pensait en effet que la mission de la banque définie par la loi de la Bundesbank de 1967 (d'assurer la stabilité de la monnaie) risquait sinon de conduire à des clashs politiques avec le gouvernement. Il fallait distinguer la formulation des priorités politiques et les moyens de réaliser celles-ci. La première relevant de la responsabilité exclusive du gouvernement, le champ de compétence de la banque centrale restant confiné à la gestion des seconds (Duwendag, 1973, pp. 13-52 ; Robert, 1978, pp. 36-77 ; Kaiser, 1980, pp. 64-79). Aucune de ces idées ne provoqua un vif intérêt au Parlement. L'indépendance de la banque centrale était par trop deve-

1. Robert étudie largement ce problème (1978, pp. 105-155).

nue une « vache sacrée » pour être profanée de la sorte. Bien qu'une simple loi eût pu restreindre l'indépendance de la Bundesbank, l'opinion publique allemande adhérait à celle-ci comme si elle eût fait partie de la Constitution. L'ampleur des débats portant sur cette question de l'indépendance déclina par la suite.

Friedrich von Schelling, ancien président d'une banque centrale de Land allemand et par conséquent membre du Conseil de la banque centrale, proposa en 1975 un amendement à la loi sur la Bundesbank. Selon lui, la banque devait se concentrer sur l'objectif de stabilité des prix, tâche suffisamment difficile en matière de politique monétaire pour ne pas être diluée parmi d'autres objectifs réduisant ses leviers économiques déjà fortement limités (Schelling, 1975). La proposition de Schelling fut mise en pratique, légalement intégrée à la constitution de la BCE (nouvelle mission politique et forme institutionnelle de la BCE).

2. L'origine du choix de la stabilité des prix comme objectif exclusif

Selon une thèse très répandue, le combat déterminé de la Bundesbank pour la stabilité des prix, mené avec succès si on le compare à d'autres pays, trouve sa source dans le traumatisme que l'Allemagne a subi lors de ses deux périodes d'hyperinflation vécues durant la première moitié du XXe siècle. Alors qu'aux États-Unis, la crainte d'une autre crise de 1929 aurait conduit vers des politiques économiques d'inspiration keynésienne, afin de préserver le plein-emploi, après la Seconde Guerre mondiale, ce serait la crainte supposée de l'inflation par la population allemande qui aurait incité la banque centrale de l'Allemagne de l'Ouest à poursuivre une politique anti-inflationniste rigoureuse (Pierenkemper, 1998).

Il ne fait pas de doute que les Allemands furent traumatisés par l'inflation subie au début du XXe siècle, et que cela a favorisé des mesures anti-inflationnistes rigoureuses, largement soutenues par l'opinion publique. Toutefois, d'autres pays comme les États-Unis et la Suisse ont pu enregistrer, comparativement, une bonne stabilité de leur indice des prix mais n'ont pas connu d'inflation galopante et traumatisante. Aussi est-il peu probable que la peur de l'inflation spécifique à l'Allemagne soit le motif principal à l'origine du combat résolu de la banque centrale pour la stabilité des prix.

J'ai fini par trouver une explication à la suite d'une étude approfondie réalisée sur la politique monétaire de l'Allemagne de l'Ouest durant la période de changes fixes (Holtfrerich, 1999). Il se trouve qu'après les premières mesures de libéralisation commerciale et monétaire qui ont suivi la création de l'Organisation européenne de coopération économique (OECE) et de l'Union européenne des paiements (UEP) érigée comme condition de l'aide du Plan Marshall, le gouvernement de Bonn et la banque centrale de Francfort décidèrent de poursuivre une politique mercantiliste. Aucun instrument protectionniste habituel ne pouvait être utilisé à cette époque. L'Allemagne a donc profité à sa façon de la libéralisation du commerce européen et mondial, une manière différente de pratiquer le mercantilisme dut être trouvée, en l'occurrence le soutien aux exportations. La solution fut de restreindre la demande intérieure à l'aide de politiques fiscales et monétaires adéquates, afin de garder les importations et l'inflation nationale à un niveau bas et de libérer ainsi des ressources productives pour exporter davantage. Cette stratégie dépendait en premier lieu d'un système de taux de change fixes, prenant en compte l'absence d'un étalon-or autorégulateur, synonyme d'une liberté de mouvement des capitaux. Ce qui laissait toute sa place à une politique monétaire autonome. Le système de Bretton Woods originel, sans devises pleinement convertibles, restreignant les mouvements de capitaux internationaux, avait laissé aux pays l'opportunité de gagner en compétitivité internationale, en leur permettant d'obtenir une plus grande stabilité des prix à l'intérieur qu'à l'étranger.

Le succès de cette stratégie de mercantilisme monétaire (ainsi que je la nomme) est bien mis en évidence par les substantiels excédents des comptes courants affichés par l'Allemagne de l'Ouest entre 1952 et la réévaluation du mark en 1961. En outre, les augmentations des prix moyens annuels (mesurées par le déflateur de PNB) de 3,4 % en Allemagne de l'Ouest entre 1950 et 1958 sont considérablement inférieures à celles du reste de l'OECE (5,5 %

par an) (Giersch, Paqué et Schmieding, 1992, p. 109). Le phénomène du mercantilisme monétaire a été mis en lumière dans le rapport annuel de 1959 (p. 11) des caisses d'épargne et du *Giroverband* (association allemande des banques d'épargne, ardente partisane de la stabilité des prix), puis à nouveau lors du débat sur la réévaluation du Deutschemark en 1960, sous une autre appellation. Ce rapport demandait que le protectionnisme monétaire de la République fédérale soit abandonné afin de garantir la stabilité monétaire intérieure.

Il faut aussi souligner que cette approche mercantiliste avait été conçue et planifiée comme une stratégie de long terme pour la politique monétaire allemande par la Bank deutscher Länder, et en particulier par le président de son conseil exécutif, Wilhem Vocke. En 1950 déjà, Alec Cairncross en sa qualité de conseiller UEP avait pris note des « tendances déflationnistes bien connues de Vocke » (Ludwig-Erhard-Stiftung, 1986, p. 208)[1]. Après que le Deutschemark avait été dévalué lors d'un réalignement général des taux de change en septembre 1949, la banque centrale entendit s'assurer que toute sa politique monétaire soit relativement restrictive. En 1950, le chancelier Adenauer avait exprimé son désaccord sur cette politique (voir ci-dessous), mais Ludwig Erhard s'était rallié à cette stratégie. Lors de la réunion du Conseil de la banque centrale des 26 et 27 octobre 1949, Vocke s'était déjà montré favorable au fait de « garder les affaires intérieures tendues afin de renforcer les exportations » (Dickhaus, 1996, pp. 70, 114). Le président du Conseil de la banque centrale, Karl Bernard, avait la même conviction. La majorité du Conseil de la banque centrale n'était pas encore convaincue de la sagesse d'une telle stratégie orientée vers l'exportation (Holtfrerich, 1999, p. 344).

L'éclatement de la guerre de Corée en juin 1950 marqua un tournant majeur de l'attitude du Conseil de la banque centrale. Les présidents Vocke et Bernard réalisèrent qu'ils avaient là une opportunité de mettre en œuvre leur plan. Erhard, partisan de cette approche, écrivit à Vocke le 2 août 1950 :

1. Son rapport de 1950 sur l'économie allemande a été réédité, fondation Ludwig-Erhard (1986).

> « Une grande opportunité pour l'avenir des exportations allemandes s'offre dans la situation présente : si, à proprement parler, nous sommes capables de maintenir grâce à notre discipline intérieure le niveau des prix plus fortement que ce que sont capables de réaliser les autres pays, le nombre et la valeur de nos exportations augmenteront sur le long terme et notre monnaie deviendra plus forte et plus saine, sur le plan intérieur comme vis-à-vis du dollar » (Ludwig-Erhard-Stiftung, 1986, p. 183).

Le 17 mai 1951, Vocke, à la suite de l'inflation causée par la première année de la guerre de Corée, expliqua sa stratégie monétaire à un auditoire d'experts de la façon suivante :

> « Bien sûr, les taux élevés d'inflation ont été la source d'une préoccupation majeure, mais si vous les comparez à ceux d'autres pays, vous verrez avec satisfaction que nous nous sommes maintenus de façon constante en dessous d'eux. Et c'est une opportunité considérable, c'est décisif pour notre devise et plus particulièrement pour nos exportations. La croissance de nos exportations est vitale pour notre économie et cela dépend en retour du maintien de bas prix et de bas salaires [...]. Comme je l'ai déjà dit, garder l'indice des prix au-dessous de celui des autres pays est le point central de nos efforts à la banque centrale, et c'est un succès. Cela devrait être clair à l'esprit de ceux qui nous reprochent de prendre des mesures trop restrictives et inutiles » (Vocke, 1956, p. 56).

Dès 1955, Henry Wallich identifia cette approche mercantiliste, dans son étude consacrée à la renaissance économique allemande, à la stratégie politique monétaire de l'Allemagne des années 1950 (Wallich, 1955, p. 80). Les politiques fiscales avaient contribué de façon décisive à cette stratégie mercantiliste, notamment lors de la crise liée à la guerre de Corée. Ces contributions prirent tant la forme de concessions spéciales (loi sur la promotion de l'exportation de 1951) que de garanties pour les crédits à l'exportation (garanties Hermes). Elles se matérialisèrent sur un plan macroéconomique par le transfert répété des surplus budgétaires à la banque centrale afin de freiner la demande intérieure (ces réserves gouvernementales furent appelées *Juliusturm*). De plus, la politique fiscale encouragea l'épargne personnelle à travers des réductions d'impôts et des subventions à grande échelle en vue de contenir la consommation des ménages[1]. De surcroît, il y eut une énorme contribution du secteur public sous la forme de dépenses d'investissement qui par rapport au taux d'épargne net représentaient près de 44 % pour la période 1948-1960 (Stolper et Roskamp, 1979, p. 388).

Après l'éclatement de la crise de change à la suite de la fondation de l'UEP, le 1er juillet 1950, le crédit spécifique de l'UEP accordé à l'Allemagne fut assorti d'un certain nombre de conditions (à l'instar des prêts du FMI). Celles-ci consistèrent à poursuivre une politique monétaire et fiscale restrictive afin de freiner la demande intérieure, et à prendre des mesures de crédit et fiscales pour promouvoir les exportations. Au point d'orgue de la crise de change en février 1951, le Haut-Commissariat interallié demanda notamment au gouvernement fédéral, dans un mémorandum daté du 7 février 1951, que les politiques économiques allemandes se concentrent concrètement sur les exportations (Holtfrerich, 1999, p. 346). Par la suite, les Alliés occidentaux furent incapables de faire rentrer le loup dans sa tanière, libéré par cette mesure. Non seulement les présidents de la Bank deutscher Länder, Vocke et Bernard, mais aussi la majorité du Conseil de la banque centrale reconnurent alors la valeur stratégique du mercantilisme monétaire (et fiscal) et s'employèrent à le développer avec succès et à l'excès, notamment après la crise de la devise allemande qui suivit immédiatement le début de la guerre de Corée.

Cette stratégie de croissance économique et de développement tirée par les exportations devint une tradition allemande, en raison du chemin historique parcouru et ce, même lorsque sa condition nécessaire (à savoir des taux de change fixes) disparut avec le système de Bretton Woods. Cela s'est d'ailleurs illustré par le fait que depuis l'éclatement de la crise de la « nouvelle économie » en 2001, la politique fiscale de l'Allemagne et la politique monétaire de la BCE (le clone de la Bundesbank) sont demeurées restrictives, anticipant selon toute vraisemblance (particulièrement en Allema-

1. Pour plus de détails, voir Holtfrerich (1999), p. 346, n. 115.

gne) une relance de l'économie par les excédents du compte courant. En 2004 et 2005, l'Allemagne enregistra les excédents plus élevés jamais atteints (environ 4 % du PIB) sans l'ombre d'une amélioration de sa performance économique intérieure. Il y avait eu une beaucoup plus grande stabilité des prix et des salaires en Allemagne que partout ailleurs depuis plus de dix ans. Néanmoins, ce que les décideurs politiques et économiques n'avaient pas pris en compte était que la condition nécessaire au succès d'une politique mercantiliste tirée par les exportations (des taux de change fixes) n'existait plus (à l'exception de la zone euro qui souffrait dans son ensemble de la politique relativement restrictive de la BCE). Ils ne prirent jamais pour modèles les meilleures pratiques mondiales, notamment celles qui sont liées aux performances des États-Unis qui jouirent depuis très longtemps jusqu'à maintenant d'une croissance économique relativement forte, du plein-emploi et d'une relative stabilité des prix allant de pair avec des déficits du compte courant considérables. La recherche de l'intérêt au niveau national aurait signifié de la part des décideurs politiques d'éviter le déclin relatif du revenu national réel *per capita* et pour l'Europe la réalisation des objectifs de la stratégie de Lisbonne 2000 dont on sait maintenant qu'ils ne seront pas atteints. Les décideurs politiques allemands et européens en matière fiscale et monétaire furent pris au piège de concepts traditionnels sans réaliser que les conditions nécessaires à la validité de ces derniers ne prévalaient plus. La conséquence fut une situation verrouillée de dépendance à l'histoire, qui semble être le prix à payer pour un manque de pragmatisme !

3. La définition et l'alignement de la nouvelle politique de 1973-1974

Tant que le taux de change du Deutschemark fut fixé, la politique monétaire ne put pas uniquement se focaliser sur la stabilité des prix nationaux[1]. Quelles que soient les circonstances, elle se

1. Holtfrerich (1999), pp. 362-396.

devait de veiller à la stabilité du taux de change et ce même au prix d'une inflation intérieure. Sous le système de Bretton Woods (qui prit fin en mars 1973), l'histoire monétaire de la République fédérale fut marquée par le conflit entre le fait de stabiliser le taux de change du Deutschemark et celui de garantir la stabilité des prix intérieurs. Chaque fois que les flux de capitaux nécessitèrent un abaissement du taux d'escompte, l'augmentation de leur liquidité et par conséquent l'effet de *price pushing* imposèrent une augmentation du taux d'escompte. Ce dilemme fut particulièrement délicat de 1956 à la première réévaluation du Deutschemark en mars 1961 et, par la suite, de 1968 à mars 1973. Le problème venait du fait que sous Bretton Woods, seul le gouvernement et non la Bundesbank était responsable des changements de parité du Deutschemark, alors que tous deux étaient en complet désaccord à ce sujet.

Tandis que la politique monétaire était souvent incapable de préserver la stabilité des prix intérieurs à l'aide des instruments mis à sa disposition, la politique fiscale assumait non seulement la responsabilité de promouvoir la croissance et l'emploi, mais aussi d'assurer la stabilité des prix à des moments où celle-ci était menacée. Cette politique restreignit les dépenses, augmenta les taxes et pour augmenter la pression sur les prix, abaissa les droits de douane au-delà de ce qui était requis par les accords internationaux. Inversement, lorsque la Bundesbank prenait ses décisions en matière de politique monétaire, elle avait en vue non seulement de garantir la stabilité des prix mais aussi des objectifs relatifs à la croissance et à l'emploi. Même les syndicats furent, à ces moments-là, coopératifs quant aux restrictions de salaires qui en découlaient afin de diminuer la pression inflationniste. Ainsi, les divers acteurs institutionnels et les instruments de politique économique se complétèrent sous le système de Bretton Woods.

Après 1973, un changement fondamental s'opéra avec la division des tâches entre les institutions responsables de la politique fiscale et monétaire. David Marsh remarqua que la Bundesbank axa la priorité de sa politique sur une plus grande stabilité des prix intérieurs « seulement vers la fin du système de Bretton Woods lorsque la défense des taux de change réguliers se trouva remise en cause » (Marsh, 1992, p. 37). D'un autre côté, « le gouvernement ne souhaita plus voir le champ de sa politique fiscale orienté de façon restrictive par la stabilité monétaire, et abandonna à la seule Bundesbank la tâche de la stabilité des prix » (Woll et Vogl, 1976, p. 145)[1]. À partir de 1974, la Bundesbank adopta donc une approche monétariste pour garantir la stabilité des prix. Elle annonça ainsi à l'avance son taux de croissance cible de l'offre de monnaie pour l'année à venir, dérivé du taux de croissance de la production potentielle et du taux d'inflation qui était considéré comme inévitable. La politique fiscale, depuis lors, ne partagea plus la responsabilité d'atteindre la stabilité des prix et relâcha ses efforts pour y contribuer. La conséquence fut, après 1974, une augmentation de la dette publique allemande qui atteignit presque 68 % du PIB en 2005, alors qu'elle avait été stabilisée autour de 20 % depuis la fin de la Seconde Guerre mondiale (Holtfrerich, 2007, pp. 60-61).

Norbert Kloten inventa le terme de « nouvel assignement politique » pour caractériser ce qui se passa immédiatement après la fin du système de Bretton Woods en Allemagne (Kloten, Ketterer et Vollmer, 1985, pp. 392 et 395)[2]. Dorénavant, il était de la seule responsabilité de la Bundesbank de garantir la stabilité des prix, du gouvernement de promouvoir la croissance économique et des partenaires sociaux de s'atteler au plein-emploi en fixant le prix du travail. De mon point de vue, cette tripartition des responsabilités en matière de politique économique fut une erreur fondamentale et explique une grande part du problème du chômage que l'Allemagne et l'Europe ont connu ces dernières décennies. À l'inverse, dans les pays comme les États-Unis et dans ceux qui sont extérieurs à la zone euro, l'absence d'une telle tripartition alla de pair avec de bien meilleures performances économiques. Ce type d'assignement fut mis en œuvre par l'Union européenne quand la responsabilité de la politique monétaire fut transférée des banques centrales nationales à la BCE au début de l'année 1999 (Kösters, 2003, p. 484).

---

1. Voir aussi Robert (1978), pp. 24-25.
2. Voir aussi Kloten *et al.* (1980), pp. 77-79. Pour la nouvelle attribution des rôles de politiques économiques, voir Fels *et al.* (1971), Starbatty (1984) et Tomann (1997), pp. 64-66.

Le glissement de la Bundesbank vers un *credo* de politique monétariste plus restrictif peut s'expliquer d'une autre façon, par un nouvel alignement au côté des groupes d'intérêts. Dès le début, l'objectif de la politique monétaire menée par la banque centrale ouest-allemande avait été mercantiliste, c'est-à-dire centré sur la création de surplus de l'export, donc sur une croissance tirée par les exportations. Cette politique avait trouvé un allié de taille avec l'industrie allemande, particulièrement avec l'influente Fédération des industries allemandes qui s'était davantage battue pour défendre les intérêts des sociétés exportatrices que pour ceux des industries fournissant le marché intérieur. Cette alliance éclata au moment de la chute du système de Bretton Woods durant lequel le Deutschemark était sous-évalué. Avec l'avènement des taux flexibles, les restrictions sur les mouvements de capitaux perdirent leur justification et furent largement abandonnées de par le monde. Cette libéralisation des mouvements de capitaux au niveau international fut le début de ce qu'on appelle aujourd'hui la mondialisation. À partir de 1973, le volume des mouvements de capitaux explosa et ne fut plus proportionnel à l'expansion du commerce international. Il devint ainsi essentiel de prendre en compte les intérêts du secteur financier international notamment pour la banque centrale d'une des plus grandes économies du monde. Contrairement à l'industrie allemande jusqu'en 1973, l'intérêt du secteur financier ne reposait plus sur la sous-évaluation du Deutschemark mais plutôt dans le fait de rendre attractif le deutschemark auprès des investisseurs étrangers en étalant sa force sur le marché des changes. Une politique monétaire plutôt restrictive créant des attentes quant à l'appréciation du Deutschemark (ce que l'industrie allemande avait toujours essayé d'empêcher) servirait ses intérêts au mieux. Que la Bundesbank, avec sa politique monétaire, servît cet intérêt jusqu'à la création de la BCE est démontré par le fait que l'Allemagne a rejoint l'Union économique et monétaire (UEM) avec un taux de change surévalué, que l'Allemagne a, depuis, essayé de corriger durant des années à travers un blocage relatif des salaires et une plus grande stabilité des prix intérieurs que dans les autres pays de la zone euro.

Le prix à payer pour avoir servi les intérêts du secteur financier à travers cette politique monétaire a été un ralentissement de la croissance économique allemande et un accroissement spectaculaire du chômage depuis 1973. Il reste à voir s'il y aura un nouvel alignement de la politique monétaire de la BCE visant à corriger l'évolution qui a mené à cette impasse.

4. L'influence de la Bundesbank sur la forme institutionnelle de la BCE

L'influence de la Bundesbank sur la forme institutionnelle de la BCE est incontestable. À tous les niveaux pratiques, elles sont comme des sœurs jumelles[1]. Durant les négociations aboutissant au traité de Maastricht en février 1992, qui ouvre la voie à la création de la BCE et définit les critères d'appartenance à l'UEM, la Bundesbank a en effet joué un rôle crucial. À travers le processus de discussions et de négociations qui a commencé à partir de 1988, les banques centrales de l'Union européenne (UE) en général et la Bundesbank en particulier, ont joué un rôle prépondérant : la création de l'Union économique et monétaire (UEM) a été découplée de la création de l'union politique, renforcée après le déclin du communisme en Europe de l'Est. La chute du Mur de Berlin et la réunification allemande avaient rendu urgent le renforcement de l'intégration de l'Europe occidentale. Si les ministres des Affaires étrangères et les autres membres du gouvernement excepté les ministres des Finances ont joué un rôle mineur dans le processus, les chefs d'État sont intervenus à des moments clés et ont exigé un compromis en imposant des délais sur les négociations. Ils le faisaient souvent en jouant sur l'émotion des Européens, mettant particulièrement l'accent sur l'UE comme garante de la paix en Europe après son histoire désastreuse de la première moitié du XXe siècle. Toutefois, les questions afférentes à la réalisation de l'UEM sont restées essentiellement l'apanage de technocrates, d'experts sur des sujets trop compliqués pour les chefs d'État et l'électorat des

1. Les raisons ont été officiellement analysées par Debrun (2001). Pour un test de l'hypothèse sur la conduite de la politique monétaire, voir Smant (2002).

États membres de l'Union européenne, à la différence des thèmes de politique étrangère et intérieure. Cela renforça la domination des élites qui avait caractérisé le processus d'intégration européenne depuis ses débuts, et cela déplaça le pouvoir au sein même de ces élites en faveur des banquiers centraux, du fait de la mise au second plan des règles de politique fiscale et monétaire (Dyson et Featherstone, 1999, p. 747)[1].

Jacques Delors, en particulier, avec l'appui de Helmut Kohl, conféra au puissant comité des gouverneurs des banques centrales un rôle éminent dans la mise en place de l'UEM et de la BCE. Cela fut pensé « comme un moyen d'associer les gouverneurs des banques centrales, en les obligeant à prendre des responsabilités dans l'UEM, et de lier leur crédibilité à cette initiative » (Dyson et Featherstone, 1999, p. 773). Son rôle cependant se borna à fournir une réponse à la question du « comment » et non au problème de savoir « si » l'UEM devait être construite. D'autres entités furent créées pour aider à la mise en place de l'UEM comme l'ECOFIN composé des ministres de l'Économie et des Finances et leurs fonctionnaires ; et le comité monétaire de la CE composé des fonctionnaires des ministères des Finances et de leurs homologues des banques centrales.

Le processus de l'UEM fut lancé après que les ministres des Finances français et italien eurent critiqué les contraintes et les asymétries du système monétaire européen (SME) et réclamé des réformes au début de l'année 1988, alors que la réalisation du programme de marché unique de la CE était en cours, incluant la libéralisation complète des mouvements de capitaux. Ce fut alors le ministre des Affaires étrangères allemand, Hans-Dietrich Genscher, qui fut le premier à proposer la création d'une BCE, passant ainsi outre l'avis de son collègue au ministère des Finances, Gerhard Stoltenberg. Jacques Delors, Helmut Kohl et François Mitterrand adoptèrent la proposition de Genscher et préparèrent le lancement de l'UEM au Conseil européen de Hanovre en juin 1988. Avec le soutien enthousiaste de Mitterrand, le projet fut

1. Pour une critique d'expert de l'intérieur sur le processus de négociations, voir Pöhl (1996), Köhler et Kees (1996) et Pöhl (2003).

accepté et le comité Delors mis en place pour étudier la façon dont l'UEM pouvait être réalisée. Les présidents de toutes les banques centrales de la CE en furent membres de droit et donc majoritaires par rapport aux quelques experts extérieurs : le commissaire Frans Andriessen, Alexandre Lamfalussy de la Banque des règlements internationaux, Miguel Boyer pour représenter les nouveaux membres de la CE (Europe du Sud dont l'Espagne) et le Danois Niels Thygesen. En avril 1989, ce comité fut sur le devant de la scène avec le rapport Delors. Le rapport fut précisément signé par tous les gouverneurs de banques centrales de la CE, incluant celui de la Grande-Bretagne, au désarroi de Margaret Thatcher et de son cabinet. Ces derniers s'opposèrent fermement à l'UEM avant toute unification politique, laquelle, déclarèrent-ils, « n'aurait point lieu de leur vivant ». Dès lors, l'influence britannique fut marginalisée et le rapport Delors devint la feuille de route pour l'UEM. Il esquissait déjà les trois étapes de mise en œuvre de l'UEM, autant qu'il contenait les dispositions qui furent plus tard retenues dans le traité de Maastricht.

En quête d'une organisation optimale de la BCE, les partenaires de l'Allemagne proposèrent alors la Bundesbank comme modèle. Affichant une meilleure réussite en matière de stabilité des prix que les autres banques centrales de la CE, du fait de sa crédibilité et de sa réputation en tant que banque centrale forte et grâce au Deutschemark assumant déjà le rôle de monnaie d'ancrage au sein du SME, la structure de la Bundesbank servit de modèle pour la configuration institutionnelle de la BCE, notamment parce que la meilleure pratique avait été reconnue de tous côtés comme un principe directeur. Assurément, après la chute du Mur de Berlin et la réunification allemande, la plupart des États membres de la CE désiraient un accord rapide sur l'UEM afin de relier de façon irréversible le pouvoir économique accru de l'Allemagne au processus d'intégration européenne, et d'amoindrir son pouvoir monétaire souverain en faveur d'une institution supranationale. Du point de vue de la souveraineté sur la politique monétaire, l'Allemagne, grâce au rôle clé de sa devise en Europe, avait plus à perdre que tous ses autres partenaires. Ceci, outre le fait que la majorité de la population allemande était opposée à l'idée d'abandonner le Mark, mit l'Allemagne en position de force lors des négociations et fut à l'origine de son emprise sur la mise en œuvre de l'UEM (Moravcsik, 1999). La résistance de la population allemande à abandonner sa monnaie était un argument de poids, côté allemand, pour façonner la BCE à l'image de la Bundesbank. L'opinion publique allemande était habituée à avoir plus confiance en sa banque centrale qu'en son gouvernement. La conception de la structure de la BCE selon le modèle de la Bundesbank permettrait ainsi à la BCE de se reposer sur la réputation et la crédibilité de la Bundesbank et aiderait à convaincre l'opinion publique que la devise européenne serait au moins aussi stable que le Deutschemark.

Le SME, qui avait été mis en place depuis 1979 pour lier étroitement les uns aux autres les taux de change des pays de la Communauté économique européenne (CEE), avait déjà fonctionné comme un mécanisme de transfert du concept de la Bundesbank de « monnaie saine », diffusé de l'Allemagne à ses partenaires du SME (Marcussen, 1998). Ainsi, il y eut peu de discussions pour arriver à la conclusion qu'une monnaie forte devait être l'objectif principal de la BCE. Comme la banque centrale allemande était, en termes de stabilité des prix, la plus performante et la plus indépendante de toutes les banques centrales européennes, la Bundesbank demanda un statut indépendant au moins équivalent au sien pour la BCE et les banques centrales nationales. L'assentiment de tous les partenaires européens fut ainsi emporté, même ceux dont les banques centrales n'avaient traditionnellement jamais été libres de tout contrôle gouvernemental[1]. En fait, la BCE fut rendue encore plus indépendante que la Bundesbank ne l'avait jamais été : le gouvernement allemand détenait antérieurement un droit de veto suspensif sur les décisions de la Bundesbank pendant deux semaines et pouvait en principe modifier son statut par une simple loi. Personne n'eut de droit de veto sur les décisions du conseil de la BCE, de même que le moindre changement de statut de la BCE

1. Voir Dehay (2001) pour une comparaison du manque d'union politique lorsque le précurseur de la Bundesbank, la Bank deutscher Länder, prit ses fonctions en 1948 et lorsque la BCE eut la responsabilité de la politique monétaire en 1999.

exigea non seulement un vote à la majorité du Parlement (comme dans le cas de la Bundesbank), mais, en plus, un traité de l'UE quasiment impossible à ratifier à l'unanimité.

L'opiniâtreté de la Bundesbank permit de conserver les critères de stricte convergence. Le traité de Maastricht contint finalement le développement fiscal et monétaire des États membres de l'UEM dont le respect et la poursuite conditionnèrent l'accès à l'étape ultime de l'UEM. Néanmoins, le traité ne donna pas de cadre statutaire au déploiement de politiques de la demande (politique du revenu incluse) susceptible de peser sur l'existence même de l'UE. L'instrument du taux de change ayant disparu, les salaires auraient à porter le fardeau de plus en plus grand de variable d'ajustement en cas de chocs d'offre et de demande et de divergences structurelles. De tels éléments de politique économique keynésienne avaient toujours été combattus par la Bundesbank depuis qu'elle avait adopté une approche monétariste, en d'autres termes une politique de l'offre, recommandée par le conseil des experts économiques, le *Sachverständigenrat* (Sievert, 2003, pp. 36-40). Après que la France avait échoué à combattre le chômage et relancer la croissance au début des années 1980 sur la base de politiques keynésiennes expansionnistes, les politiques axées sur la demande furent discréditées par tous les participants au processus de négociation du traité de Maastricht, ou presque.

La France et l'Allemagne, les deux principaux moteurs de l'UE durant les négociations de l'UEM, demeuraient toutefois sceptiques sur les chances de l'approche monétariste néolibérale de l'UEM (selon le modèle de la Bundesbank) de mettre à elle seule l'économie européenne sur la voie d'un chemin de croissance dynamique. Le gouvernement français et le président de la CE, Jacques Delors, travaillèrent davantage sur l'idée d'un *gouvernement économique* européen fondée sur une moindre indépendance de la BCE et une plus grande place pour les politiques d'amortissement en cas de chocs d'offre et de demande. Ils préparèrent des dispositions en faveur du financement concerté des investissements par le crédit (ces derniers étant profilés pour ne pas dépasser les 3 % de déficit budgétaire autorisé). Ils proposèrent des mesures concertées en matière de politique de revenu et une coordination étroite entre l'utilisation de tels instruments et la politique monétaire de la BCE. Aujourd'hui encore, les dirigeants politiques français, quelle que soit leur affiliation, continuent à mettre en avant cette idée de *gouvernement économique* européen.

Au moment des négociations de l'UEM, les Français s'efforcèrent de convaincre leurs partenaires de la nécessité d'opter pour la centralisation de la politique monétaire et des autres formes de politique économique. L'idéologie monétariste conservatrice de la Bundesbank et de la plupart des autres banques centrales rendit ces efforts vains. À la place, afin de s'assurer que les politiques fiscales des États membres ne puissent échapper à leur engagement au strict respect des critères de Maastricht, aucune clause de renflouement ne fut ajoutée aux autres règles régissant la conduite de la politique fiscale (déficits budgétaires maximum, dette publique, etc.). D'un autre côté, des politiques de l'offre comme la libéralisation du marché du travail et la flexibilité des salaires (exigées par les Allemands et les Britanniques), et l'engagement en faveur de privatisations, n'entrèrent pas dans le traité car on ne voulut pas soulever l'opposition de l'opinion publique européenne à l'encontre d'un agenda incorporant trop de mesures néolibérales. S'agissant des questions de transparence et de responsabilité, le traité de Maastricht tout comme la loi relative à la Bundesbank demeura largement silencieux. Par exemple, la question fut laissée ouverte de la forme que les minutes des réunions du conseil de la BCE devaient prendre (*verbatim* ou simple résumé des résultats avec ou sans voix discordantes) et de leur publicité, comme à la Fed.

Construire la BCE sur le modèle de la Bundesbank et lui transférer ainsi son héritage monétariste fut une erreur pour deux raisons principales. Premièrement, ce transfert signifiait que seul un élément isolé du modèle capitaliste rhénan était adopté au niveau européen. Or les autres éléments tels que le cadre juridique de régulation des relations industrielles, la structure du gouvernement d'entreprise impliquant les banques et les employés dans la prise de décision, le système de négociations collectives fondé sur l'idée de partenariat social, le système dual d'éducation et de formation professionnelle et le rôle des établissements de crédit dans le financement industriel des grandes entreprises, n'étaient pas transférables en pratique du point de vue institutionnel.

« Ces éléments reflétaient un engagement et une capacité institutionnelle à soutenir la solidarité sociale et adopter des politiques industrielles de long terme. Au cœur du modèle allemand reposait un ensemble complexe de compromis institutionnels, veillant à défendre consensuellement l'économie de marché grâce à la gestion et à l'amélioration des conséquences de son fonctionnement. Il y avait un cadre institué (un partage du fardeau) pour que la Bundesbank, dans sa poursuite de la stabilité des prix, ne menace pas le système de négociations collectives et profite en même temps d'un succès relatif dans la limitation et la réduction des coûts unitaires du travail. [...] Encore une fois, on ne pouvait attendre d'un aspect isolé du modèle rhénan, une BCE modelée sur la Bundesbank, qu'il opère de la même manière que l'ensemble duquel il était détaché. » (Dyson et Featherstone, 1999, pp. 794-795).

Deuxièmement, comme ce qui s'est passé en Allemagne depuis 1974 l'a démontré (Holtfrerich, 2007, pp. 105, 230, 249), les effets « réels » d'une politique monétariste rigoureuse ont été sous-estimés. Son impact fut critique sur l'activité économique et le chômage, autrefois en Allemagne et maintenant dans la zone euro (la camisole de force imposée par le critère fiscal de Maastricht). Ben Bernanke, le nouveau président de la Fed depuis 2006, rappela aux banquiers centraux réunis à la BCE à Francfort les 9 et 10 novembre 2006 que le moment où la Fed s'était le plus rapprochée de l'expérience monétariste avait été la courte période de désinflation (octobre 1979 à 1982) lorsque Paul Volcker était son président. Parce que l'hypothèse sous-jacente d'une relation stable entre les agrégats monétaires et les autres variables nominales, en l'occurrence l'inflation et la croissance du produit nominal se révéla fausse, le monétarisme « ne joua pas un rôle central dans la formulation de la politique monétaire des États-Unis depuis cette période » (Bernanke, 2006).

Les cibles de taux de croissance pour l'offre de monnaie M1 furent discontinues en 1987 quand Alan Greenspan devint le président de la Fed. Le fait d'établir une gamme de cibles pour l'offre de monnaie plus large M2 et les autres agrégats fut stoppé après que l'exigence réglementaire de faire le rapport de ces gammes selon le Humphrey Hawkins Act de 1977, devint caduque en 2000.

Bernanke conclut qu'une « forte dépendance aux agrégats monétaires utilisés comme guide pour la politique monétaire aurait semblé imprudent dans le contexte américain ». Cela devait être entendu comme un conseil de prudence pour les banquiers centraux de la BCE afin qu'ils abandonnent le credo monétariste dans la formulation de leur politique.

Lors de la même conférence, Michael Woodford, théoricien de la politique monétaire de l'université de Columbia, alla plus loin. Dans un article élégant et bien documenté, il arriva à la conclusion que le combat mené avec succès contre l'inflation pouvait être poursuivi sans considérer les agrégats monétaires. C'est pourquoi il appela d'urgence la BCE à abandonner ce pilier de sa politique monétaire au risque de créer une certaine confusion.

Le degré élevé d'indépendance de la Bundesbank vis-à-vis du gouvernement allemand n'était pas à l'origine le résultat d'un apprentissage des meilleures pratiques. Son précurseur, la Bank deutscher Länder fut conçue et créée par les gouvernements militaires des Alliés occidentaux au moment où aucun gouvernement ouest-allemand n'existait encore. La banque fut soumise à la surveillance étroite des Alliés qui, comme le chancelier du Reich dans la tradition allemande, se réservèrent le droit de faire des recommandations en matière de politique monétaire. Cependant, ils exercèrent ce droit non pour faire un mauvais usage des ressources de crédit de la banque au bénéfice de leur gouvernement, mais pour empêcher le retour de l'inflation en Allemagne. Quand la surveillance des Alliés prit fin en 1951, l'indépendance de la banque centrale vis-à-vis du gouvernement allemand demeura, en dépit d'une tradition allemande contraire, bien que quelques hommes politiques allemands aient proposé l'inverse. Celle-ci fut conservée intacte précisément pour les mêmes raisons que les Alliés avaient à l'esprit, c'est-à-dire la garantie de la stabilité des prix. Dans le processus d'encadrement de la loi relative à la Bundesbank de 1957, la question de l'indépendance fut encore posée en référence à la tradition allemande. Durant ce temps, la meilleure pratique en Allemagne et aux États-Unis parla tant en faveur de la préservation de l'indépendance que ses opposants au gouvernement et au Parlement furent incapables de mobiliser suffisamment de soutien pour y mettre un terme. La même chose se produisit en 1973 quand le passage généralisé des taux fixes à des taux flexibles déclencha un nouveau débat sur le statut d'indépendance de la Bundesbank.

L'attention particulière de la Bundesbank portée à l'objectif de stabilité des prix et son brillant succès à préserver celle-ci furent souvent attribués au traumatisme de l'Allemagne lié aux deux périodes d'hyperinflation durant la première moitié du XXe siècle. Il se peut que ce traumatisme ait aidé à faire accepter par l'opinion publique allemande les mesures restrictives prises par la Bundesbank. En réalité, cette ligne politique fut poursuivie dans un dessein différent. Dans un système de change fixe, il fut prouvé qu'une plus grande stabilité comparée des prix intérieurs se montra l'outil efficace pour accroître la compétitivité internationale de l'Allemagne, produire des surplus d'exportations et suivre une stratégie de croissance tirée par les exportations. J'ai nommé cette ligne politique le *mercantilisme monétaire*.

Après la fin du système de Bretton Woods en 1973 qui avait apprivoisé le pouvoir de la Bundesbank sur la politique monétaire en raison de son obligation de défendre les taux de change fixes du Deutschemark, la capacité de la banque à contrôler les développements monétaires augmenta réellement au vu de la garantie de la stabilité des prix, en accord avec les prédictions du modèle de Mundell-Fleming. Après que le gouvernement allemand eut dépensé sans compter dans les années 1970, la Bundesbank adopta le monétarisme en 1974 comme son nouveau credo politique. Elle le fit plus tôt qu'aucune autre banque centrale. Elle colla à cette approche politique beaucoup plus longtemps que d'autres banques centrales importantes comme la Fed ou la Banque d'Angleterre, jusqu'à ce qu'elle perde son pouvoir monétaire au profit de la BCE en 1999. Le monétarisme fut un succès en termes de stabilité des prix mais en raison de ces effets réels sous-estimés, fonctionna comme un frein sur la croissance économique et sur l'offre d'emploi allemandes. En 1974, une nouvelle répartition des tâches politiques est effectuée entre les différentes autorités de politique économique. À partir de ce moment, la Bundesbank concentra son action sur l'objectif de stabilité des prix, le gouvernement fut responsable de la croissance économique et enfin la garantie du plein-emploi fut du ressort des négociations collectives échues aux partenaires sociaux. Les différentes autorités cessèrent de partager la responsabilité des trois objectifs et mirent un terme à leur coordination précédente en matière de politique monétaire, fiscale et salariale. Cette forme de répartition politique fut adoptée par l'Union européenne quand la BCE entra en fonction. Cela matérialisa l'idéologie du néolibéralisme qui s'est étendue dans le monde entier y compris dans les pays du tiers-monde et explicitée dans l'agenda du *Consensus de Washington* de 1990 (Williamson, 1990). Le nouvel alignement de la politique monétaire avec l'intérêt de la finance au détriment du secteur industriel dans une monnaie forte suivit ce processus.

Qu'en est-il de l'origine de l'influence déterminante de la Bundesbank sur la forme institutionnelle de la BCE ? Si l'Allemagne n'a pas imposé le modèle de sa Bundesbank aux autres États membres contre leur volonté, elle fut en position de force pour négocier face à eux. Ceci explique pourquoi le gouvernement allemand et la Bundesbank furent capables de gagner l'assentiment de tous leurs partenaires au principe d'indépendance de la BCE, et de modifier les statuts de leurs banques centrales en conséquence. C'est pour cette raison aussi que la France, l'autre protagoniste principal dans le processus de négociation du traité de Maastricht, ne réussit pas à imposer son *gouvernement économique* et son idée de plus grande centralisation des pouvoirs de politique économique au-delà du volet monétaire. Néanmoins, l'expérience allemande a joué un grand rôle. Le modèle de la Bundesbank, grâce à son succès dans la construction d'un Deutschemark fort et, plus tard, de devise européenne forte au sein du SME, fut reconnu par l'ensemble des Européens comme la meilleure pratique et dès lors comme acceptable. L'idéologie d'une monnaie forte associée à la prudence fiscale de l'agenda néolibéral stipulé dans le *Consensus de Washington* fut déterminante. Avec un keynésianisme allégrement discrédité, la doctrine monétariste de la Bundesbank était devenue largement acceptée en Europe.

Quels doivent être les objectifs de la politique monétaire[1] ?

BENJAMIN FRIEDMAN[2]

« La foule compacte massée dans la plus vaste salle d'audience de la Chambre des représentants fit silence lorsque le président de la Fed, M. Milton, fit son entrée et s'assit à la table des témoins, accompagné du vice-président, M. Robert, et du responsable des affaires économiques du Système fédéral de réserve, M. Edward. L'économie des États-Unis était en chute libre depuis dix mois consécutifs. Avec 26 millions de chômeurs, le chômage touchait désormais 17 % de la population active. La production industrielle avait baissé de 23 % par rapport à son dernier sommet. Les faillites d'entreprises et les défauts de remboursement des crédits immobiliers battaient des taux records depuis la fin de la Seconde Guerre mondiale. Sur les 7 000 banques commerciales en activité dans le pays l'année précédente, 1 429 avaient fait faillite... »

Le président du *House Banking Committee*, M. Wright (Dallas, Texas), demanda l'attention de l'auditoire, accueillit les trois témoins, et pria d'un ton sombre M. Milton de bien vouloir faire ses remarques préliminaires.

« Merci, monsieur le président, commença M. Milton. J'ai le plaisir de vous annoncer qu'au cours de l'année écoulée, la politique monétaire a connu des résultats remarquables. L'inflation globale s'est maintenue à 1 %, et les prix, en dehors de ceux de l'alimentation et de l'énergie, n'ont augmenté que de 0,9 %. Mes

1. Traduction de Nathalie Ferron.
2. Professeur au département d'économie de l'université de Harvard.

collègues et moi-même sommes venus recevoir les félicitations de ce comité ainsi que du peuple américain. »

Une telle situation est, bien entendu, impensable. L'objectif de toute politique économique est d'accroître le bien-être économique de la nation, c'est-à-dire la prospérité des citoyens et la bonne santé des institutions à travers lesquelles ils participent à l'activité économique, à la fois dans le présent et à l'avenir. La possibilité pour les hommes et les femmes qui travaillent de gagner correctement leur vie, pour les entreprises qu'ils possèdent et dans lesquelles ils travaillent de réaliser des bénéfices et de faire les investissements appropriés pour la croissance, et enfin la possibilité, pour les banques et les autres institutions financières sur lesquelles les individus comme les entreprises s'appuient, de faire face au risque qui constitue leur principale raison d'être. Voilà les aspects fondamentaux de ce bien-être. L'expérience montre qu'une hausse (ou une baisse) des prix peut, et cela arrive, perturber le bon fonctionnement de l'activité économique, de sorte que la stabilité des prix est, de ce point de vue, un objectif essentiel. La stabilité des prix est avant tout un instrument, qui tire sa valeur non de lui-même mais de ce qu'il augmente la capacité de l'économie à atteindre les objectifs qui, même s'ils ne paraissent pas réellement fondamentaux du point de vue des besoins vitaux des individus, sont déterminants à un niveau supérieur. L'idée que la politique économique doit viser la stabilité des prix comme moyen de parvenir à un bien-être économique plus fondamental, soit immédiatement soit dans le futur, ne constitue pas une raison pour rechercher cette stabilité des prix, au détriment, et encore moins à l'exclusion, de ce bien-être économique plus fondamental.

Si la politique monétaire ne pouvait influer de manière plus directe sur les résultats réels, mais pouvait néanmoins avoir une influence sur l'évolution des prix, alors, pour ce qui concerne la conduite de la politique monétaire, sans aller au-delà, la recherche du bien-être économique fondamental et de la stabilité des prix reviendrait à servir le même objectif. Aujourd'hui, le débat autour de la « neutralité » de la politique monétaire par rapport aux résultats économiques réels semble résolument appartenir au passé, nous le ravivons à l'occasion pour les éventuels éclairages qu'il a pu apporter sur des questions secondaires, sans jamais considérer qu'il puisse remettre en cause le problème central en question. Parmi les économistes, les hommes d'affaires, les investisseurs de marchés ou dans le grand public qui s'intéresse aux problèmes économiques, rares sont ceux qui pensent que les actions menées par la banque centrale n'ont pas d'impact sur la production, l'emploi ou les valeurs des actifs. Il n'est donc pas légitime d'éluder la question de savoir si et comment la politique monétaire *devrait* chercher à influer sur les résultats réels en la subsumant à la question plus vaste de savoir si elle *peut* le faire ou non. La théorie comme les faits indiquent que, dans le monde dans lequel évoluent les économies industrialisées avancées et les économies postindustrielles, la politique monétaire peut influer sur la production, sur l'emploi ainsi que sur d'autres aspects quantitatifs de l'activité économique non financière sur une période assez longue. La question qu'il faut se poser est celle de la manière dont elle doit s'y prendre.

Deux problèmes étroitement liés se rattachent à la question centrale de ce débat. Premièrement, se contenter de souligner des « résultats réels » génériques ne constitue pas une position normative constructive. Les individus s'intéressent, et c'est leur droit, à de nombreux aspects de l'environnement économique dans lequel ils vivent : leur niveau de revenu, leurs perspectives d'emploi, la possibilité qu'ils ont de créer leur propre entreprise ou d'emprunter de l'argent pour acquérir une nouvelle maison, pour n'en citer que quelques-uns. Au plan macroéconomique, d'autres aspects encore de la situation économique actuelle et à venir intéressent vraisemblablement les décideurs politiques : les niveaux de la production et de l'emploi par rapport aux critères de « plein-emploi », les équilibres extérieurs de l'économie, ses taux d'intérêt notamment. Même lorsque ces mesures disparates de l'activité économique sont incontestablement corrélées (ce qui n'est pas toujours le cas), leurs rapports sont loin d'être parfaits. D'où l'importance, pour les décideurs qui fixent les objectifs réels, de chercher à en avoir un aperçu, en même temps qu'ils recherchent la stabilité des prix.

Deuxièmement, le principe de Tinbergen, selon lequel le nombre d'objectifs distincts que toute politique économique peut atteindre dépend du nombre d'instruments différents qu'elle met en œuvre, est particulièrement topique dans toute discussion sur la politique monétaire[1]. Si on laisse de côté certains aspects techniques accessoires, la politique monétaire consiste à mettre en place un instrument unique : soit l'encours total des engagements de la banque centrale, soit le taux de rendement payé par les intervenants des marchés éligibles pour détenir ces engagements à titre d'avoirs. (Sauf coïncidence, les décideurs ne peuvent fixer à la fois l'encours et le taux de rendement si le marché doit être ramené à l'équilibre.) Ainsi, même si on est d'accord sur le type de résultats réels sur lesquels la politique monétaire devrait chercher à exercer son influence, et même si tous les résultats réels concernés sont parfaitement corrélés, le problème demeure de la tension fondamentale que suscite déjà, comme l'a souligné Tinbergen, un objectif réel unique, couplé avec celui de la stabilité des prix, dans le cas où le décideur ne mettrait en place qu'un seul instrument réel.

Le but de cet article est d'explorer l'ensemble des problèmes pratiques auxquels sont confrontées les banques centrales dans le monde d'aujourd'hui du fait de la conjonction de ces deux types de considérations imbriquées. L'article pose tout d'abord la question de savoir quels aspects de l'activité économique financière et non financière présentent un intérêt réel pour les stratèges de la politique monétaire. Le problème est ici de comprendre pourquoi exactement l'audition fictive du House Banking Committee évoquée plus haut constitue une absurdité. L'article examine ensuite le problème opérationnel des objectifs politiques que la banque centrale devrait présenter soit en analyse interne, soit lorsqu'elle communique avec les autorités supérieures ou les agents des marchés financiers et le grand public, comme « cibles » de la politique monétaire. Les considérations essentielles ici concernent les questions de transparence et de responsabilité de la banque centrale en tant qu'institution en charge de la politique publique. L'article s'attarde ensuite sur une catégorie de représentations concernant la façon dont l'économie fonctionne, dans lesquelles certains des sujets abordés ici (mais pas tous) revêtent un caractère différent, plus simple en fait. En conclusion, nous rassemblons les diverses

1. Les textes principaux sont de Tinbergen (1952 et 1956).

propositions avancées afin de constituer un ensemble de principes positifs pour la conduite de la politique monétaire.

1. Les objectifs d'une politique monétaire au-delà de la stabilité des prix

Il est clair que certains aspects de l'activité économique comme la productivité globale et l'emploi sont des questions qui concernent directement la politique de l'État. Le revenu national varie essentiellement au gré de la production nationale, de sorte que la production globale représente le gain économique total revenant aux citoyens du pays. L'équilibre entre l'emploi global et la population active d'un pays donne des indications sur la quantité de travail disponible pour ceux qui peuvent et désirent travailler. De plus, chacun de ces aspects de l'activité économique réelle, tout en présentant un intérêt en soi, agit également sur l'évolution des prix. Une plus grande offre d'emploi par rapport à l'offre de travail disponible pousse les entreprises à se livrer à une concurrence plus dure pour attirer les travailleurs et donc à augmenter les salaires. Si les salaires augmentent plus vite que la productivité, les coûts de production unitaires s'élèvent et les entreprises doivent en conséquence soit augmenter les prix des produits, soit diminuer leurs marges bénéficiaires. L'augmentation de la productivité globale par rapport aux capacités d'une économie augmente également les coûts de production, même si on ne tient pas compte des coûts salariaux, et contraint encore une fois les entreprises à augmenter leurs prix ou à réduire leurs marges. Aucune de ces deux mesures n'est complète même dans son propre domaine, le gain économique total revenant aux individus dans leur totalité ne nous renseigne pas sur la façon dont ce gain est redistribué entre eux, de même que l'augmentation des taux d'emploi ou de chômage ne nous dit pas si les emplois créés assurent un revenu satisfaisant et des conditions de travail correctes. Elles sont cependant essentielles si l'on veut proposer des objectifs politiques vraisemblables pour décrire les résultats qu'une économie est censée obtenir pour le bénéfice de ceux qu'elle sert. Par ailleurs, la politique monétaire a démontré sa capacité à influer sur les deux.

La composition de l'activité économique compte également dès lors que la politique est tournée vers l'avenir. À tout moment, le bien-être économique des individus repose principalement sur le volume de leur consommation. Les individus comme l'économie dans sa globalité ont des raisons de consommer moins que la production courante globale afin de pouvoir investir dans une capacité de production future. Dans la mesure où ces dépenses prospectives impliquent le financement d'une dette (ou, de manière équivalente, dans la mesure où le taux de rendement exigé des capitaux propres varie avec les taux d'intérêt), la politique monétaire peut influer sur la volonté et la capacité de se lancer dans des investissements productifs. En effet, si l'on en juge par l'expérience historique, elle a plus d'influence sur le rythme d'investissement que sur celui de la consommation.

Il ne s'ensuit pas nécessairement, cependant, que le taux d'investissement, qu'il soit affecté à la construction de nouvelles usines, d'installations et d'immeubles de bureaux, ou au logement, constitue un objectif indépendant plausible pour la politique monétaire. Les actions de la politique monétaire (des variations du taux d'intérêt quelconque fixé par la banque centrale, par exemple) qui affectent l'investissement affectent également la production globale et l'emploi. Le principe de Tinbergen s'applique ici, et, avec un instrument unique, ce serait pure coïncidence que la mesure politique compatible avec le taux d'investissement désiré de façon optimale soit identique à la mesure compatible avec les niveaux de production globale et d'emploi désirés de façon optimale. Ce n'est qu'en la combinant avec un autre instrument, de toute évidence une politique budgétaire, qu'il devient plausible d'avoir plusieurs objectifs politiques concernant à la fois la production globale et la combinaison investissement-consommation comprise dans cet agrégat.

Le même argument s'applique au déséquilibre extérieur de l'économie. Les décideurs ont toutes les raisons de s'intéresser au rapport entre les exportations d'un pays et ses importations (et, en parallèle, entre les sorties et les entrées de capitaux). Des importations supérieures aux exportations représentent un transfert net de biens et de services en provenance des partenaires commerciaux du pays, et, en parallèle, le transfert net de la production et de l'emploi vers ces partenaires commerciaux. Même si la nation dans son ensemble voit s'accroître son niveau de vie grâce à l'absorption nouvelle de biens et de services, les emplois et les ventes dont on se prive alors représentent néanmoins de réelles pertes pour certaines catégories de travailleurs et d'entreprises. Des importations supérieures aux exportations impliquent en outre que le pays emprunte et transfère ses avoirs en des mains étrangères, à un rythme plus soutenu qu'il ne prête et n'accumule des actifs à l'étranger. Avec le temps, l'accumulation de soldes débiteurs nets globaux requiert qu'une part toujours plus grande du revenu national soit affectée au service de la dette qui en résulte. Dans le même temps, si l'augmentation nécessaire de la part en devises va plus vite que l'augmentation de la demande étrangère d'actifs libellés dans la monnaie nationale, son taux de change baissera, entraînant les conséquences que l'on sait pour son marché d'actifs national. Ici encore, toutefois, les actions de la politique monétaire qui affectent les rapports entre les importations et les exportations sont les mêmes que celles qui affectent la production globale et l'emploi. Ce n'est que conjointement à un second instrument de politique, là encore de toute évidence une politique budgétaire (comme dans le modèle classique de Mundell et Fleming), qu'il est plausible pour une banque centrale de viser des objectifs autres que la balance du commerce extérieur et de l'investissement du pays.

Les stratèges de la politique monétaire ont en outre des raisons à la fois pratiques et historiques de chercher à maintenir la bonne santé des institutions financières et à assurer le bon fonctionnement des marchés financiers. Le système fédéral de réserve fut créé en réaction immédiate à une série de crises bancaires (en 1901, 1907 et 1913, et avant cela, au cours du XIXe siècle également) qui non seulement anéantirent en grande partie le système financier du pays, mais se propagèrent également à l'économie non financière. Le signe visible de cette décision fut la responsabilité confiée à la nouvelle banque centrale de « fournir une monnaie élastique ». Plus récemment, la « crise financière asiatique » de la fin des années 1990 (qui ne se limita pas aux pays asiatiques) a une nouvelle fois montré comment la détérioration du système bancaire d'un pays peut interrompre le processus de création de crédit, détruire la valeur des actifs, et par ailleurs réduire la capacité des ménages et des entreprises à accomplir leur rôle d'agent économique, comme cela s'est passé, en l'occurrence, aux États-Unis et dans bien d'autres pays également durant la dépression des années 1930.

Contrairement aux aspects tels que les taux d'investissement et la balance commerciale, cependant, on ignore quelle efficacité la politique monétaire seule peut avoir sur la bonne santé financière. Dans ce cas, ce qui compte surtout, ce sont des instruments plus spécialisés comme les besoins en capitaux des banques, la réglementation prudentielle et le contrôle, ou bien les marges exigées en matière d'achat et détention de titres spécifiques. Certes, lorsque les banques ou d'autres institutions financières dont le facteur d'endettement est élevé ont des positions d'actifs précaires, une variation ordinaire des taux d'intérêt peut affecter de manière négative leur bilan, ou même, pour certaines, mettre en cause leur survie. Pour la plupart, ces aspects ne sont pas du ressort de la politique monétaire.

Enfin, de plus en plus au cours des dernières années, les banques centrales ainsi que les observateurs de la politique monétaire se sont demandé si les prix des actifs ne devaient pas se trouver au cœur des préoccupations de la politique monétaire. L'exemple du Japon, depuis les sommets atteints par les prix des actifs et de l'immobilier dans ce pays en 1989, encourage à le penser, tandis que l'évolution aux États-Unis, la hausse rapide du cours des actions dans la deuxième moitié des années 1990, suivie de la hausse du prix de l'immobilier depuis 2000, soulève également le problème. Selon la formulation que l'ancien président de la Fed, Alan Greenspan, donne du problème, en principe les hausses ou les chutes brutales des prix des actifs peuvent avoir des effets non souhaités sur l'activité économique non financière, mais en pratique les hausses brutales sont rares ; la préoccupation de la banque centrale est donc d'éviter les chutes brutales[1]. La question plus délicate que soulève cette proposition

1. Alan Greenspan, *New Challenges for Monetary Policy*, Actes du colloque de la banque fédérale de réserve de Kansas City à Jackson Hole, WY, 26-28 août 1999.

est de savoir si la politique monétaire devrait tolérer toute augmentation du prix des actifs puis faire en sorte d'éviter les chutes brutales – c'est ainsi qu'on interprétait communément les actions de la Fed à la fin des années 1990 (ce que beaucoup d'agents du marché appelaient le *Greenspan put*) –, ou bien, au contraire, opposer une résistance dynamique à ce qu'elle perçoit comme des hausses de prix des actifs injustifiées au départ. (La seconde stratégie implique clairement la nécessité d'identifier, lorsqu'il survient, le moment où la hausse du prix des actifs devient excessive.) Dans les deux cas, cependant, il est clair que ce qui compte du point de vue de la politique monétaire, ce ne sont pas les prix des actifs eux-mêmes, mais la simple possibilité que les prix des actifs puissent avoir un impact sur des aspects plus fondamentaux de l'activité économique, comme la production ou l'investissement, qui constituent les véritables objets de la politique monétaire.

En somme, malgré la palette potentiellement large d'aspects de l'activité économique réelle qui entrent systématiquement dans le débat public en cours sur la politique monétaire, en l'absence de coordination avec un instrument de politique indépendant, en particulier de politique budgétaire, les niveaux globaux de la production et de l'emploi, et de chacun par rapport au critère de « plein-emploi » correspondant, représentent assez bien ce que l'on peut vraisemblablement attendre de la politique monétaire en matière d'objectifs économiques réels. La production et l'emploi sont des métaphores représentant une liste plus longue de questions économiques réelles mais, dans le contexte de la politique monétaire, leur contenu est moins important qu'on ne le suppose souvent. Dans le cadre de la conduite ordinaire de la politique monétaire, la production et l'emploi, avec la stabilité des prix, sont au cœur des préoccupations.

2. Objectifs de politique multiples et cibles multiples

Pourtant, le principe de Tinbergen fait immédiatement apparaître un problème : deux objectifs, stabilité des prix et production/

emploi (trois si les liens entre la production et l'emploi sont suffisamment lâches pour qu'ils constituent deux objectifs distincts), mais un seul instrument. Même si l'on ne tient pas compte de l'impossibilité de prévoir l'évolution économique à venir dans un environnement où la politique monétaire est sujette à des décalages, on ne saurait donc attendre de la politique monétaire qu'elle parvienne aux trajectoires désirées à la fois des prix et des résultats réels. Sauf coïncidence extraordinaire, que nous étudierons dans la partie suivante, le mieux que puisse faire une politique dotée d'un seul instrument est de maintenir l'économie sur la trajectoire qui représente le compromis optimal entre ces deux objectifs. Si l'on prend en considération les incertitudes, cela complique encore les choses.

Au cours des dernières années, de nombreuses banques centrales ont tenté de résoudre le problème de cette tension entre une multiplicité d'objectifs et leur unique instrument de politique monétaire, en ayant recours au « ciblage de l'inflation ». Dans l'usage courant du terme, les deux composantes essentielles de la stratégie de ciblage de l'information dans la conduite de la politique monétaire sont :

- une annonce publique claire concernant le taux d'augmentation des prix visé par les décideurs à moyen ou à long terme, ordinairement exprimé dans la pratique en termes de fourchette-objectif ;
- la formulation, dans les discussions internes de la banque centrale comme dans les annonces au public, de la trajectoire économique souhaitée, censée résulter de la politique monétaire en termes de sentier implicite de l'inflation.

En principe, comme l'ont souligné de nombreux partisans du ciblage de l'inflation (voir par exemple une remarque que fit très tôt le gouverneur de la Banque d'Angleterre, Mervyn King[1]), le ciblage de l'inflation n'implique pas nécessairement que le taux

1. King, « Changes in U.K. Monetary Policy : Rules and Discretion in Practice », *Journal of Monetary Economics*, 39 (juin 1997), pp. 81-97.

d'inflation choisi soit le seul objectif des décideurs politiques. Selon le principe de Tinbergen, à part dans des situations de dégénérescence et autres pathologies mathématiques analogues, le nombre de variables économiques suffisantes pour exprimer la trajectoire recherchée par toute politique économique est égal au nombre de variables instrumentales utilisées par les décideurs politiques. D'où le fait qu'avec un seul instrument, soit un taux d'intérêt à court terme ou l'encours des engagements de la banque centrale, comme on l'a dit, les stratèges de la politique monétaire peuvent décrire la trajectoire économique visée à l'aide d'une seule variable. L'intérêt analytique de le faire en invoquant l'inflation (ou les prix), plutôt qu'une variable réelle comme la production ou l'emploi, repose sur l'hypothèse qu'à long terme, la politique monétaire est en réalité neutre relativement à ces résultats réels qui, en dernier ressort, dépendent uniquement de facteurs tels que les dotations, les préférences et les technologies. Ainsi, en choisissant l'inflation, les décideurs s'attachent à une variable sur laquelle la politique monétaire peut influer non seulement à moyen terme mais également à long terme. (Bien entendu, comme on le montrera plus loin, en pratique, le choix de l'inflation peut être motivé par des raisons autres qu'analytiques[1].)

Cette conséquence du principe de Tinbergen est particulièrement visible dans le cadre du ciblage de l'inflation élaboré par Lars Svensson, dans lequel les décisions se formulent en fonction de la rapidité avec laquelle on peut ramener l'inflation au taux souhaité[2]. Étant donné les objectifs politiques concernant à la fois l'inflation et le couple production/emploi, le temps durant lequel les décideurs devraient chercher de manière optimale à ramener l'inflation dans la fourchette annoncée publiquement, dépend du poids qu'ils accordent à leur objectif d'inflation comparé à celui qu'ils attribuent au couple production/emploi. Pour un coût à court terme de la désinflation qui se traduit par du chômage et une perte de pro-

1. J'ai également développé cet argument dans Benjamin Friedman, 2004, pp. 129-136.
2. Svensson, 1997, pp. 1111-1146.

duction, plus on accorde de poids aux résultats réels, plus les décideurs prendront du temps afin de trouver le moment optimum pour ramener l'inflation dans la fourchette objectif, et vice versa.

Les partisans du ciblage de l'inflation, à la fois dans les banques centrales et chez les universitaires, fondent communément leur argument en faveur de cette manière de mener la politique monétaire sur des considérations de transparence et de responsabilité : annoncer au public quelle variable unique est à associer à la politique monétaire, ainsi que la cible chiffrée visée par la banque centrale pour cette variable, permet d'expliciter les objectifs des décideurs. Lorsque le but d'une politique est bien connu et ses résultats aisément vérifiables, cela permet à la fois aux autorités supérieures et au public de demander aux décideurs de rendre compte de leurs succès comme de leurs échecs. La transparence de la politique de la banque centrale est vraisemblablement utile dans la mesure où elle diminue l'incertitude à laquelle les intervenants du marché financier comme les ménages et les entreprises en général sont confrontés dans la réalisation de leurs projets économiques, et ce faisant, elle rend l'économie dans son ensemble plus efficace. De plus, surtout lorsque l'objectif est une inflation faible et stable, cette transparence contribue à ancrer les anticipations du public concernant l'inflation, et ainsi à réduire les coûts économiques réels liés à la lutte contre une éventuelle hausse inattendue dans des circonstances (telles qu'on les trouve souvent décrites dans le cadre économique « néokeynésien » d'aujourd'hui[1]) où le comportement en matière de fixation des prix à tout moment dépend non seulement de l'activité économique réelle par rapport aux critères de plein-emploi, mais aussi des anticipations d'inflation future. L'obligation pour les décideurs de rendre compte de l'efficacité de leurs décisions et de leurs actions fait manifestement partie de ce qui rend la démocratie effective.

1. Voir par exemple Clarida, Gali et Gertler, 1999, pp. 1661-1707.

L'argument en faveur d'une plus grande transparence de la stratégie de ciblage de l'inflation ne tient guère, pas plus qu'il n'en résulte une plus grande responsabilité de la politique monétaire, lorsque les décideurs ont des objectifs concernant les résultats économiques réels. Selon le principe de Tinbergen, la description de la trajectoire économique visée en termes d'inflation seule n'implique pas nécessairement que les décideurs n'ont pas d'autres objectifs que celui de l'inflation. Cela ne les empêche pas pour autant d'avoir un tel objectif univarié. L'essentiel est de savoir si ceux qui font la politique monétaire ont des objectifs concernant la production et l'emploi, ou non.

Si c'est le cas, le ciblage de l'inflation risque alors d'opacifier la politique monétaire plutôt que de la rendre plus transparente. La raison principale en est que les décideurs de la politique monétaire qui ciblent l'inflation ne révèlent en temps normal au public qu'un seul de leurs multiples objectifs : celui de l'inflation. Si le public connaissait (et savait utiliser) le modèle économique dont se servent les décideurs pour évaluer des actions potentielles, il pourrait inférer la trajectoire de la production, de l'emploi ou de toute autre variable présentant un intérêt à ses yeux, anticipée pour accompagner la trajectoire ciblée de l'inflation. (Cela pourrait également donner des indications sur le sentier que la banque centrale prévoyait de suivre pour ses taux d'intérêt.) Rares sont les banques centrales à dévoiler cette information, y compris parmi celles qui ont des stratégies de ciblage de l'inflation. Pour compliquer encore les choses, dans des cadres où la politique est fixée par consensus au sein d'un comité de décideurs, comme c'est le cas à la Fed, à la BCE et dans bien d'autres banques centrales, ces derniers ne parviennent de toute façon pas souvent à se mettre d'accord sur un modèle économique unique. Par ailleurs, les banques centrales qui ciblent l'inflation ne quantifient pas pour le public (ni même pour eux-mêmes généralement) l'importance relative qu'ils attachent à leurs objectifs d'inflation et de résultats économiques réels.

En fait, il semblerait même que les banques centrales ciblant l'inflation s'efforcent de ne pas dévoiler ces aspects de leur politique au public. Une pratique de plus en plus répandue par exemple, consiste, à l'instar de la Bank of England, à publier à intervalles réguliers un rapport détaillé sur la politique monétaire en le présentant comme un « Rapport sur l'inflation », comme si l'inflation était le seul aspect de l'activité économique dont se préoccupait la politique monétaire. De la même manière, dans les explications qu'elles fournissent au public sur le raisonnement qui sous-tend la stratégie de leur politique monétaire, certaines banques centrales ciblant l'inflation évitent d'évoquer la possibilité d'une tension, même à court terme, entre leur objectif d'inflation et tout résultat réel[1]. À la lumière de l'effet positif sur les variations à court terme de l'inflation et de la production, d'un ancrage des anticipations d'inflation à bas niveau (voyez la représentation néokeynésienne classique du comportement en matière de fixation des prix), la tentation pour les décideurs politiques de minimiser ou même de dissimuler leurs objectifs concernant les résultats économiques réels est évidente. (En parallèle, Kenneth Rogoff défendit avec éclat l'idée qu'il fallait choisir, pour les banques centrales, des agents dont on savait qu'ils attribuaient moins de poids aux résultats réels par rapport à l'inflation que le grand public[2].) Ce faisant, ils ne contribuent guère à accroître la transparence de leur politique.

Les mêmes observations sapent l'argument en faveur d'un ciblage de l'inflation motivé par le désir d'accroître la responsabilité de la politique monétaire. Si les décideurs politiques ont des objectifs à la fois pour l'inflation et pour les résultats réels, mais qu'ils ne dévoilent que leur objectif d'inflation, alors les autorités supérieures ainsi que le corps politique dans son ensemble peuvent les tenir explicitement responsables tout au plus de

1. Un bon exemple est fourni par la Banque du Canada ; elle présente le raisonnement qui sous-tend sa politique comme suit : « La maîtrise de l'inflation n'est pas une fin en soi ; c'est le moyen qui permet à la politique monétaire de contribuer à la bonne marche de l'économie. Une faible inflation permet à l'économie de fonctionner plus efficacement. Cela garantit à terme une meilleure croissance économique et contribue à atténuer les fluctuations cycliques de la production et de l'emploi. »

2. Rogoff, 1985, pp. 1169-1189.

leur succès ou de leur échec par rapport à leur objectif d'inflation ; pour le reste, il faut compter sur l'inférence et les conjectures. Sans doute, dans une situation comme celle de l'audition fictive de la Chambre décrite plus haut, les résultats économiques réels se trouvent d'évidence en une telle contradiction par rapport à un ensemble d'objectifs raisonnables, que tout le monde comprendrait que la banque centrale n'a pas assumé ses responsabilités. Rien de pareil ne s'est jamais produit aux États-Unis ni dans d'autres pays économiquement avancés depuis avant la Seconde Guerre mondiale. Le débat sur la responsabilité de la politique monétaire est axé sur des échecs plus difficiles à identifier et à mesurer.

Il est également possible, bien entendu, que les décideurs n'aient pas d'objectifs de résultats réels, et qu'ils préfèrent orienter leur politique de manière à atteindre le taux d'inflation annoncé. La logique du principe de Tinbergen implique qu'une banque centrale ciblant l'inflation ne s'intéresse pas exclusivement à l'inflation, mais elle n'implique absolument pas que ce ne puisse être le cas. Si c'est le cas, alors la politique de ciblage de l'inflation est totalement transparente, et les conséquences classiques qui plaident en faveur de la responsabilité sont également valables. Dans cette situation, cependant, les stratèges de la politique monétaire abandonneraient la responsabilité qui leur incombe de chercher, dans la mesure des capacités de l'instrument dont ils disposent, à réunir les conditions économiques favorables au public qu'ils sont censés servir, c'est-à-dire les individus, les entreprises et les institutions financières. Dans un cas extrême, ils correspondraient en effet à la caricature fictive proposée plus haut.

Si l'une des obsessions des banques centrales à travers le monde (et peut-être plus encore d'universitaires préconisant cette politique) porte sur le ciblage de l'inflation, c'est qu'il s'agit précisément d'un objectif de la politique que le ciblage de l'inflation est censé produire à terme. Restreindre la discussion concernant la politique monétaire à la seule recherche d'une trajectoire d'inflation optimale peut avoir pour conséquence vraisemblable qu'à terme, les objectifs de résultats réels s'amenuiseront, ou même disparaîtront totalement des préoccupations des décideurs politiques. Cette éventualité peut survenir non seulement parce que le discours et le cadre analytique de la discussion influent naturellement sur son contenu, mais aussi parce que, exactement comme le suggère l'argument en faveur de la responsabilité, inévitablement, les décideurs prennent plus au sérieux les aspects de leurs responsabilités dont ils pensent qu'ils auront à rendre compte. Le fait qu'ils dévoilent uniquement l'objectif d'inflation, alors qu'en fait les décideurs politiques ont des objectifs d'inflation ainsi que de résultats économiques réels, biaise l'importance relative qu'ils accorderont à ces objectifs respectifs, en mettant l'accent sur leur responsabilité face à l'inflation et non face aux résultats réels. Les objectifs de résultats réels finiront ainsi par ne plus relever que de la fiction rhétorique.

3. Des objectifs multiples peuvent-ils « coïncider » ?

Comme les arguments avancés plus haut le montrent, seule une coïncidence verrait les actions de la politique monétaire permettant de façon optimale de maintenir l'inflation sur le sentier visé par les décideurs politiques, être identiques en tous points aux actions de politique permettant de façon optimale de rejoindre le sentier visé pour la production et l'emploi. Le problème central est celui des distorsions qui affectent la capacité de l'économie à produire des biens et des services à un prix donné quelconque. Dans la mesure où la politique monétaire consiste en premier lieu à influer sur la demande de biens et de services, elle peut, au moins en principe, compenser une distorsion qui pousse les ménages, les entreprises ou même le gouvernement à acheter soit trop, soit moins que ce qu'il faudrait pour maintenir l'économie globale sur son sentier désiré de manière optimale. Un conflit militaire est un exemple qui accroît les besoins du gouvernement en matériel et en personnel, comme les bénéfices insuffisants qui diminuent la capacité d'une entreprise à lancer de nouveaux investissements. En revanche, face au choc d'offre agrégée, par exemple une hausse des coûts d'importation du pétrole ou d'un autre bien intermédiaire essentiel, ou une baisse généralisée de la productivité dans l'industrie (due par exemple à la nécessité de protéger les travailleurs, les clients ainsi que les installations contre d'éventuelles attaques terroristes), la politique monétaire ne peut rien qui puisse ramener l'économie à sa situation antérieure.

Pourtant, comme l'ont récemment souligné Olivier Blanchard et Jordi Gali, il existe aujourd'hui une représentation standard du comportement de l'offre agrégée qui voudrait qu'il y ait une coïncidence (une « divine coïncidence » comme ils l'appellent) entre la politique monétaire optimale par rapport à la seule inflation et la politique qui serait optimale par rapport à la production et à l'emploi exclusivement[1]. Pour mémoire, la courbe de Phillips, typiquement néokeynésienne, exprime l'inflation à n'importe quel moment comme la somme d'un terme qui dépend de la productivité courante par rapport au critère de plein-emploi, et (en moyenne avec un coefficient fondé sur le taux d'après lequel les entreprises, lorsqu'elles fixent leurs prix, actualisent leurs bénéfices futurs, et donc proche de l'unité à court terme) le taux d'inflation attendu pour l'avenir[2]. Si les entreprises qui fixent les prix s'attendent à une inflation zéro dans l'avenir, l'inflation courante ne dépend donc alors que du niveau actuel de la production rapporté au niveau de production en régime de plein-emploi. Or, par définition, en régime de plein-emploi, l'inflation courante est nulle. Cette propriété du modèle de fixation des prix implique immédiatement que, mis à part les tendances inflationnistes qui découlent d'une inflation future attendue, il n'y ait aucune tension entre l'objectif de maintenir l'inflation à zéro (ou à tout autre niveau) et l'objectif de maintenir une productivité de plein-emploi.

Le coût réel de la désinflation peut être important dans ce modèle, mais néanmoins il ne s'agit que de savoir ce qu'il convient de faire pour ramener les *anticipations* d'inflation au

1. Blanchard et Gali, 2005.

2. C'est la formule qui émerge de toutes les représentations sous-jacentes du processus de détermination des prix, y compris le modèle des opportunités aléatoires de Calvo à propos des entreprises et de leurs changements de prix, le coût quadratique de l'ajustement des prix de Rotemberg et Woodford, et les contrats échelonnés de Taylor ; voir Roberts, 1995.

niveau du taux d'inflation désiré de manière optimale[1]. De la même manière, le taux auquel une banque centrale ciblant l'inflation devrait chercher de façon optimale à ramener l'inflation au taux désiré dans le modèle de Svensson, après qu'une distorsion a accentué ou au contraire ralenti l'inflation actuelle, revient encore une fois à maîtriser les anticipations d'inflation. Cette logique sous-jacente rend évidente la raison pour laquelle l'ancrage des anticipations concernant l'inflation future est si important pour tout modèle fondé sur cette représentation de la demande agrégée, et, en parallèle, explique aussi pourquoi on a tellement mis l'accent sur le « guidage des anticipations[2] » dans la littérature récente sur la politique monétaire.

Les faits ont cependant révélé à maintes reprises que l'inflation fait preuve d'une trop grande persistance pour qu'on puisse l'attribuer vraisemblablement au rythme lent des anticipations strictement prospectives[3]. Les modèles classiques fondés sur les coûts associés à l'ajustement des prix (Mankiw, Taylor, Rotemberg-Woodford...), tout comme les modèles fondés sur les opportunités rares d'ajustement des prix (Calvo, Taylor et autres) suggèrent que ce qui devrait montrer de la « viscosité », ce sont les prix et non l'inflation. Or les faits prouvent que c'est *l'inflation* qui persiste. L'explication de cette persistance, au sens où l'on fournit un modèle théorique cohérent, se présente donc désormais comme une préoccupation centrale de la recherche sur le processus d'inflation.

1. Avec les valeurs assignées aux paramètres par Blanchard et Gali (comprenant notamment un taux d'escompte de 1 %, ou, de manière équivalente, dans une économie qui connaît une croissance 1 % au-dessus du taux de croissance réel), le coût réel de chaque point de pourcentage de désinflation correspond à une perte de production permanente de 0,05 %, avec une valeur actualisée s'élevant à 5 % de la production. Pour l'économie des États-Unis, en 2006, cela se traduit par un coût réel en valeur actualisée de plus de 650 milliards de dollars pour chaque point de pourcentage de désinflation.

2. Voir par exemple Eggertsson et Woodford, 2003.

3. Le modèle de Svensson (*Revue européenne d'économie* de 1997) reconnaît implicitement ce problème en admettant que l'inflation dépend directement de sa forme décalée.

L'un des fils conducteurs de cette recherche concerne les rigidités réelles, par lesquelles on entend non seulement les entraves ordinaires à une flexibilité parfaite des prix et/ou des salaires, mais aussi la tentative de la part de ceux qui fixent les prix ou les salaires de stabiliser l'une ou l'autre de ces relations en termes réels[1]. Willem Buiter et Alain Jewitt, par exemple, postulent que, dans le contexte des contrats échelonnés, les agents qui fixent les salaires cherchent à maintenir une certaine cohérence entre les salaires *réels* des employés de leur entreprise et ceux des autres entreprises durant la durée des contrats qu'ils ont établis[2]. Comme l'ont montré Jeff Fuhrer et George Moore, en opposition aux modèles de contrats plus conventionnels fondés sur les rigidités nominales, qui finissent par rapporter la moyenne *two-sided* du *niveau de prix* à la différence entre la production réelle et la production de plein-emploi, lorsque l'intérêt porté aux salaires réels relatifs entre en ligne de compte dans la détermination des salaires, ce qui est rapporté à cette différence réelle est une moyenne *two-sided* du *taux de l'inflation*[3]. L'inflation dépend donc en fait de son propre passé, et le modèle parvient à mettre en valeur une persistance de l'inflation qui correspond à ce que l'on peut observer ordinairement.

Cependant, ainsi que Blanchard et Gali le postulent, un tel comportement dans la détermination des salaires réels, et d'ailleurs toute forme comparable de rigidité réelle, anéantit la « coïncidence » grâce à laquelle, en présence d'une distorsion affectant l'offre agrégée, le maintien de la production à un niveau de plein-emploi optimum pour le bien-être ne crée pas d'inflation à part celle que l'on anticipe pour l'avenir. En fait, la rigidité du salaire réel fait perdre à la relation entre d'une part le niveau de production qui correspond au plein-emploi du point de vue de la notion classique du bien-être économique et, d'autre part, le niveau de production qui donne un taux d'inflation désiré quelconque, son caractère invariant aux chocs d'offre agrégée ordinaires. La politi-

1. Une autre approche consiste à prendre explicitement en considération les distorsions de l'information sur laquelle les responsables de la fixation des prix et des salaires fondent leurs décisions ; voir par exemple Mankiw et Reis, 2002.

2. Buiter et Jewitt, 1981.

3. Voir Fuhrer et Moore, 1995.

que monétaire est donc confrontée à un choix à court terme entre un objectif de production et un objectif d'inflation pour des raisons qui n'ont rien à voir avec la question bien connue des anticipations d'inflation. Étant donné la persistance que cette rigidité réelle confère au processus de l'inflation, le « court terme » dans ce domaine pourrait bien se révéler être une durée non négligeable ; en effet, les données empiriques dont on dispose indiquent que cela pourrait se prolonger assez longtemps. (De plus, comme dans tout modèle classique, le problème typique des anticipations d'inflation se pose ici également, dans la mesure où les ménages ainsi que les entreprises attendent des décideurs politiques qu'ils réagissent à cette situation en tolérant que l'inflation dépasse son niveau désiré.)

Le compromis qui en résulte donne aux décideurs une raison supplémentaire d'entretenir des objectifs qui concernent non seulement l'inflation, mais aussi les résultats réels. Si seules les anticipations d'inflation peuvent être « guidées », il n'est donc plus vrai qu'une gestion optimale de la stabilité des prix signifie automatiquement que l'on a une gestion optimale de la production, de l'emploi ou de tout autre élément figurant parmi les priorités économiques réelles des décideurs.

Dans la mesure où, dans une économie comportant des rigidités réelles, les objectifs relatifs aux résultats réels prennent une importance analytique plus grande, les arguments classiques fondés sur la transparence et la responsabilité impliquent qu'il est d'autant plus important pour la banque centrale de ne pas dissimuler ces objectifs.

Dans un monde où la politique monétaire affecte non seulement des résultats économiques réels comme la production et l'emploi, mais constitue aussi, à des fins pratiques, le seul instrument dont dispose la politique publique qui puisse le faire à horizons moyens correspondant aux fluctuations typiques, les décideurs politiques se doivent d'avoir des objectifs concernant les résultats réels. L'argument selon lequel la politique monétaire ne dispose que d'un seul instrument indépendant et doit donc n'avoir qu'un seul objectif économique est fallacieux. Tandis que l'on peut bien sûr débattre du poids relatif attribué par les stratèges politiques aux objectifs réels et à l'objectif de stabilité des prix, il ne convient pas que la politique monétaire se fixe sur la stabilité des prix (ou sur tout autre taux désigné d'augmentation des prix) au détriment de la production et de l'emploi, ou d'autres aspects de l'activité économique réelle.

- En l'absence d'une coordination effective avec la politique budgétaire, ou avec un autre instrument de politique comparable, et dans des conditions normales, il n'est pas vraisemblable que les objectifs réels de la politique monétaire aillent au-delà de mesures globales comme la production et l'emploi. Les objets composés comme l'ampleur relative de la consommation et de l'investissement, ou la balance commerciale d'une économie sont, en principe, des objets dignes d'intérêt ; mais ce n'est qu'en coordination avec la politique budgétaire que la politique monétaire peut atteindre de tels objectifs.
- Les prix des actifs sont de bons indicateurs des tendances à venir de l'inflation ou de l'activité économique réelle, ou des deux à la fois ; aussi les stratèges de la politique monétaire devraient-ils prendre ces indications en considération lorsqu'ils décident de leurs actions. La politique monétaire ne devrait toutefois pas élever les prix d'actifs, ou les mouvements des prix d'actifs, au niveau d'objectif indépendant qu'il faudrait poursuivre pour lui-même.
- Du moment que les décideurs de la politique monétaire ont des objectifs concernant les résultats économiques réels, leur politique ne doit pas s'articuler explicitement autour du problème du ciblage de l'inflation, à moins qu'en parallèle, elle ne cible explicitement la production, l'emploi ou quelque autre objectif réel clairement annoncé. Si l'on maintient à la fois des objectifs d'inflation et de résultats réels, mais qu'on n'annonce publiquement une fourchette-cible désirée et une trajectoire souhaitée que pour l'inflation, la politique monétaire perd de sa transparence. Une telle organisation de la politique monétaire met en outre les décideurs en mauvaise position face à l'obligation de rendre compte de leurs actions.

- L'éventualité de rigidités réelles dans le comportement économique, comme la prise en considération des salaires réels relatifs dans le processus de fixation des salaires, dont témoigne semble-t-il la persistance de l'inflation, renforce l'argument en faveur d'une politique monétaire dotée d'objectifs économiques réels. Lorsque le comportement économique témoigne de rigidités réelles, le niveau de production ou d'emploi correspondant au plein-emploi du point de vue des questions de bien-être économique ne doit pas nécessairement être identique au niveau qui produit la stabilité des prix (à part les anticipations d'inflation non nulles) en présence de perturbations de l'offre agrégée. Il y a donc un rapport entre la stabilité des prix et les objectifs réels, même indépendamment de la nécessité d'encourager ceux qui déterminent les prix et les salaires à anticiper à l'avenir le taux d'inflation visé par la politique monétaire.

Un cadre analytique pour la politique monétaire et la stabilité financière[1]

GERHARD ILLING[2]

Ces quinze dernières années, la politique monétaire a été une grande réussite dans le monde entier : l'instabilité des prix à la consommation a diminué régulièrement, et l'inflation semble aujourd'hui maîtrisée. Le combat mené par les banques centrales contre l'inflation a été efficace[3]. Alors que, pendant longtemps, elles furent accusées d'incohérence temporelle (c'est-à-dire de céder à la tentation de mettre en œuvre de l'inflation surprise), la crédibilité des banques centrales est aujourd'hui forte. Suivant les recommandations de la théorie macroéconomique contemporaine, qui fournit un cadre analytique rigoureux en termes de bien-être pour l'étude de la stabilité des prix, la plupart des banques centrales tentent aujourd'hui de maîtriser l'inflation en jouant sur la demande agrégée, par le biais de variations des taux d'intérêt nominaux et réels, respectivement. La « nouvelle synthèse néo-classique » (Woodford, 2003) propose un cadre bien connu pour cette approche de la politique monétaire. Elle met l'accent sur l'importance capitale de l'engagement des banques centrales à peser efficacement sur la détermination des taux d'intérêt réels de long terme, en communiquant en amont les informations concernant les variations futures des taux nominaux envisagées. Selon les

1. Traduction de Dany Lang, relecture d'Édouard Challe.
2. Professeur à la Maximilian Universität de Munich.
3. Je remercie Frank Heinemann, Stephan Sauer et les participants à la conférence du Centre Cournot pour leurs remarques constructives.

principaux tenants de cette approche, comme Woodford, l'offre de monnaie n'a qu'un rôle marginal à jouer.

Alors même que la théorie économique et les pratiques des banques centrales semblent converger, les spécialistes redoutent de plus en plus qu'une injection de liquidités trop généreuse ne contribue à faire varier les prix des actifs de manière trop importante (hausses des valeurs des actions et des prix de l'immobilier), et mette ainsi en péril la stabilité financière. La crainte qu'une politique monétaire trop accommodante ne contribue à une hausse du prix des actifs, au risque d'une grave crise des institutions financières suivant l'effondrement du prix des actifs, constitue un nouveau défi pour la politique monétaire. Ce chapitre esquisse un cadre analytique macroéconomique permettant de contribuer à analyser comment les problèmes de stabilité financière peuvent avoir une incidence sur la politique monétaire. Dans le prolongement des travaux récents de Hyun Shin (2008), nous proposons un modèle stylisé comme point de départ pour comprendre la relation entre politique monétaire et stabilité financière. Le modèle démontre que les innovations financières récentes ont pu contribuer à rendre les marchés plus efficaces dans l'ensemble, mais qu'elles sont également susceptibles d'engendrer des problèmes plus graves en cas de détérioration importante de la conjoncture. En période de crise, l'injection de liquidités par les banques centrales peut permettre d'éviter les liquidations inefficaces, mais peut également contribuer à amplifier le problème : les institutions déjà endettées, comptant sur l'intervention des banques centrales en cas de crise, seront encouragées à prendre des risques encore plus importants.

Ces deux dernières décennies, une vague de nouveautés dans la théorie financière et le développement sans précédent des technologies de l'information ont considérablement accru la capacité du secteur financier à diversifier le risque. On pouvait supposer que l'évolution vers des marchés plus efficaces et intégrés à l'échelle planétaire contribue à rendre le monde plus sûr. Les tendances récentes des innovations financières, augmentation considérable de l'accès au crédit à la consommation, capacité des propriétaires immobiliers à obtenir des prêts adossés sur la valeur de leurs actifs, recours accru aux instruments financiers pour transférer et atténuer le risque, semblaient en effet rapprocher l'intermédiation financière du paradigme néoclassique des marchés fluides et sans frottements, modélisés autrefois dans le cadre du paradigme d'Arrow-Debreu.

Les développements récents des technologies de l'information ont accru les possibilités de partage de risque et contribué à lisser et à absorber les chocs réels en temps normal ; il subsiste pourtant une différence essentielle avec le paradigme des marchés sans frottement : les problèmes d'incitations, courants lorsqu'il est question de délégation intertemporelle, empêchent la mise en œuvre de contrats standard contingents. Dans les contrats de créance standard, la menace d'une liquidation peut devenir une incitation efficace lorsque l'information est asymétrique. L'utilisation de contrats de crédit permettant la liquidation, inefficace en cas d'événements particuliers, incite les acteurs concernés à divulguer les informations pertinentes à propos de l'état réel des choses. Plus généralement, une structure fragile de capital est censée encourager une attitude conservatrice par rapport au risque (voir Diamond et Rajan, 2005). La faible fluidité de l'information justifie également le recours à des contrats fortement incitatifs. Les gestionnaires rémunérés en fonction de leurs performances sont incités à amener le ratio d'endettement à un niveau élevé, au risque d'accorder une attention trop importante aux préoccupations de court terme. Lorsqu'ils sont rémunérés en fonction de leurs performances, ils peuvent adopter des comportements grégaires.

Les contrats de crédit sont de puissants mécanismes amplificateurs : les changements de politique monétaire, actuelle ou anticipée, en modifiant la valeur des actifs, ont une influence directe sur les bilans des institutions financières. Les changements dans les bilans engendrent des réactions qui vont amplifier l'impact négatif initial sur le prix des actifs. Sans surprise, les effets sur les bilans peuvent amplifier les fluctuations dans l'économie. Des prix des actifs élevés augmentent la valeur des garanties et diminuent ainsi le coût de financement des investissements additionnels. Cet accélérateur financier est susceptible de provoquer des effets de retour procycliques. La présence d'instruments plus efficaces pour évaluer le marché des titres financiers permet une transmission plus rapide des mouvements des prix des actifs aux bilans, amplifiant ainsi les effets retours. En soi, cela ne doit pas poser de problème : la politique monétaire fait aisément usage de mécanismes de transmission plus puissants. Tant que la banque centrale est consciente du problème de réactions amplifiées, elle peut amortir la volatilité de manière efficace. Par un réglage minutieux des mouvements de taux d'intérêt, elle peut atténuer les effets d'amplification, et la politique de stabilisation peut ainsi se montrer efficace.

Le problème majeur reste l'asymétrie. Dans certaines conditions, une chute du prix des actifs, en provoquant des liquidations inefficaces et l'effondrement des institutions financières essentielles, peut avoir de graves conséquences pour l'économie dans son ensemble. Il est vraisemblable que, passé un certain seuil, le cercle vertueux devienne un cercle vicieux, faisant courir le risque d'un effondrement financier. La tendance récente à la titrisation permet à première vue de contourner certains de ces problèmes, en transférant le risque vers des institutions investissant à long terme, qui ont des portefeuilles fortement diversifiés. Dans ces conditions, le risque serait transféré vers ceux qui seraient le mieux à même de le supporter, ce qui réduirait le besoin de liquidations inefficaces. Néanmoins, il s'avère que ce sont précisément ces mêmes institutions fortement endettées proposant cette titrisation qui, en général, accroissent leur exposition au risque systémique (Franke et Krahnen, 2005 apportent une preuve empirique). Il semble qu'en raison de problèmes d'incitations, la part la plus risquée des transactions que les intermédiaires financiers endettés ont initiée ne puisse être diversifiée plus avant.

Dans des conditions normales, ces mécanismes d'incitation contribuent à mettre en place une répartition du risque plus fluide et plus efficace. Ils constituent de puissants mécanismes régulateurs en présence de risque idiosyncrasique. En revanche, en présence de chocs agrégés, il y a de bonnes raisons d'essayer d'éviter des liquidations inefficaces en fournissant une quantité suffisante de liquidité publique : dans la mesure où ces chocs ne peuvent être diversifiés et ne font pas l'objet de problèmes d'aléa moral, l'injection de liquidités fonctionne comme un « bien public » (voir Holmström et Tirole, 1998 ; Goodhart et Illing, 2002). Néanmoins, la différence simple entre risque idiosyncrasique et risque agrégé s'estompe lorsque les ventes sont faites dans l'urgence. Quand la stabilité de grandes institutions endettées est en jeu, le mécanisme régulateur de la cessation de paiement, provoquant des ventes dans l'urgence, peut déclencher un effondrement financier.

Les non-linéarités qui interviennent en période de crise sont susceptibles d'inciter la banque centrale à mener une politique monétaire asymétrique. Les agents privés, qui anticipent une telle réaction asymétrique, peuvent être encouragés à prendre des risques excessifs, accentuant ainsi davantage les déséquilibres et aggravant par conséquent l'asymétrie sous-jacente (voir Illing, 2004). Afin d'éviter des prises de risque excessives, la banque centrale peut être portée à s'engager à ne pas suivre une politique asymétrique. Les coûts sociaux des crises financières rendent un tel engagement peu crédible. Par conséquent, le problème de l'incohérence temporelle de la politique monétaire fait son retour dans un contexte nouveau, désormais fondé sur les problèmes de stabilité financière. Le problème n'est pas tant que les entreprises atteignent des niveaux individuels d'endettement excessifs, mais que cet endettement comporte une forte composante systémique : les gestionnaires sont fortement incités à suivre des stratégies commerciales similaires, créant ainsi une vulnérabilité élevée au risque systémique pour des événements à faible probabilité de réalisation.

Compte tenu des non-linéarités, la politique optimale de second rang consisterait probablement à essayer d'éviter la constitution des fragilités financières plutôt que de se lancer dans un engagement très coûteux à ne pas intervenir face au risque d'un effondrement financier. Des instruments supplémentaires, tels que la régulation prudentielle des marchés financiers, peuvent contribuer à la mise en œuvre d'une politique plus proche de l'optimum de premier rang. Une analyse complète nécessiterait une modélisation minutieuse des non-linéarités intervenant dans un contexte dynamique. Cet article fait un premier pas en ce sens en essayant d'esquisser un cadre analytique pour une approche macroéconomique exploitable qui prenne en compte le risque systémique, qui est essentiellement axée sur les conditions caractérisant l'asymétrie entre les périodes d'expansion et les périodes de récession (section 2).

La section 1 présente le modèle d'effets d'amplification développé par Shin (2008). Pour l'essentiel, il modélise une spécification hautement stylisée du canal des bilans bancaires. L'incitation des gestionnaires de banques à maintenir un niveau d'endettement minimal peut avoir un effet de rétroaction positif entre les prix des actifs et les prêts bancaires. La valeur des prêts bancaires sur le marché est fonction du prix de l'actif sous-jacent. Une valeur de marché qui augmente améliore les bilans bancaires. Tentant d'améliorer son ratio d'endettement, la banque souhaite accroître ses dépôts afin d'augmenter le volume de ses prêts. L'augmentation du volume des prêts aux jeunes fait monter le prix de l'actif sous-jacent. De la sorte, une hausse initiale de la valeur de marché des prêts sera renforcée par des mécanismes de rétroaction. Étant donné ce prix fondamental, la solvabilité et le niveau de la dette sont étroitement liés. Un taux d'intérêt plus bas, qui fait monter la valeur de marché des prêts, a pour conséquence un essor de l'immobilier.

Comme l'affirme Shin, les ratios de fonds propres ont l'effet inverse lorsque la conjoncture se retourne : l'incitation à maintenir un niveau minimal d'adéquation du capital crée des mécanismes de rétroaction entre la chute du prix des actifs et la diminution des prêts. La tentative de liquider les actifs afin d'atteindre un ratio prédéfini pousse le prix des actifs vers le bas, réduisant ainsi la valeur de marché des prêts. Cela peut ensuite renforcer la chute du prix des actifs. En ce sens, comme le suggère Shin (2008, p. 4), « les périodes d'augmentation du prix des actifs [...] et de récession [...] peuvent être comprises comme des images inversées les unes des autres ».

Malgré l'équivalence formelle des mécanismes, il y a, néanmoins, d'importantes différences lorsque la situation économique s'améliore et lorsqu'elle se détériore dans une économie où il existe des imperfections de marché. Les cessations de paiement provoquent les liquidations inefficaces. Dans le modèle stylisé considéré ici (une pure économie de dotations), cela se traduit par une redirection des titres vers les agents qui les évaluent à des prix bien inférieurs. Dans un modèle plus général avec production endogène, les liquidations forcées auront aussi des répercussions sur la production réelle.

L'objectif de cet article est de caractériser les conditions des effets asymétriques et d'analyser leurs implications pour la politique monétaire. La section 2 présente les critères essentiels de fragilité financière : a) l'ampleur de l'exposition à la dette, en particulier des intermédiaires financiers ; b) le degré d'illiquidité ; et c) la nature des contrats (des titres fixes nominaux). Nous montrons que si le ratio prudentiel de fonds propres requis est inférieur à l'inverse du ratio d'endettement désiré plus un, les actions des banques fournissent un mécanisme amortisseur contre les petits chocs économiques. Tant que seule une petite partie des détenteurs d'emprunts immobiliers fait défaut, les pertes sont absorbées par l'érosion des titres bancaires. Néanmoins, pour les chocs importants, les banques sont forcées de liquider leurs actifs afin de rétablir l'adéquation de leur capital. Avec des actifs illiquides, les ventes dans l'urgence peuvent réduire à néant le capital d'une banque et mener à un effondrement de l'intermédiation financière.

Dans une certaine mesure, les nouveaux instruments financiers comme la titrisation atténuent l'asymétrie des effets : les pertes provenant des détenteurs de prêts immobiliers qui font défaut font baisser la valeur sur le marché des emprunts titrisés détenus par les fonds de pension. Tant que cette baisse de la valeur marchande n'affecte pas la solvabilité des institutions endettées, les risques sont répartis à plus large échelle, et ne sont plus concentrés dans le seul secteur bancaire. Néanmoins, en raison du problème d'asymétrie d'information, les institutions émettrices, qui sont fortement endettées – qu'il s'agisse de banques, de fonds spéculatifs ou de Freddie Mac[1] –, conservent usuellement les tranches les plus risquées des prêts qu'elles consentent. Par conséquent, à un moment donné, quand les risques à faible probabilité se réalisent, les gestionnaires des fonds seront obligés de minimiser les pertes en vendant les mauvais prêts. Le mécanisme déclencheur des ventes dans l'urgence est donc destiné à se reproduire, mais d'autant plus vigoureusement.

1. NDT : Freddie Mac est une agence de financement immobilier qui a été créée pour faciliter l'accès à la propriété des ménages américains.

1. Les effets amplificateurs sur les marchés où il existe une contrainte de crédit

Dans un monde néoclassique sans friction avec un ensemble de marchés complet fonctionnant bien, les chocs affectant le système fondamental sont amortis par des ajustements de prix fluides. Au contraire, dans une économie où les marchés sont imparfaits, les effets amplificateurs plutôt qu'amortisseurs sont susceptibles de prévaloir.

Des innovations récentes semblent avoir rendu les marchés financiers plus efficaces. On pourrait supposer que, finalement, la réalité commence à ressembler à l'univers parfait élaboré par la théorie des marchés complets. Même si cette intuition peut se révéler pertinente pendant les périodes calmes, certaines caractéristiques impliquent qu'en certaines circonstances, l'inverse peut être vrai : des marchés plus fluides peuvent créer de la volatilité endogène. La raison sous-jacente, mise en avant par Shin (2008), est assez simple : des instruments plus efficaces pour évaluer le marché des titres financiers facilitent une transmission plus rapide du mouvement des prix des actifs vers les bilans. Dans une économie où les marchés sont imparfaits, les bilans fonctionnent comme des mécanismes incitateurs. Des fluctuations plus importantes des bilans peuvent créer des effets de rétroaction, amplifiant les variations des prix des actifs. Ces mouvements amplifiés peuvent, dans certaines circonstances, mettre en danger la stabilité financière.

Dans un premier temps, examinons comment la valeur des actifs est déterminée dans une économie où il existe une contrainte de crédit et où les marchés sont interconnectés. Quel est l'impact des chocs exogènes sur la valeur des prêts ? Comme les bilans des agents sont interconnectés, la valeur des créances sur un agent dépend de la valeur de ses créances par rapport aux autres. Cela crée un risque de contrepartie endogène. Si l'une des parties fait défaut, cela peut engendrer des effets de contagions à travers les retombées que cela aura sur les bilans des autres. Dans un réseau d'interconnexions, l'exposition nette du système est difficile à évaluer. Des travaux récents tentent de simuler les effets de domino sur le marché interbancaire. Généralement, ces simulations montrent que la contagion est relativement faible (Eichberger et Summer, 2005 ; Upper et Worms, 2004). Néanmoins, de telles simulations négligent un important effet de rétroaction : la valeur de marché des actifs illiquide, dépend des pressions à la vente engendrées par l'exposition à la dette ; des ventes dans l'urgence vont amortir le prix de l'actif fondamental, créant ainsi des externalités.

La valeur sur le marché des prêts immobiliers L_i détenus par l'agent *i* dépend à la fois de la valeur faciale de ces prêts, la dette nominale D_i, et de A_i, la valeur sur le marché des actifs de l'agent. La valeur de ses actifs sur le marché est une fonction du prix de l'actif sous-jacent *P* et de l'incertitude quant aux dotations *w* qui seront nécessaires pour rembourser les prêts. Néanmoins, elle dépendra également de la valeur des créances de *i* sur les autres agents dans l'économie, qui dépend là encore de la valeur de leurs créances les unes par rapport aux autres, etc. Soit *L* le système des créances mutuelles.

Ainsi, $A_i = A_i\ (L, P, w)$ et $L_i = f(\ D_i, A_i(L, P, w))$

En agrégeant pour l'ensemble des agents : $L = f(\ D, A(L, P, w))$

Dans le système financier considéré dans son ensemble, les créances des agents les uns par rapport aux autres s'annulent. Comme Shin (2008) l'a montré, de manière assez générale, l'évaluation de la dette dans un système interconnecté peut être reliée à la valeur des actifs fondamentaux de manière simple. En appliquant les outils de la théorie des treillis (*lattice theory*), comme dans Eisenberg et Noe (2001), on peut montrer qu'il existe un profil des dettes unique pour une structure de dettes interconnectées donnée. Par conséquent, il existe un point fixe unique $L\ (D, P, w)$. Comme la valeur totale des créances des uns par rapport aux autres s'annule avec la valeur des engagements des uns par rapport aux autres, la valeur des titres dans l'ensemble du système financier dépend entièrement des titres qui ne constituent un engagement par rapport à aucun autre investisseur. Si la valeur fondamentale est inchangée, la valeur des titres dans l'ensemble du système financier est constante. En utilisant un résultat de statistique comparative de Milgrom et Roberts (1994), il est aisé de montrer que la valeur des titres dans l'ensemble du système financier augmente lorsque la valeur des fondamentaux augmente. En utilisant ce résultat, l'analyse des effets de rétroaction causés par chocs exogènes dans un simple modèle macroéconomique stylisé est aisée.

Suivant Shin (2008), considérons une économie où l'immobilier d'habitation est le seul véritable actif. Dans l'économie, il y a deux types de ménages : les jeunes et les vieux. On suppose que tous les agents sont neutres au risque. En raison de problèmes d'agence, néanmoins, le risque lié aux variations des revenus salariaux ne peut être assuré. Par conséquent, les jeunes ménages font face à une contrainte en matière de crédit : ils ne peuvent devenir propriétaires que s'ils sont financés par des prêts bancaires. Les emprunts immobiliers nécessitent des garanties. L'immobilier des ménages jeunes constitue leurs actifs, tandis que leurs emprunts immobiliers auprès des banques sont leurs dettes. La différence entre les deux est leur richesse nette.

On suppose que les ménages âgés n'ont pas de dette. Leurs actifs immobiliers et leurs dépôts bancaires (créances de court terme) constituent leur richesse nette. Ils possèdent également des actions des banques. En partant d'une distribution initiale de l'immobilier entre les jeunes et les vieux, la courbe d'offre des vieux pour vendre leur immobilier a une pente positive. Le marché immobilier étant illiquide, les propriétaires sont disposés à acheter des biens immobiliers additionnels seulement à des prix beaucoup plus bas que les prix pour lesquels ils seraient disposés à vendre. Cet effet de dotation provient naturellement de l'asymétrie de l'information : si le propriétaire immobilier a un avantage informationnel à propos des caractéristiques et de la qualité du bien, les acheteurs potentiels, redoutant la sélection adverse, ne sont disposés à acheter qu'à un prix réduit (pour une formalisation de ce phénomène, voir Illing, 1992). Il y a par conséquent un coude dans la courbe d'offre nette des vieux au point de dotation (voir figure 1). Le fait que le marché immobilier soit illiquide, la valeur de revente étant bien inférieure à la valeur d'achat, est un déterminant essentiel de l'apparition d'effets asymétriques.

Figure 1.
La courbe coudée d'offre nette d'immobilier

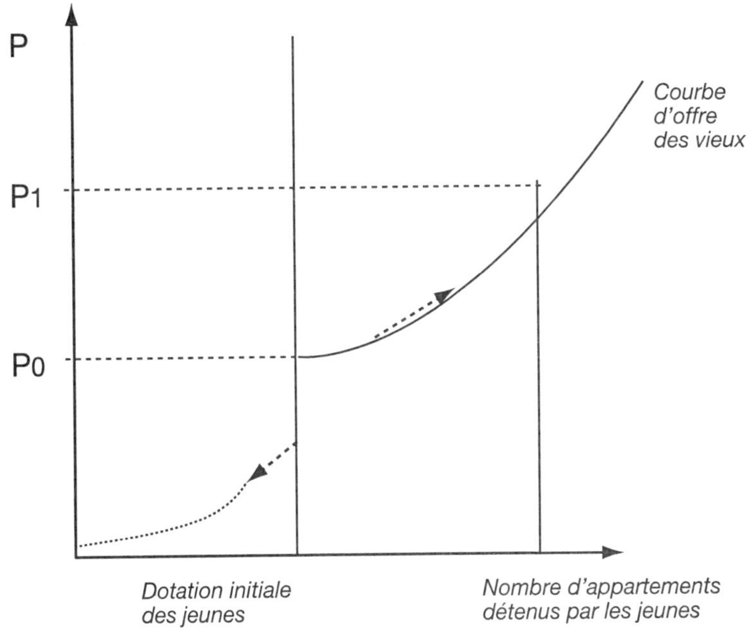

Pour simplifier, on suppose que les vieux ont un consentement à payer plus faible pour l'immobilier que les jeunes (car les jeunes sont plus soumis aux contraintes de crédit sur les biens immobiliers que les vieux). Par conséquent, en l'absence d'imperfections sur le marché du crédit, un transfert de l'ensemble de l'immobilier des vieux vers les jeunes serait efficace. Néanmoins, comme les jeunes font face à une contrainte de crédit, ils ne peuvent acheter des biens immobiliers qu'en présentant des garanties. En raison de contraintes de crédit, le consentement à prêter des banques se fonde non seulement sur la capacité anticipée des jeunes à honorer le service de la dette (leur flux de trésorerie anticipé), mais aussi sur la valeur de leur immobilier *P*. Si, pour une raison ou une autre, le prix de l'immobilier augmente, les banques voudront vendre davantage de prêts immobiliers, puisque la valeur de la garantie D sera plus élevée. Avec cette augmentation de la valeur de la garantie, davantage de jeunes seront à même d'acheter davantage d'immobilier en contractant des prêts, ce qui provoquera un déplacement vers le haut de la courbe de demande effective. Remarquons que le transfert des biens immobiliers des vieux vers les jeunes qui en résulte n'est pas, comme l'affirme Shin (2005), un simple effet de redistribution, un déplacement *à l'intérieur de* la boîte d'Edgeworth. Comme les jeunes ménages paient plus pour l'immobilier que les vieux, ce changement a pour effet une amélioration au sens de Pareto dans une économie où il existe une contrainte de crédit. Ainsi, l'augmentation du prix des actifs peut mener à une allocation plus efficace des biens immobiliers. Néanmoins, le point essentiel est que, quand les chocs négatifs surviennent, cette amélioration (de l'allocation des biens immobiliers) ne s'en trouve pas seulement annulée : *in fine*, l'allocation des biens immobiliers peut également être bien plus mauvaise dans l'économie (voir la section 2).

Intéressons-nous maintenant de plus près au secteur bancaire, qui assure l'intermédiation entre les vieux et les jeunes. Les banques vendent des prêts immobiliers aux jeunes, ces prêts étant financés par les dépôts bancaires des vieux. Soit L la valeur des prêts sur le marché. Les prêts se faisant avec des garanties, la valeur des prêts sur le marché L augmente avec le prix de l'immobilier P (voir $L(P)$, figure 2, p. 107). Comme la valeur sur le marché ne peut excéder la valeur faciale des prêts, $L(P)$ est strictement concave.

L'objectif des gestionnaires des banques est de maximiser le taux de rendement des titres de leurs actionnaires (les vieux). Quand la valeur sur le marché des prêts, L, augmente, le ratio titres/dette s'améliore, réduisant ainsi l'endettement des banques. Ayant un bilan qui s'améliore, les gestionnaires des banques souhaitent proposer davantage de prêts aux jeunes. Ce sera le cas, en particulier, si les gestionnaires, qui réagissent à des incitations de court terme, essayent de rétablir leur niveau d'endettement initial. Ainsi, le montant total de crédits fournis, la valeur faciale de la dette, augmente avec la valeur des prêts sur le marché $D(L)$. La hausse de la demande effective des jeunes qui en résulte fait monter les prix de l'immobilier P. Des prix de l'immobilier plus élevés augmentent la valeur des prêts sur le marché. Une fois encore, les bilans s'améliorent, et l'endettement est réduit, ce qui enclenche un nouveau cycle. Le canal des bilans bancaires a pour conséquence un effet de rétroaction positif, qui est représenté, figure 2, par la courbe à pente positive *P(L)*. L'équilibre de marché est représenté par l'intersection des courbes *P(L)* et *L(P)*.

Figure 2.
La rétroaction entre la valeur des prêts sur le marché et les prix immobiliers

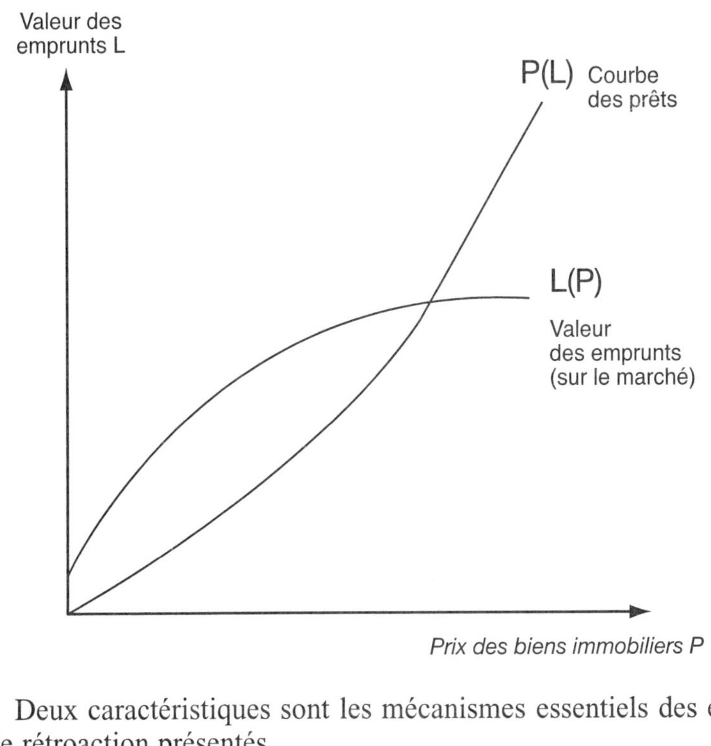

Deux caractéristiques sont les mécanismes essentiels des effets de rétroaction présentés.

1) Des prix de l'immobilier plus élevés provoquent une augmentation de la valeur des prêts *L(P)*. Dans une économie où les bilans sont évalués sur la base des prix de marché,

ceci se traduit immédiatement par une hausse de la richesse nette de la banque. Même avec des règles comptables fondées sur les valeurs historiques, l'amélioration du bilan de la banque se traduira par une hausse du prix des actions.

2) La richesse nette plus élevée pousse les banques à augmenter leurs prêts afin de faire davantage de profits. Ceci augmente les prix de l'immobilier, modélisés par la relation *P(L)*.

La courbe *P(L)* a une forme linéaire lorsque les gestionnaires des banques, qui sont responsables des incitations de court terme, essayent de maintenir le niveau d'endettement constant. Dans ce cas, les effets amplificateurs sont particulièrement forts. De manière plus générale, les gestionnaires tiendront également compte du risque accru de défaut dans leurs décisions de prêt et par conséquent vont utiliser une partie du bilan qui s'est amélioré pour augmenter la quantité de liquidité détenue pour motif de précaution. Sur la figure 2 (p. 107), *P(L)* est représentée comme une fonction concave pour les valeurs pertinentes. Pour un risque donné associé au salaire, le risque de défaut d'un emprunteur augmente avec la valeur faciale de la dette *D*. Le ménage *i* est capable de rembourser sa dette restante au moment de la période finale seulement si $D_i(1 + r) \leq w_i$. Plus le prix de l'immobilier *P* est élevé, plus l'exposition à la dette de l'acheteur marginal est élevée, ce qui atténue l'incitation de la banque à continuer de prêter. Ainsi, si *L* est suffisamment élevé, l'augmentation du risque de défaut des emprunteurs marginaux rend la courbe plus pentue. Le consentement à prêter davantage diminue lorsque la fragilité de la banque augmente (la manière dont elle s'expose au risque que ses emprunteurs fassent faillite). Néanmoins, au moment de décider de sa politique de prêt, aucune banque ne prend en compte l'externalité que ses décisions de prêts engendrent dans l'économie (l'impact de ses propres prêts sur le prix de l'immobilier *P*). En particulier, quand elle évalue sa propre situation en matière de liquidités, elle ne prend pas en compte le fait que, en détenant davantage de liquidité, elle engendre des externalités positives pour les autres institutions endettées. La prise en compte de cela réduirait le risque de ventes dans l'urgence en cas d'assèchement des liquidités.

Figure 3.
L'amplification de taux d'intérêt plus bas

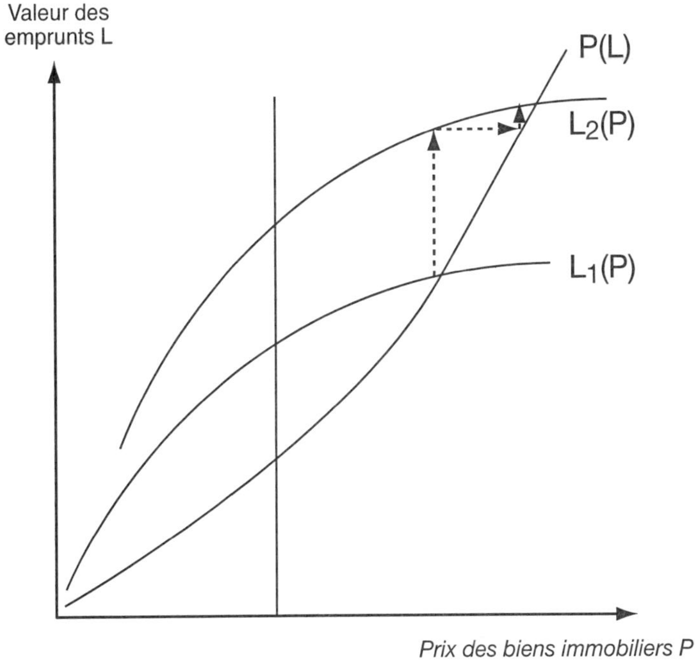

Il est maintenant temps d'analyser le mécanisme de transmission de la politique monétaire dans cette économie stylisée. Il est évident que l'effet de rétroaction positive décrit ci-dessus constitue un puissant mécanisme amplificateur. Examinons une réduction des taux d'intérêt nominaux. Comme les actifs des banques (les prêts immobiliers garantis) sont d'une durée plus longue que leur passif (les dépôts), la valeur des prêts immobiliers sur le marché augmente plus que la valeur des dépôts quand les taux d'intérêt diminuent. La courbe *L(P)* se déplace vers le haut (comme sur la figure 3). Ainsi, la richesse nette du secteur bancaire est accrue, et l'endettement réduit. Les banques réagissent à l'accroissement de la richesse nette en accordant davantage de prêts immobiliers aux jeunes, ce qui fait monter le prix de l'immobilier, ce qui, à son tour, déclenche les mécanismes d'amplification esquissés ci-dessus.

Les ratios prudentiels de fonds propres créent des effets asymétriques quand le prix des actifs chute. Par conséquent, une politique monétaire plus rigoureuse a pour résultat une chute amplifiée des prix de l'immobilier. Des taux d'intérêt plus élevés réduisent la valeur des prêts sur le marché. Certains détenteurs de prêts immobiliers peuvent être conduits à faire défaut. Tant que la contrainte de solvabilité est satisfaite pour toutes les banques, leur richesse nette n'est érodée que partiellement. Toutefois, à un moment donné, quand les chocs sont suffisamment importants, la contrainte concernant le ratio de fonds propres devient drastique pour un sous-ensemble de banques. Dans ce cas, émettre de nouveaux titres se révélerait extrêmement coûteux. De manière réaliste, la banque est alors forcée de vendre une partie de ses avoirs immobiliers afin de redevenir solvable. C'est à ce moment-là que le mécanisme inverse s'amorce : la tentative de liquider les actifs afin de satisfaire à un certain ratio de titres prédéterminé fait diminuer le prix des actifs, ce qui réduit d'autant la valeur des prêts sur le marché. Une pression à la vente concertée mène à une réaction endogène à la baisse du prix de l'actif fondamental. Ainsi, la chute du prix des actifs peut être renforcée.

L'incitation à maintenir un niveau minimum d'adéquation du capital crée à nouveau un mécanisme de rétroaction entre la chute du prix des actifs et la baisse des prêts. En ce sens, suivant Shin (2008), « les périodes d'expansion et de récession peuvent vraiment être vues comme des images inversées ». Malgré l'équivalence formelle de ces mécanismes, il y a d'importantes asymétries entre les périodes d'expansion et de récession dans une économie avec des imperfections de marché : les défaillances imposent des liquidations inefficaces. Remarquez que plus la hausse initiale du prix des actifs est élevée, plus l'exposition à la dette initiale des jeunes sera élevée, et plus, par conséquent, la défaillance sera probable. La section suivante analyse l'impact de ces asymétries.

2. Les asymétries entre les périodes d'expansion et les périodes de récession

Comme nous l'avons examiné dans la section 1, les ratios prudentiels de fonds propres peuvent créer des effets amplificateurs équivalents à ceux de la propagation de l'essor des crédits à travers l'endettement, mais dans le sens inverse. Néanmoins, l'impact sur l'économie dans son ensemble peut être radicalement différent en raison du coût élevé des liquidations. Dans le modèle stylisé considéré ici (une pure économie de dotations), l'illiquidité est illustrée par un coude dans la courbe d'offre des vieux (voir figure 1, p. 105) : ils sont prêts à racheter l'immobilier auprès des jeunes à des prix bien inférieurs aux prêts pour lesquels ils consentent à vendre.

Analysons maintenant l'impact d'une politique monétaire plus restrictive après une période prolongée de taux d'intérêt bas. Supposons qu'une politique monétaire initialement relâchée ait contribué à un essor de l'immobilier, augmentant la quantité d'immobilier détenue par les jeunes du point 0 au point 1, comme illustré sur la figure 4 (p. 112). La garantie fournie par le bien immobilier voyant sa valeur augmenter en raison de la baisse des taux d'intérêt, les jeunes ont pu augmenter leur exposition à la dette. Faisant face à une contrainte de crédit, même ceux qui sont déjà dotés de biens immobiliers peuvent profiter des taux plus bas pour refinancer leurs emprunts (en l'absence de pénalités de remboursement anticipé) et en utilisant la valeur accrue des garanties pour mettre fin à leurs emprunts immobiliers. Dans une économie où il existe une contrainte de crédit, la hausse des prix des biens immobiliers permet un meilleur lissage intertemporel de la consommation des jeunes qui sont propriétaires. La valeur faciale de l'exposition à la dette $D(1+r)$ des jeunes est destinée à augmenter malgré la faiblesse des taux d'intérêt. L'exposition à la dette est hétérogène parmi les jeunes : les acheteurs marginaux d'immobilier, qui payent les prix les plus élevés, sont les plus lourdement endettés.

Figure 4.
Les asymétries entre les périodes d'expansion et les périodes de récession

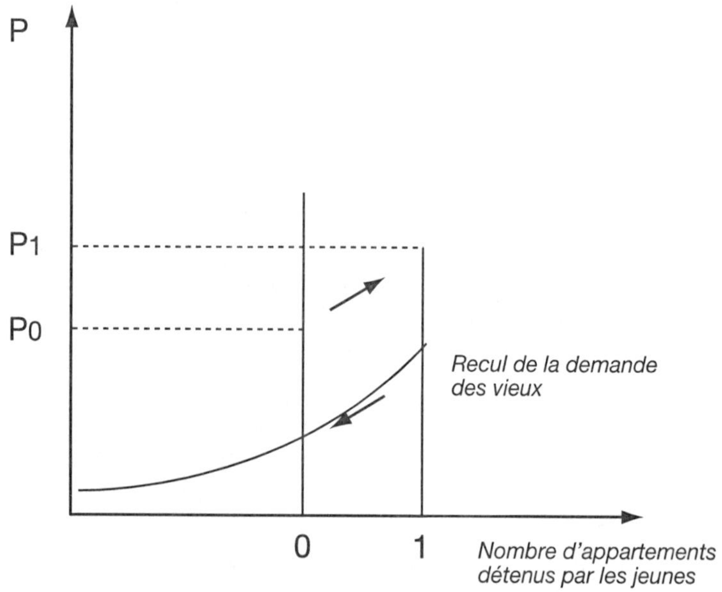

En remboursant le crédit lors de la période finale, un agent jeune *i* peut assurer son remboursement périodique seulement si son revenu salarial w_i est suffisant pour couvrir les obligations de sa dette, y compris le paiement des intérêts : $D_i(1 + r) \leq w_i$.

Les revenus salariaux étant stochastiques pour une réalisation donnée du revenu salarial agrégé, une partie de la population jeune peut être contrainte à faire défaut. Pour simplifier, si l'on suppose que le revenu salarial est parfaitement corrélé parmi l'ensemble des jeunes, ceux dont l'exposition à la dette est la plus élevée feront défaut les premiers. Un resserrement de politique monétaire va accélérer les défaillances, car cela augmente la charge des agents ayant des emprunts à taux variable ; des taux d'intérêt plus élevés, en refroidissant l'économie, peuvent également déclencher des chocs de salaires négatifs.

Tant que seule une faible partie des détenteurs de prêts immobiliers fait défaut, les pertes d'une banque seront absorbées par l'érosion de ses titres (diminuant la valeur des prêts sur le marché). Les titres des banques fournissent un mécanisme amortisseur contre des chocs économiques limités, tant que l'inverse du ratio d'endettement désiré plus un est supérieur au ratio prudentiel de fonds propres. La contrainte de solvabilité nécessite que le ratio entre les titres et la valeur de marché reste au-dessus d'un certain seuil imposé :

$(L, DP)/L = E/L > e^*$ (DP étant l'exposition à la dette des banques : les dépôts des vieux) et $E = L, DP$ est la valeur des titres sur le marché.)

En raison des mécanismes d'incitations, le ratio dette/actifs est susceptible d'être maintenu au-dessus d'une certaine valeur-seuil (endettement minimal) :

$DP/E > l^*$, à condition que $e^* < e < 1/(1+l^*)$ les chocs puissent être absorbés par des fluctuations des titres des banques.

La situation est toutefois différente pour les chocs suffisamment importants : la valeur des prêts sur le marché chute jusqu'au point où le ratio prudentiel de fonds propres n'est plus respecté. À ce moment-là, les banques sont contraintes de liquider leurs actifs afin de rétablir le ratio prudentiel de fonds propres. Avec des actifs qui sont illiquides, ceci ne peut être fait qu'avec une décote : le prix auquel certains vieux sont disposés à racheter de l'immobilier est inférieur au prix de marché (comparer avec la figure 4).

La courbe en pointillés de la figure 5 (p. 114) représente, pour tous les prix de l'immobilier P, la quantité d'immobilier qu'une banque en péril doit vendre pour satisfaire les ratios prudentiels de fonds propres. Si les prix de l'immobilier chutent fortement, tous les actifs de la banque doivent être liquidés. Au prix initial de l'immobilier P_1, les banques en péril sont contraintes de vendre une quantité positive d'immobilier pour atteindre le ratio requis r* (figure 5, p. 114). La tentative de liquider des actifs immobiliers a néanmoins pour conséquence une forte chute de leur prix, ce qui réduit encore davantage la valeur des prêts sur le marché. Les banques sont par conséquent forcées de vendre encore plus d'immobilier afin de rétablir leur ratio de capital ; les prix de l'immobilier chutent encore davantage, et un cercle vicieux s'installe. Plutôt que de revenir à son point de départ, le prix P_0, les ventes dans l'urgence qui sont contraintes par les défaillances peuvent déclencher une réallocation spectaculaire de ces actifs vers les agents qui les estiment à un prix bien moindre[1]. Elles peuvent réduire à néant le capital d'une banque et mener à un effondrement complet de l'intermédiation financière.

Figure 5.
Les ventes dans l'urgence avec des banques en péril

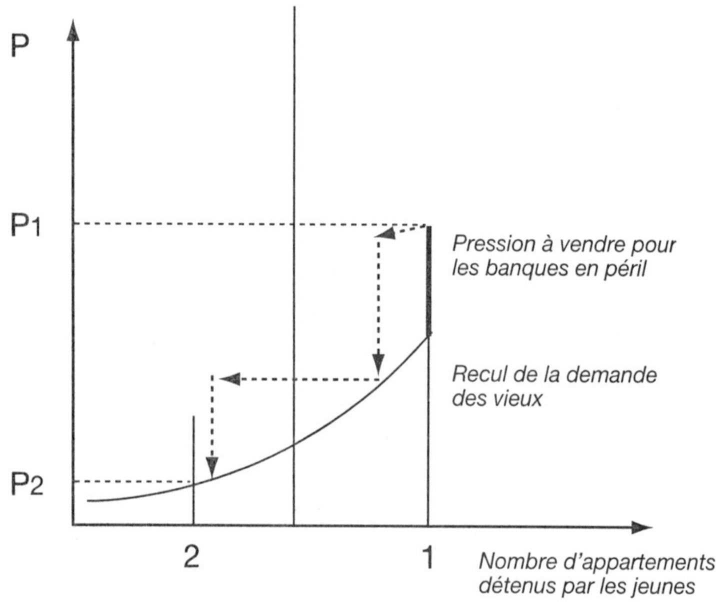

Plusieurs éléments sont nécessaires pour déclencher une telle vente dans l'urgence.

- Plus l'exposition à la dette est élevée, plus l'économie est fragile. La hausse initiale des prix de l'immobilier crée une

1. Dans un cadre plus général, les liquidations forcées auront également des répercussions sur la production réelle.

exposition à la dette élevée pour les acheteurs marginaux. De manière similaire, les interruptions des prêts immobiliers augmentent la fragilité, même si elles permettent de lisser le sentier de consommation.

- Même si les prêts immobiliers à taux fixes peuvent atténuer l'impact négatif, des taux d'intérêt qui augmentent sont susceptibles de rendre l'économie plus fragile.
- Le mécanisme essentiel est néanmoins l'endettement des institutions financières. Plus l'endettement désiré est élevé, plus le mécanisme atténuateur à la disposition des intermédiaires financiers pour absorber les chocs est faible. Plus le ratio d'endettement est élevé, plus les banques en péril sont contraintes de vendre. Comme l'illustre la figure 6 (p. 116), la pression à la vente pour les banques saines avec un niveau d'endettement faible est négligeable. Dans un tel cas, il n'y a pas d'équilibre avec liquidation forcée.
- En outre, moins les actifs sont liquides (plus la chute des prix immobiliers nécessaire pour inciter les vieux à racheter de l'immobilier est importante), plus l'effet d'amplification est important.
- Enfin, une partie essentielle de l'histoire est la nature des contrats financiers : les vieux mettent (une partie) des revenus obtenus en vendant leurs actifs immobiliers sur des comptes bancaires leur assurant une rémunération nominale fixe. Si, au lieu de cela, ils détenaient leurs créances sous forme de participation de la banque, ils partageraient proportionnellement les pertes de la valeur de marché des emprunts défaillants, plutôt que de déclencher une vente dans l'urgence avec liquidation inefficace.

De nouveaux instruments financiers, comme la titrisation, semblent être des instruments intelligents pour imiter une telle manière efficace de partager le risque entre les vieux et les jeunes. Les actifs titrisés sont détenus par les fonds de pension plutôt que par les banques. Les pertes engendrées par les défaillances des détenteurs de prêts font simplement baisser la valeur sur le marché des prêts titrisés détenus par les fonds de pension. Quand les vieux possèdent des créances sur les fonds de pension, dont la rémunération dépend des résultats au lieu d'être fixée à l'avance, ils participent directement au risque de marché des prêts. Par conséquent, la titrisation diminue le besoin de liquidation inefficace. Les fluctuations des prix des actifs sont répercutées sur les créanciers finaux de l'économie (les vieux).

Figure 6.
Le cas des banques saines

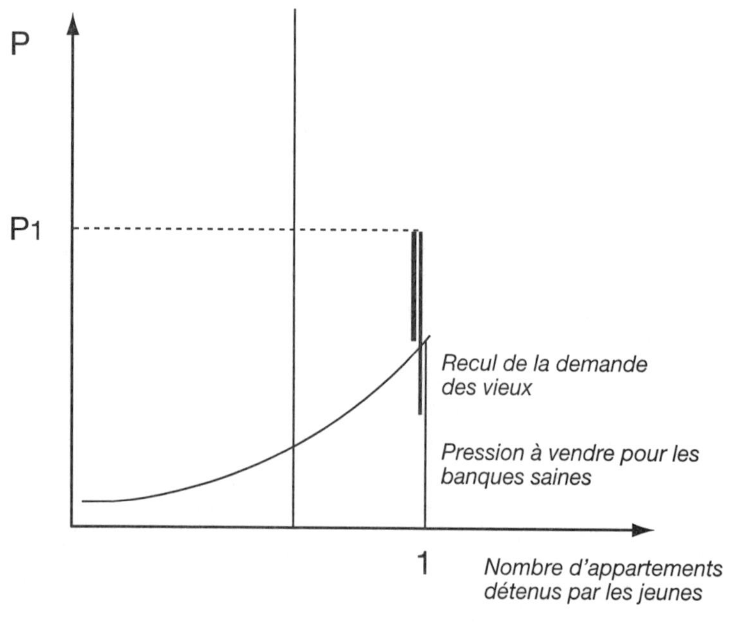

Étant donné cet argument, il semble que les institutions comme Fannie Mae et Freddie Mac[1], en transformant les risques en titres, contribuent à limiter les risques de ventes dans l'urgence. Quand les banques ne conservent que la première tranche et vendent les tranches les plus anciennes présentant un risque très élevé, la titrisation permet de séparer les risques idiosyncrasiques et les risques systémi-

1. NDT : Comme Freddie Mac, Fannie Mae est une agence de financement immobilier destinée à faciliter l'accès à la propriété des ménages.

ques, les risques les plus élevés étant supportés par les détenteurs des tranches les plus anciennes. La titrisation pourrait donc être une manière efficace d'indexer les contrats de créance sur les chocs macroéconomiques. Néanmoins, le problème est que ces institutions hautement endettées augmentent habituellement leur vulnérabilité au risque systémique. Elles semblent détenir les tranches les plus risquées des prêts qu'elles mettent en place (Franke et Krahnen, 2005). Ainsi, en cas de choc agrégé important, l'économie sera rendue encore plus fragile : dès que les gestionnaires essayeront de minimiser leurs pertes en vendant les mauvais prêts, les ventes d'urgence seront déclenchées. Ainsi, à nouveau, à un moment donné, le mécanisme des ventes dans l'urgence se déclenchera nécessairement, mais dans ce cas de manière encore plus vigoureuse.

Les arguments présentés dans cette section suggèrent qu'une évaluation des tendances récentes de l'innovation financière doit être menée avec précaution. En moyenne, au moins pour les petits chocs, ils permettent de diminuer les frictions subies dans une économie où il existe une contrainte de crédit et contribuent ainsi à une allocation plus efficace. Néanmoins, en cas de chocs négatifs importants, ils peuvent accélérer le besoin de ventes d'urgence, avec des répercussions désastreuses sur l'économie dans son ensemble. Il existe un danger que, au-delà d'un certain seuil, le cercle vertueux devienne un cercle vicieux, créant le risque d'un effondrement financier. Les non-linéarités qui sont à l'œuvre suggèrent que la politique monétaire devrait intervenir pour éviter de tels événements indésirables, mais ils sont susceptibles de déclencher des réactions asymétriques de politique monétaire : étant donné les coûts sociaux élevés qu'implique une crise systémique, il y a une forte incitation à baisser les taux d'intérêt quand il existe un risque imminent de vente d'urgence, alors qu'il ne semble pas y avoir de raison de resserrer la politique monétaire quand le prix des actifs augmente.

Les acteurs privés, anticipant une telle réaction asymétrique, seront encouragés à prendre des risques excessifs, développant ainsi des déséquilibres encore plus grands et aggravant par conséquent l'asymétrie sous-jacente. La politique monétaire fonctionne comme une option de vente, encourageant les banques à fournir trop de prêts même si l'exposition à la dette agrégée est déjà élevée. La figure 7 illustre cet effet : tant que la politique monétaire n'intervient pas, les banques seront réticentes à prêter à des emprunteurs dont l'exposition à la dette est trop élevée au vu du risque de défaut implicite. L'inverse de la courbe *P(L)* sera par conséquent plutôt inélastique (voir la courbe $P(L)_1$). Dans ce cas, les économies fragiles ne sont pas caractérisées par des effets d'amplification puissants : même une forte hausse de la valeur de marché aura très peu d'impact sur les prix de l'immobilier. Si, au contraire, les agents anticipent que la politique monétaire viendra à la rescousse lors des crises systémiques, les banques peuvent, en toute sécurité, escompter le risque de défaut qu'implique une hausse des prêts. Ainsi, quand la politique monétaire réagit de manière asymétrique, l'inverse de la courbe *L(P)* est plus élastique (comme $P(L)_2$ sur la figure 7), ce qui engendre les forts effets amplificateurs décrits ci-dessus, même quand l'économie est très fragile.

Figure 7.
La politique monétaire asymétrique vue comme une option de vente

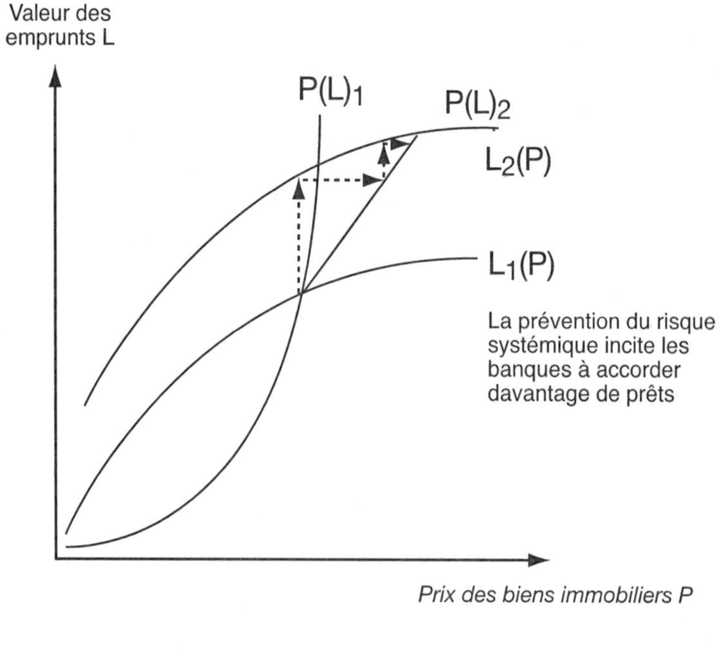

L'évaluation des implications en termes de bien-être de la fragilité accrue qui a été créée doit se faire avec minutie. Tant que les banques centrales sont capables de piloter l'économie efficacement en temps de crises agrégées, il ne devrait pas y avoir lieu de s'inquiéter. Après tout, une injection de liquidité publique en présence d'un choc agrégé peut fonctionner comme un bien public. L'externalité des ventes dans l'urgence soulignée ci-dessus suggère que les agents privés ont des incitations insuffisantes à fournir le niveau de liquidités adéquat : chaque agent ne tient pas compte des externalités positives qu'il procure aux autres en détenant de la liquidité additionnelle. De plus, pour les institutions privées, il n'y a pas d'incitation à intervenir comme fournisseur de liquidités efficace en cas d'urgence. Comme Allen et Gale (2005) l'ont montré, la détention de liquidités comporte un coût d'opportunité. Comme les fournisseurs de liquidités ne peuvent recouvrer ce coût qu'en achetant des actifs vendus dans l'urgence à des prix bradés dans certains États, la provision privée de liquidités par des arbitragistes sera insuffisante pour assurer la stabilité du prix des actifs. Si la banque centrale, en injectant de la liquidité agrégée dans les cas d'urgence, supplée simplement à cette faille de marché, ce que certains considèrent comme une augmentation de la fragilité n'est pas réel ; le risque encouru, plus élevé, pourrait de fait contribuer à augmenter le bien-être.

Cette vision complaisante pose néanmoins deux problèmes. Premièrement, la distinction simple entre risque idiosyncrasique et risque agrégé n'est plus aussi nette en présence de ventes dans l'urgence. Si de la liquidité est fournie alors même que la stabilité de grandes institutions endettées est en jeu, le mécanisme de défaillance ne peut constituer un mécanisme incitatif efficace pour discipliner la prise de risques individuels excessifs par les gestionnaires. Le problème n'est pas que les firmes vont essayer de constituer des positions individuelles d'endettement excessivement élevées, mais plutôt que l'endettement va comporter une forte composante systémique : les gestionnaires ont de fortes incitations à choisir des stratégies de spéculation similaires, créant un risque de système important pour des événements à faible probabilité (pour un modèle explicite, voir Cao et Illing, 2008).

Deuxièmement, les problèmes de stabilité peuvent entrer en conflit avec les autres objectifs de politiques de la banque centrale. Au vu des problèmes de stabilité financière, une banque centrale peut hésiter à augmenter les taux d'intérêt au rythme nécessaire pour stabiliser l'économie de manière efficace (cet arbitrage a été modélisé par Stephan Sauer, 2007). Si une augmentation des taux risque de mettre en danger les institutions fortement endettées, la banque centrale peut être piégée dans une trappe de taux d'intérêt : les problèmes de stabilité financière peuvent forcer la banque centrale à suivre une trajectoire caractérisée par un gradualisme excessif. La politique de la Fed en 2004 peut être considérée comme un exemple instructif (voir Illing, 2005). Encouragées par l'engagement public de la Fed de suivre une politique monétaire calme sur une période prolongée telles qu'en témoignent des déclarations comme « la politique accommodante peut être maintenue sur une période longue », plusieurs institutions à travers le monde ont constitué des positions d'endettement similaires pendant l'année 2003. La politique extrêmement prudente de la Fed[1] pendant la période de durcissement de sa politique monétaire depuis 2004 laisse à penser que la mise en œuvre d'une hausse suffisante des taux d'intérêt ait pu être différée jusqu'à ce que les positions d'endettement les plus précaires aient été levées. En présence d'une connaissance imparfaite, les banques centrales peuvent être enclines à agir avec précaution. Étant donné les asymétries impliquées, elles sont susceptibles de préférer se fourvoyer en agissant avec précaution plutôt que de courir le risque de ventes dans l'urgence. Dans le même ordre d'idées, pendant les périodes favorables, elles peuvent tendre à augmenter les taux d'intérêt au-dessus du niveau nécessaire pour faire face aux préoc-

1. Examinons la remarque d'Alan Greenspan devant le Comité économique commun des États-Unis le 21 avril 2004 : « Les taux doivent augmenter à un certain moment pour éviter que des pressions sur l'inflation des prix ne fassent finalement leur apparition. » Cette déclaration a été accompagnée par l'indication suivante : « Aucune hausse n'est imminente », et, de manière similaire, par une déclaration du Comité fédéral pour les interventions publiques sur les marchés de taux d'intérêt (Federal Open Market Committee) : « Le Comité croit que la politique accommodante peut être ralentie à un rythme qui sera probablement mesuré. »

cupations en matière de stabilisation, visant ainsi à avoir assez de munitions quand les choses iront plus mal. À nouveau, les préoccupations de stabilité peuvent être contradictoires avec une politique de stabilisation efficace.

Face à ces risques, la banque centrale peut s'engager à ne pas suivre de politique asymétrique. Néanmoins, étant donné les coûts sociaux élevés qui sont en jeu en période de crise financière, un tel engagement est difficilement crédible. En prenant en compte les non-linéarités qui interviennent, la politique optimale de second rang consistera probablement à essayer d'éviter que la fragilité financière ne se constitue plutôt que de se lancer dans un engagement extrêmement coûteux à ne pas intervenir lorsque le risque d'un effondrement financier se présente. Des exigences prudentielles de liquidité procycliques pourraient atténuer les effets d'entraînement et donc contribuer à corriger ces externalités. Pour analyser cette intuition, un modèle étendu permettant une prise de risque endogène est nécessaire…

La coordination des anticipations dans la politique monétaire[1]

STEPHEN MORRIS ET HYUN SONG SHIN[2]

Au cours des quinze dernières années, la transformation a été radicale dans la conduite et dans l'interprétation commune des politiques monétaires à travers le monde. Cette transformation a touché leurs instruments et leur expression, et notamment la transparence en matière de planification des politiques à court et moyen termes des banques centrales. Une moindre importance a été en revanche accordée aux objectifs intermédiaires tels que les agrégats monétaires. Les objectifs de taux d'inflation à moyen terme ont été *a contrario* jugés plus importants. Cependant, on ne peut séparer la question des objectifs de celle des instruments. En particulier, le ciblage de l'inflation est perçu comme une composante essentielle d'une politique monétaire transparente.

Au cœur de ces bouleversements apparaît un changement de perspective de la politique monétaire. Traditionnellement, on considérait que la politique monétaire relevait de l'ingénierie. La banque centrale disposait d'un ensemble d'instruments qu'elle contrôlait. Elle était confrontée à des incertitudes qu'elle ne maîtrisait pas, et cherchait à atteindre des objectifs à l'aide de ses instruments. La vision contemporaine considère la politique monétaire sous l'angle de la stratégie. L'action découle en grande partie, non pas des instruments sous contrôle direct de la banque centrale,

1. Traduction de Nathalie Ferron.
2. Les deux auteurs enseignent au département d'économie de l'université de Princeton.

ni de l'incertitude exogène qui échappe à son contrôle, mais des actions des intervenants du marché qui se préoccupent essentiellement de variables que la banque centrale ne contrôle pas directement. C'est le cas des taux d'intérêt à long terme, dont tout le monde attend de la banque centrale des indications sur l'évolution des variables. Selon la formule de Michael Woodford (2003, p. 2), « on ne dirige pas une banque centrale comme un pétrolier, ou même une navette spatiale, qui suit une trajectoire soumise à des paramètres variant constamment, mais qui ne dépend pas des anticipations propres du véhicule sur le cap à suivre ». Charles Goodhart a donné aux membres de cette école de pensée qui inclut non seulement Michael Woodford, mais d'autres spécialistes de l'économie monétaire de premier plan, comme Alan Blinder, Lars Svensson et Ben Bernanke, le nom d'« anticipationnistes ».

De ce point de vue, la politique monétaire devient l'art de diriger et de coordonner les anticipations au sein de l'économie. Les instruments qui sont sous le contrôle direct de la banque centrale, comme les taux d'intérêt à 24 heures, comptent moins que les messages qu'elle envoie. Dans quelle mesure peut-on utiliser la diffusion de l'information pour diriger et coordonner les anticipations et quels en sont les coûts et les bénéfices ? Si l'on en croit la plupart des études menées ces quinze dernières années, cela est possible et les bénéfices l'emportent sur les coûts. Néanmoins, des articles théoriques récents repèrent des difficultés et des coûts potentiels propres à la coordination des anticipations. Parfois, ces coûts semblent liés à la méfiance qu'inspirent aux banquiers excessivement discrets de la vieille école ceux qui parlent trop. Ces coûts nous donnent des indications sur les « limites de la transparence », c'est-à-dire la question de la quantité d'information à révéler. La première partie de cet article revient sur ces arguments, développés dans nos travaux antérieurs. La seconde partie de cet article cherche à éclairer de quelle façon ces arguments peuvent jouer un rôle dans certains débats actuels sur la politique de communication des banques centrales.

Les modèles théoriques de la valeur sociale de l'information et de la communication optimale dans les cadres stratégiques que nous décrivons négligent de prendre en considération un trop grand nombre d'aspects liés aux institutions et au niveau microéconomique pour fournir des exemples permettant de concevoir la politique de la banque centrale. D'un autre côté, il serait injuste de ne pas observer que les modèles théoriques utilisés par les économistes spécialistes de questions monétaires pour traiter du ciblage de l'inflation ainsi que de la transparence ne tiennent pas suffisamment compte de l'interaction stratégique ou de la formation des anticipations pour pouvoir aborder convenablement les problèmes concrets. Cette remarque s'adresse à nos collègues universitaires : la recherche est bien loin derrière les évolutions des pratiques de la politique monétaire. Il y a un travail considérable à fournir.

1. La coordination des anticipations

Une économie est constituée d'un grand nombre d'acteurs économiques qui prennent des décisions individuelles. Depuis Adam Smith, on connaît le rôle très important joué par les prix et le marché dans la coordination de ces décisions pour parvenir à un résultat d'équilibre finalement efficace. Chaque acteur s'intéresse de très près à ce que font les autres, or, dans nos modèles de concurrence parfaite, les prix du marché et la possibilité de faire des transactions librement à ces prix permettent à chaque acteur de comprendre et d'analyser le marché sans se soucier de ce que les autres vont faire et donc sans se soucier de ce qu'ils pensent.

Cependant, le niveau de prix pose des difficultés particulières, son indétermination est fondamentale. Lorsque les entreprises fixent des prix, elles doivent forger des croyances concernant la façon dont les autres fixent leurs prix. Ces derniers déterminent leurs prix en fonction de ce qu'ils pensent de l'inflation, et ainsi de suite. Lorsque les opérateurs prennent position sur les marchés financiers, ils doivent développer des croyances concernant l'évolution des taux à court terme, sachant que ces derniers sont à leur tour influencés par les anticipations du marché. Les prophéties peuvent être autoréalisatrices et, en l'absence d'une bonne politique monétaire, on peut se retrouver avec une volatilité et un niveau d'inflation excessifs. Ce n'est donc pas une coïncidence si la politique monétaire en particulier fait l'objet de nombreux commentaires sur la façon dont on l'interprète, sur la façon dont on pense que les autres l'interprètent, et ainsi de suite. La coordination a une dimension importante avec, en l'absence d'une bonne politique monétaire, une grande indétermination dans les résultats.

Les économistes emploient la métaphore éloquente de « tache solaire » pour comprendre les résultats dans ce type de cadre. Supposons que tous les acteurs économiques soient en mesure d'observer l'activité des taches solaires et que, lorsque cette activité est intense, ils s'attendent à ce que l'inflation soit forte et que, nous sommes toujours dans un monde où la politique monétaire est mauvaise, cela les conduise à fixer des prix élevés qui se traduisent par une inflation forte. Supposons encore que lorsque l'activité des taches solaires est faible, les acteurs économiques augmentent faiblement les prix et que l'inflation soit faible. Dans un tel monde, l'activité des taches solaires n'a intrinsèquement aucun rapport avec l'inflation. Du point de vue des acteurs pris individuellement, l'activité des taches solaires se trouve être un bon indicateur du comportement des autres quand il s'agit de fixer des prix. Elle devient donc un déterminant de poids dans leur décision au moment de fixer un prix.

Arrêtons-nous un instant pour nous demander quelles caractéristiques propres à ces taches solaires métaphoriques leur permettraient de coordonner des anticipations au sein de notre économie. On a noté qu'il fallait que tout le monde puisse les observer. Cela n'est pas suffisant : il faut que tous les acteurs dans cette économie sachent que tout le monde observe la tache solaire et y réagit de la même manière. Pour pousser un peu plus loin la métaphore, il faut que tous soient d'accord sur ce que l'on entend par « activité intense des taches solaires » et « faible activité des taches solaires ». Si certains acteurs considéraient des taches solaires d'intensité moyenne comme étant fortes tandis que d'autres les considéraient comme faibles, alors elles ne pourraient plus jouer leur rôle de coordination des anticipations.

C'est ici qu'intervient la banque centrale. On peut résumer la vision moderne des « anticipationnistes » sur le rôle des banques centrales en disant que celles-ci jouent avec succès celui de taches solaires. Si l'on peut convaincre les acteurs économiques que ce sont les annonces de la banque centrale, plutôt que le niveau d'activité des taches solaires, qui coordonnent les anticipations sur les prix et les taux d'intérêt, et déterminent ainsi les taux d'intérêt en même temps que l'inflation, la banque centrale dispose alors d'un instrument indépendant. Il lui permet d'influer sur les résultats de manière plus prévisible et plus souple qu'en intervenant directement sur les marchés. L'efficacité de la banque centrale dans le rôle de taches solaires dépend du fait que ses annonces ont les mêmes caractéristiques que les taches solaires telles que l'on vient de les décrire : il faut que tout le monde puisse les observer, que tout le monde sache que chacun peut les voir et que chacun comprenne le sens exact de ces annonces. En somme, il faut qu'il y ait une transparence de la diffusion de l'information de la banque centrale.

Bien sûr, les choses ne sont pas tout à fait aussi simples. Les économistes qui utilisent la métaphore ne croient pas que ce sont de réelles taches solaires qui facilitent la sélection des équilibres, ni que les acteurs économiques se déterminent d'après des événements sans rapport avec une valeur anticipée. Au contraire, ils pensent que les acteurs économiques s'intéressent à une information qui ne présente qu'un léger intérêt du point de vue de l'anticipation de la valeur, mais qui, via son rôle dans la coordination des anticipations, peut jouer le rôle de tache solaire.

De même, les annonces de la banque centrale transmettent de l'information qui concerne directement les acteurs économiques. Elles peuvent par exemple, ou pourraient, donner des informations sur les actions courantes de la banque centrale, sur ses actions à venir et sur l'état de l'économie. Ces informations présentent un intérêt pour les acteurs économiques, non seulement pour évaluer les variables qui font l'objet de ces annonces, c'est-à-dire les actions courantes et à venir de la banque centrale et l'état de l'économie, mais aussi d'autres variables, par exemple les taux d'intérêt à long terme et les prix des actifs. Dans un environnement où règnent les prophéties autoréalisatrices, elles pourraient jouer un rôle dans la coordination des anticipations concernant les taux d'intérêt à long terme ainsi que les cours de la Bourse, qui dépasserait largement celui que pourrait justifier le seul contenu d'information de l'annonce. En effet, on ne fait que reprendre l'idée principale du point de vue moderne de la coordination des anticipations sur la banque centrale. Les banques centrales pourraient être en mesure de coordonner convenablement les anticipations même lorsque leurs actions n'ont que de faibles effets, à retardement et imprévisibles sur les résultats.

Cette analogie entre les taches solaires et la politique de communication de la banque centrale soulève la question suivante : une communication transparente peut se révéler efficace dans la coordination des anticipations, mais dans quelles conditions les anticipations se coordonnent-elles sur quelque chose de souhaitable, comme on l'a vu récemment, et dans quelles conditions sont-elles coordonnées sur quelque chose de néfaste ?

1.1 Une plus grande transparence de l'information nuit-elle à son efficacité ?

Un modèle stylisé de diffusion de l'information publique (Morris et Shin, 2002) permet d'illustrer certains éléments de réponse. Prenons un groupe important d'acteurs économiques. Supposons que chaque acteur veuille que ses actions coïncident avec son anticipation d'une moyenne de (i) l'état du monde et de (ii) l'action moyenne des autres. Chaque acteur détient par ailleurs des informations privées sur l'état du monde en même temps qu'il entend une annonce publique de la part de la banque centrale sur l'état du monde. Avec quelle précision les actions moyennes devraient-elles refléter l'information que les acteurs ont reçue des signaux publics et privés ?

Parce que les gens veulent agir conformément à la façon dont les autres agissent, ils sont poussés à accorder plus de poids aux signaux publics qu'aux signaux privés, même si ces derniers apportent autant d'informations sur l'état réel du monde. S'il est socialement souhaitable que les actions reflètent la meilleure information disponible, il est stratégiquement préférable de ne pas tenir compte d'une information privée non pertinente. Or si les annonces publiques se font plus précises, c'est qu'elles reflètent une plus grande transparence de la banque centrale. Deux effets compensatoires sont observés : d'une part, la plus grande précision du signal public améliore les résultats quelle que soit la règle suivie par les acteurs pour agréger les signaux publics et privés. D'autre part, s'il est inefficace d'ignorer l'information privée, la plus grande précision des annonces publiques ne fait qu'augmenter la décrédibilisation inefficiente de l'information privée. Lequel des deux effets l'emporte sur l'autre ? Si les annonces publiques sont précises relativement à la justesse de l'information privée, alors une plus grande transparence (une plus grande précision des annonces publiques) est bonne, sans équivoque. Si les annonces publiques sont relativement inexactes, alors l'effet d'étouffement de l'information privée qu'elles produisent prédomine et une plus grande transparence peut se révéler néfaste.

Quelles leçons pourrait-on tirer de cette observation d'un cas de référence, concernant la transparence de la banque centrale ? Commençons par remarquer que la réaction excessive du marché aux annonces publiques semble refléter la crainte des banques centrales qui traditionnellement s'attendent à ce que le marché réagisse de manière disproportionnée à des annonces apparemment anodines et pensent que la plus grande prudence est de mise lorsqu'on s'adresse au public face à de tels risques d'affolement. Dans le cas extrême où les représentations qu'ont les participants des actions des autres ont un poids important, les annonces publiques auront un impact important sur les résultats, même lorsqu'elles n'apportent que très peu d'informations sur la valeur fondamentale attendue. En ce sens, elles agissent comme des taches solaires.

On a avancé quelques idées pour expliquer en quoi ces observations ne s'appliquent pas à la façon dont les banques centrales communiquent en pratique. Premièrement, l'impact négatif général repose sur l'hypothèse que le désir de coordination des acteurs économiques a une utilité privée mais pas d'utilité sociale. Cela n'est peut-être pas le cas dans de nombreux modèles microfondés. Par exemple, Christian Hellwig a montré que lorsque le motif de coordination correspond à des complémentarités stratégiques dans un modèle monopolistique de détermination des prix, la coordination est suffisamment bonne socialement pour que soit évité l'impact négatif général. Deuxièmement, l'impact négatif d'une amélioration marginale de la précision des annonces publiques ne survient que lorsque les signaux publics manquent de justesse par rapport aux signaux privés. Si la banque centrale n'est pas notablement moins informée que le secteur privé sur les sujets sur lesquels elle communique, alors l'impact est clairement positif. Lars Svensson (2006) a défendu de manière convaincante l'idée qu'il s'agissait là du cas pertinent du point de vue empirique. Sans doute la banque centrale détient-elle plus d'informations à propos de la façon dont elle mène la politique monétaire présente et à venir. Et même lorsqu'il s'agit de faire des prévisions concernant l'économie, il est manifeste que la Fed, par exemple, s'en sort relativement bien par rapport au secteur privé.

Ces deux remarques sont importantes. Il nous faut néanmoins expliquer pourquoi la banque centrale doit en tirer des leçons pour sa politique de communication. Premièrement, nous pensons qu'il convient de distinguer si l'objectif de bien-être vise simplement à coordonner des anticipations par rapport à un objet *quelconque* ou s'il s'agit de les coordonner par rapport à « l'objet *adéquat* ». Les analyses de la politique monétaire s'attachent souvent à des modélisations sous forme réduite dans lesquelles les anticipations hétérogènes ne sont pas explicitement représentées et où la fonction de perte correspond à une somme pondérée de l'écart de production et de la déviation de l'inflation par rapport à sa cible. Ici, la coordination des anticipations est présupposée, mais le degré des anticipations est important, c'est-à-dire qu'il importe que les anticipations, coordonnées par hypothèse, le soient au niveau adéquat. On ne peut évidemment pas se satisfaire d'une théorie motivée par la coordination d'anticipations dans laquelle elle est présupposée. La fonction de perte sous forme réduite correspond vraisemblablement au sentiment que ce sur quoi l'on se fixe n'a pas d'importance. Souvenons-nous que c'est lorsque l'on s'attache au degré plutôt qu'à la coordination en elle-même que survient l'effet potentiellement négatif d'une plus grande précision des annonces publiques. Il est important d'approfondir nos recherches sur le type de coordination pertinente du point de vue de la politique monétaire. Il existe des travaux récents sur la question : Angeletos et Pavan (2007) ont dressé un tableau des situations dans lesquelles on peut ou non attendre des pertes de bien-être en liaison avec l'information publique. Dans le modèle de formation des prix en concurrence monopolistique de Hellwig (2005), l'information publique a toujours une valeur car on sait intuitivement qu'il est plus important de ne pas se tromper sur les prix relatifs plutôt que sur le niveau absolu des prix. Angeletos et Pavan (2007) décrivent un scénario dans lequel l'information publique introduit une certaine volatilité dans le prix des actifs, qui entraîne des choix d'investissement inefficaces du point de vue social.

Pour comprendre l'impact en bien-être du recours à l'information diffusée par la banque centrale pour coordonner les anticipations du secteur privé, il nous faut émettre un avis sur les raisons pour lesquelles la coordination est nécessaire et sur le type d'arbitrage possible entre la coordination en soi et le degré adéquat de coordination. Deuxièmement, si la diffusion de l'information de la part de la banque centrale peut jouer un rôle aussi important et bénéfique dans la coordination des anticipations du secteur privé, c'est sans doute parce que, en l'absence d'une telle diffusion de l'information, les anticipations ne seraient pas coordonnées, ou, en d'autres termes, on aurait des interprétations hétérogènes de la politique monétaire et de la conjoncture économique.

D'où proviennent ces interprétations hétérogènes ? Si l'on est sûr que ces points de vue hétérogènes n'ont aucune valeur informative, alors on ne perd aucune information socialement bénéfique si les agents économiques cessent de conditionner leurs décisions sur les sentiments des autres. Avec quel degré de certitude peut-on affirmer qu'aucune information socialement bénéfique n'est perdue ? On ne prend sans doute pas grand risque à dire que si l'information diffusée par la banque centrale est meilleure que toute l'information détenue par les agents du secteur privé, la transparence ne peut être cause d'aucun dommage social. Et les partisans de la transparence disent que c'est le cas aux marges pertinentes du débat sur la transparence. Même si on accepte cette règle, il est possible qu'il n'y ait pas d'accord sur la question de savoir si la banque centrale dispose de plus d'informations pertinentes. Dans la mesure où les actions à venir de la banque centrale ont une importance cruciale dans la formation des anticipations coordonnées au sein du marché, de nombreuses banques centrales ont dévoilé une part toujours plus grande de leurs politiques futures. Pourtant, Mervyn King (2006) assure que, pas plus que le Comité de politique monétaire de la Banque d'Angleterre, il ne détient d'information supplémentaire sur les décisions de politique à venir par rapport au secteur privé : « Nous ne donnons pas d'information sur l'orientation des taux d'intérêt pour la simple raison que nous ne la connaissons pas. Et il serait tout à fait malhonnête de prétendre le contraire. »

Un problème étroitement lié à ce qui précède est celui des préférences révélées de la banque centrale telles qu'elles se trouvent incarnées dans les prévisions qu'elle émet à propos de la trajectoire de sa politique de taux d'intérêt. Charles Goodhart (2007) remarque que lorsqu'une banque centrale émet des prévisions concernant l'inflation et l'écart de production en même temps que ses prévisions concernant la politique de taux, on a une pondération implicite portant sur l'inflation et l'écart de production qui se trouve révélée par la double prévision. Il est possible que ces préférences ne soient pas explicitement exprimées ou ne fassent pas l'objet d'un consensus parmi les membres du Comité de politique monétaire. Il n'est pas non plus garanti que ces préférences franchissent le test de résistance au temps.

Rappelons enfin l'importante hypothèse implicite selon laquelle la banque centrale maîtrise les interprétations du secteur privé à partir de l'information qu'elle diffuse. Mervyn King ne souhaite peut-être pas diffuser d'information concernant les décisions de politique à venir de la Banque d'Angleterre, parce qu'il pense que ses idées, au-delà de son explication des objectifs et de la politique courante, n'ont aucune pertinence. Le marché fera quand même des inférences quant à la politique à venir, et le compte rendu du CPM pourra jouer un rôle de coordination des anticipations concernant les décisions de politique à venir. Ce faisant, cela pourra étouffer des intuitions qu'aurait pu avoir le secteur privé et qu'il aurait été souhaitable de voir reflétées dans les anticipations coordonnées du marché.

Regardons à présent du côté des banques centrales plus transparentes, comme celles de la Norvège et de la Nouvelle-Zélande (ainsi que de la Suède plus récemment), qui cherchent vraiment à dévoiler quelles décisions d'orientation de la politique seront liées à la conjoncture économique future. De telles annonces peuvent coordonner les anticipations concernant la politique à venir, mais également permettre au secteur privé d'évaluer les cours à venir et contribuer à coordonner les anticipations sur ces mêmes cours. Pourtant, il est sans doute vrai que le secteur privé détient des informations précieuses sur les cours qu'il ne serait pas souhaitable de voir étouffées soit par des taches solaires, soit par des informations mal interprétées issues de la banque centrale.

1.2 Y a-t-il une contradiction entre diriger des anticipations et apprendre par l'intermédiaire des marchés ?

Selon Ben Bernanke, « lorsque le Comité de politique monétaire diffuse régulièrement des informations sur ses objectifs, ses prévisions concernant l'environnement économique futur, et ses plans d'action, il en résulte deux avantages. Premièrement, avec plus d'information complète à leur disposition, les marchés fixent les prix de leurs actifs financiers avec plus d'efficacité. Deuxièmement, les décideurs peuvent constater que leurs propres opinions sont alors plus proches des anticipations des intervenants du marché à propos des futurs taux à court terme. »

En d'autres termes, Bernanke émet l'idée que : 1. lorsque la banque centrale fait part de ses propres intentions de manière claire, les prix du marché ont une plus grande efficacité informationnelle ; mais 2. lorsque la banque centrale fait part de ses intentions de manière claire, les anticipations du marché peuvent être plus proches de celles de la banque centrale elle-même.

À première vue, il semble y avoir une opposition entre ces deux affirmations. Si la banque centrale est en mesure de coordonner les anticipations du marché avec bonheur, c'est parce que les intervenants du marché accordent un poids très important aux annonces de la banque centrale. Cela signifie qu'ils accordent un moindre poids à leur propre information privée. Il semblerait que cela diminue la pertinence des prix du marché. Dans la mesure où la banque centrale recueille ses informations sur l'économie auprès du secteur privé, cela semble indiquer qu'une diffusion de l'information plus transparente de la part de la banque centrale pourrait réduire la valeur informative de l'information du secteur privé et par suite, la capacité de la banque centrale à mener une politique monétaire à l'avenir. Dans Morris et Shin (2005), nous avons donné un modèle formel de cette tension entre la gestion des anticipations et l'apprentissage que l'on peut en tirer, et avons fourni des preuves anecdotiques corroborant cette idée.

Les partisans d'une communication transparente de la part de la banque centrale minimisent l'importance de cette tension. Bernanke remarquerait sans doute que les données économiques dont on se sert pour élaborer la politique monétaire des États-Unis sont distinctes des prix des actifs qui reflètent les anticipations coordonnées engendrées par la communication transparente de la banque centrale et qu'il n'y a pas de rétroaction entre les deux. Cette question mérite sans aucun doute une investigation théorique et empirique plus approfondie.

1.3 L'arbitrage entre précision et partage de l'information

Jusqu'à présent, nous avons supposé dans notre discussion que si la banque centrale détenait de l'information, il lui était possible de la rendre publique. Nous avons remarqué que la publicité ou la connaissance commune de l'information lui permettait d'avoir un rôle important dans la coordination des anticipations et, on peut l'espérer, socialement bénéfique (encore peut-on concevoir le contraire).

Comme le sait tout agent de la banque centrale, il n'est pas si facile de diffuser de l'information de sorte qu'elle devienne connaissance commune au sein du secteur privé. Si les diverses personnes qui entendent une annonce l'interprètent différemment, le contenu de cette annonce ne deviendra pas connaissance commune. Si le message retient l'attention de certaines personnes tandis qu'il en laisse d'autres indifférentes, alors, encore une fois, le contenu de l'annonce ne devient pas connaissance commune. On devine que plus on cherche à diffuser de l'information, plus on court le risque que certaines personnes ne retiennent pas toute l'information, et moins on a de connaissance commune. En ce sens, il y a un arbitrage entre la communauté de l'information diffusée et la précision de cette information.

Dans Morris et Shin (2007), nous avons utilisé l'exemple suivant pour illustrer cet arbitrage. Reprenons le problème de coordination que nous avons déjà présenté : chaque agent cherche à faire coïncider son action avec une moyenne quelconque de l'anticipation qu'il forme au sujet de l'état du monde et de son anticipation concernant l'action moyenne des autres agents. Supposons que je connaisse l'état réel du monde et que je dispose de deux scénarios d'information possibles. Dans le premier scénario, je pourrais rassembler tout le monde dans une salle de conférence et faire une annonce sur l'état fondamental. Cependant, cette salle de conférence serait obligatoirement très vaste, et mon annonce se ferait dans un bruit considérable. Autrement dit, tandis que je ferais mon annonce concernant l'état fondamental réel, chacun percevrait mon discours sous la forme d'un même signal bruité. Dans ce cas, il y aurait connaissance commune d'un signal imprécis à propos de l'état fondamental. Dans le second scénario, je répartirais l'ensemble des gens en deux groupes égaux et les mettrais dans deux salles plus petites avec une meilleure acoustique. Dans chacune des conférences, mon annonce sur l'état réel du monde serait entendue avec moins de bruit autour. Chaque public recevrait un bruitage différent. Dans ce cas, l'information dont chacun disposerait sur l'état du monde serait plus précise que dans le premier scénario, mais leurs croyances ne formeraient pas une connaissance commune. Si ces deux scénarios de communication sont les seuls dont on dispose, alors l'arbitrage non trivial entre la précision et l'exactitude des annonces sera important, même si une plus grande exactitude des signaux publics est toujours souhaitable.

On trouve un sens trivial dans lequel se reflète cet arbitrage dans la conception des annonces de la banque centrale. Le Comité de politique monétaire tente de faire en sorte qu'il n'y ait qu'une seule déclaration qui fasse autorité à propos de ses décisions de politique et de leurs raisons. Cela améliore les chances d'une compréhension commune de leur discours. Réexpliquer leur position devant divers publics et expliciter leurs propos lorsqu'il y a des confusions devrait indéniablement améliorer la précision avec laquelle le public comprend leur position. Cela n'apporterait pas une plus grande communauté de l'information, puisque certaines personnes risquent de ne pas entendre les éclaircissements.

Il ne fait guère de doute que l'on doive avoir recours à cet arbitrage dès lors qu'il s'agit de comprendre les limites de la transparence. De nombreux opérateurs des banques centrales expliquent que les marchés peuvent absorber des prévisions inconditionnelles sur les politiques à venir, les prévisions conditionnelles étant trop difficiles à assimiler pour le marché. On peut expliquer cet argument par le fait qu'il est plus difficile d'obtenir de la connaissance commune que de simplement communiquer une information à un seul individu. Une cible d'inflation ou une prévision inconditionnelle sont sans doute assez simples pour que l'on puisse être sûr que tout le monde les observe, mais des stratégies de communication plus complexes peuvent éroder la connaissance commune et, en ce sens, réduire la transparence.

2. Les débats actuels

Comment peut-on rattacher les idées théoriques présentées ci-dessus aux débats actuels concernant la conduite de la politique monétaire ? Nous allons approfondir une question que nous avons déjà abordée : la banque centrale doit-elle rendre publiques ses propres prévisions concernant sa politique de taux ? Cette question a occupé le devant de la scène dans ce débat après que la banque centrale de Suède, la Riksbank, a pris la décision récemment de faire comme les banques centrales de Norvège et de Nouvelle-Zélande et de rendre publiques les prévisions concernant sa politique de taux. Même parmi les banques centrales qui mènent des politiques explicitement centrées sur le ciblage de l'inflation, le fait de rendre publiques les prévisions concernant leur politique de taux place ces trois pays (Nouvelle-Zélande, Norvège et Suède) à l'avant-garde de la nouvelle tendance vers une plus grande transparence des banques centrales. La Banque d'Angleterre (qui, elle aussi, privilégie le ciblage de l'inflation) a montré plus de réticences à s'engager dans cette voie, comme nous l'avons vu plus haut.

La Banque d'Angleterre se trouve en porte-à-faux par rapport à un corpus de travaux à la fois dans les milieux universitaires et dans les cercles de réflexion politique qui préconisent un guidage prospectif de la part de la banque centrale à propos de ses actions à venir afin d'améliorer l'efficacité de la politique monétaire. Nous avons déjà présenté les principaux arguments de ce débat. Ce qui ouvre ce débat, c'est la constatation que la banque centrale n'exerce en général de contrôle direct que sur les taux d'intérêt à un jour. Les liens entre le taux à un jour, qui est le levier direct de la politique monétaire, et les prix qui comptent comme les taux d'intérêt à long terme, dépendent presque entièrement des anticipations du marché, et la politique monétaire n'est effective que dans la mesure où la banque centrale peut façonner les croyances des agents du marché.

La seconde pièce maîtresse de l'argument en faveur de l'idée que la banque centrale doive donner des indications sur ses actions à venir, est une version de la théorie des anticipations de la courbe de rendement ; c'est-à-dire que les taux d'intérêt longs sont déterminés (ou du moins largement influencés) par les anticipations des agents du marché sur la trajectoire à venir des taux à court terme fixés par la banque centrale. En traçant une trajectoire pour les taux courts à venir, et en la communiquant clairement au marché, on pense que la banque centrale peut influencer les anticipations du marché, et par suite affecter les taux de crédit immobilier, ceux du crédit aux entreprises ainsi que d'autres prix ayant un impact direct sur l'économie. Avec ces leviers qu'elle peut utiliser pour agir sur les taux longs, la politique monétaire opère selon la fonction de demande agrégée, selon des grandeurs telles que la consommation et l'investissement.

En effet, comme nous l'avons déjà montré, la gestion des anticipations est considérée par de nombreux grands économistes spécialistes des questions monétaires au sein de l'école anticipationniste comme *la* tâche principale de la politique monétaire. Pour Svensson (2004, p. 1), « la politique monétaire consiste dans une large mesure à diriger les anticipations », tandis que selon la formule de Woodford (2003, p. 3), « non seulement les anticipations comptent dans les décisions de politique, mais, au moins pour ce qui concerne les conditions actuelles, très peu de choses comptent en dehors d'elles ». Ces arguments ont été exprimés avec une particulière clarté par Ben Bernanke (alors président de la Fed) dans un discours de politique générale intitulé « Logique de la politique monétaire ». Il y explore l'analogie entre conduire une voiture et manœuvrer l'économie à travers la politique monétaire. L'économie est une voiture et le Comité de l'Open Market de la Fed (FOMC) est le conducteur, les actions de la politique monétaire s'apparentent à des coups d'accélérateur ou de frein visant à stimuler ou à ralentir l'économie selon les circonstances et en fonction de l'état de l'économie. Bernanke remarque que cette analogie a beau être séduisante à première vue, elle ne tient pas, du fait de l'importance des anticipations sur les actions à venir de la banque centrale. Si l'on compare l'économie à une voiture, ce serait une voiture dont la vitesse à un moment donné ne dépend pas de la pression exercée sur l'accélérateur à ce moment précis, mais plutôt de la pression moyenne attendue exercée sur l'accélérateur durant le reste du trajet.

En plus de l'argument selon lequel la politique monétaire est plus efficace lorsque les banques centrales dévoilent la trajectoire de leurs politiques de taux à venir, on a également un argument qui fait appel à la cohérence. Rudebusch et Williams (2006) étudient la pratique actuelle de certaines banques orientées vers le ciblage de l'inflation, visant à atteindre les prévisions d'inflation et d'écart de production fondées soit sur l'hypothèse que la politique de taux reste stable sur la durée, soit sur la trajectoire de la politique de taux telle qu'elle se révèle dans les prix du marché des contrats *futurs* à taux courts. Si la banque centrale sait que ses propres prévisions dévient de l'une de ces trajectoires, ou des deux à la fois, alors les prévisions sur l'inflation et l'écart de production comportent une incohérence. Ainsi, en plus des raisons liées à l'efficacité de la politique, même du point de vue de la cohérence, il est souhaitable que soient dévoilées les décisions de politique anticipées.

2.1 Le marché comme agent unique

Cependant, un certain nombre de problèmes incitent à revenir sur les arguments donnés. Commençons d'abord par cette habitude qui consiste à traiter le marché comme un agent unique et homogène dont les croyances répondent aux exigences de cohérence propres à l'individu rationnel. Lorsque l'on évoque les mouvements des prix du marché, on a souvent recours pour gagner du temps à l'expression d'« anticipations du marché ». Dans les modèles formels simples avec un agent représentatif, il y a en effet un individu représentatif dont les croyances correspondent aux anticipations du marché. En pratique pourtant, les anticipations du marché n'existent pas. Le marché n'est pas un individu et les prix du marché ne correspondent pas aux croyances d'un individu particulier. Les prix du marché se déterminent plutôt comme le résultat des interactions d'un grand nombre d'individus qui peuvent avoir chacun leur propre sentiment sur le monde, et s'efforcent d'inférer l'information détenue par les autres agents du marché. Lorsque les opérateurs détiennent de l'information différentielle, et qu'ils ont des échéances courtes, Allen, Morris et Shin (2006) montrent que les prix qui émergent de l'équilibre *ex ante* des anticipations rationnelles d'un modèle de détermination des prix d'actifs par ailleurs standard présentent les caractéristiques typiques d'une influence excessive de l'information publique au détriment de l'information privée. L'un des symptômes de cette trop grande dépendance par rapport à l'information publique est le fait que la moyenne (arithmétique) des anticipations des opérateurs à propos de la valeur fondamentale moyenne d'un actif à deux ans n'a pas besoin d'être égale à l'anticipation moyenne d'aujourd'hui à propos de l'anticipation moyenne de demain sur la valeur fondamentale. Autrement dit, la « loi des anticipations itérées » ne fonctionne pas dans le cas des anticipations moyennes sur le marché dans son ensemble. Cela fonctionnerait si le marché était un agent unique et homogène, capable de croyances comme un individu unique.

Une fois qu'on s'est libéré du carcan que nous impose l'idée du marché comme individu unique et homogène, certaines des anomalies que l'on a désignées comme des obstacles potentiels à la diffusion d'indications sur l'orientation à venir de la politique de la banque centrale semblent désormais avoir un fondement plus solide. Comme le font remarquer Rudebusch et Williams (2006, p. 2), l'un des tabous les plus forts de la banque centrale est l'interdiction de donner en public des informations sur les taux d'intérêt futurs. On attribue ce tabou à la croyance que les marchés financiers auraient tendance à interpréter toutes les déclarations de la banque centrale sur les choix probables de politique future comme des promesses d'actions futures, par opposition à des projections conditionnelles fondées sur l'information existante et sujettes à d'importantes variations. L'argument de Mervyn King, cité plus haut, repose sur les mêmes soupçons. Dans la mesure où le « marché » n'est pas un individu unique avec des croyances cohérentes, ces soupçons ne portent pas sur une irrationalité ou sur une rationalité limitée que l'on attribuerait au marché. Il n'y a personne à qui l'on puisse attribuer une telle irrationalité, puisqu'il n'existe pas un individu appelé « marché » qui pourrait recevoir une telle attribution. On commettrait ce que les philosophes appellent une erreur de catégorie si on ne le reconnaissait pas.

2.2 La théorie des anticipations de la courbe de rendement

Nous avons vu qu'un des arguments importants (sinon le plus important) de ceux qui pensent qu'il est souhaitable de rendre publiques des informations sur l'orientation de la politique de taux, était une version de la théorie des anticipations de la courbe de rendement. Selon cette théorie, les taux d'intérêt à long terme sont déterminés par les anticipations concernant la trajectoire future des taux à court terme. C'est ce qui permet à la banque centrale d'avoir un levier pour agir sur les prix significatifs, en particulier les taux à long terme qui fixent les taux clés qui déterminent les taux de l'immobilier, du crédit aux entreprises, et ainsi de suite. Tandis que certains éléments empiriques appuient la théorie des anticipations sur la courbe de rendement, il y a une certaine ambiguïté au niveau des preuves. Gerlach et Smets (1995) trouvent des preuves pour appuyer la théorie des anticipations dans un certain nombre de pays européens, mais on n'en trouve guère pour les pays qui hébergent les principaux marchés financiers.

En effet, dans un article publié il y presque vingt-cinq ans, Shiller, Campbell et Schoenholtz (1983) font le point sur les débats à propos de la théorie des anticipations en termes plutôt sévères :

> « La théorie élémentaire des anticipations, en association avec l'hypothèse des anticipations rationnelles, a été rejetée à de multiples reprises par des études économétriques sérieuses. Elle ne cesse

de réapparaître dans les débats sur les décisions de politique comme si elle n'avait jamais été invalidée. Il est surprenant de voir à quel point, en économie, des théories séduisantes en apparence résistent aux preuves qui les infirment. Cela rappelle les dessins animés de Tom et Jerry qui précèdent les films au cinéma. Le méchant, Tom le chat, peut se trouver enfoui sous une tonne de rochers, se trouver projeté à travers un mur de briques (laissant un trou qui reproduit sa silhouette), ou aplati par un rouleau-compresseur ; au bout de quelques secondes, le voilà de nouveau sur pied, à comploter ses méchantes actions. » (Shiller, Campbell et Schoenholtz, 1983, pp. 174-175).

Leur article fut publié dans la revue de la Brookings Institution de 1983, mais leur argumentation n'a rien perdu de sa force. L'effondrement du marché obligataire de 1994, et les fluctuations de la courbe de rendement au cours de l'été 2003 sont deux exemples particulièrement flagrants de la « surréaction » apparente du marché aux annonces de la banque centrale.

Lorsque l'on considère le fonctionnement du marché et la motivation des opérateurs, l'échec de la théorie des anticipations sur la courbe de rendement n'est peut-être pas si étonnant. Bien qu'il soit tout à fait plausible que l'information donnée par la banque centrale sur ses orientations soit le facteur central dans la détermination des prix sur une période d'un à deux ans sur la courbe des rendements, il semble plus difficile de croire que des taux plus longs puissent être déterminés par les anticipations des opérateurs concernant les actions de la banque centrale à très long terme. Quand des sociétés d'investissement ou des opérateurs gérant des portefeuilles de revenu fixe réalisent des *swaps* à dix ans, peut-on vraisemblablement penser qu'ils sont influencés en premier lieu par leurs croyances à propos de la politique de la banque centrale à sept, huit ou neuf ans ? On trouve dans les marchés des preuves qui invalident cette hypothèse.

Même avec des banques centrales qui se sont mises à rendre publiques les prévisions sur leur politique de taux futurs, les marchés n'ont pas toujours suivi ces prévisions des banques centrales pour déterminer les prix. Goodhart (2007) fait remarquer que lorsque la Norges Bank (la banque centrale de Norvège) a rendu publiques ses projections sur les taux d'intérêt à l'automne 2006, les taux à très court terme les ont suivis, mais pas les plus longs[1]. La théorie des anticipations de la courbe de rendement semble encore davantage fragilisée devant de telles preuves.

2.3 Politique monétaire et efficacité de l'information

Dans la mesure où les prix du marché guident les décisions économiques réelles, la valeur informative des prix du marché devrait intéresser les banques centrales. Maintenant que le marché de l'immobilier à usage d'habitation aux États-Unis connaît un ralentissement, les excès auxquels se sont livrés certains organismes de crédit en recourant trop souvent au crédit hypothécaire à risque sont décriés. Une grande partie des prêts à risque fut prolongée à l'époque où les taux d'intérêt à court terme étaient exceptionnellement bas, au début des années 2000, ce qui illustre le caractère durable de certaines décisions de financement et d'investissement. En tant que telle, l'efficacité informationnelle devrait présenter un intérêt pour les banquiers. Contrairement aux modèles monétaires fondés sur la fonction de demande agrégée qui met en évidence les *flux* (comme les flux de consommation), nombre de décisions importantes affectées par la politique monétaire se fondent sur les *stocks* (comme les stocks de la dette). Il est parfois difficile de revenir sur les décisions concernant les stocks.

---

1. Goodhart cite le passage suivant extrait du discours du vice-président Berlo : « Presque trois mois se sont écoulés depuis la dernière publication du *Rapport sur l'inflation*. Depuis, les taux à terme ont augmenté et se sont approchés de la trajectoire du taux d'intérêt de la Norges Bank. Les taux à terme encore plus longs demeurent inférieurs à nos prévisions. Cela peut s'expliquer par le fait que les agents du marché ont une perception différente de la trajectoire du taux d'intérêt nécessaire pour stabiliser l'inflation à sa cible et pour assurer une croissance régulière de la production et de l'emploi. Il est également possible que le marché ait les mêmes anticipations sur les taux d'intérêt à court terme que la Norges Bank, mais que, en raison de conditions extraordinaires, les prix des obligations à long terme soient poussés à la hausse, et par conséquent, les rendements de ces obligations à long terme soient poussés à la baisse. »

Dans sa *Théorie de l'intérêt*, Irving Fisher donne l'exemple de trois utilisations différentes possibles d'un même lopin de terre, pour la forêt, pour les cultures, pour l'extraction minière (Fisher, 1930). Le taux d'intérêt utilisé pour actualiser les flux de trésorerie futurs détermine en grande partie l'ordre de préférence des trois utilisations possibles. Les projets de longue durée comme la forêt, où le gros des profits se réalise dans un avenir lointain, ont plus de succès dans un environnement dans lequel les taux d'intérêt sont faibles. Lorsque les taux d'intérêt sont élevés, ce sont les projets à court terme comme l'extraction à ciel ouvert qui dominent. Puisqu'il est souvent difficile de revenir sur des décisions d'investissement, les distorsions de l'investissement peuvent avoir des effets qui perdurent bien au-delà des erreurs d'allocation initiales.

Les banques centrales ont un impact important sur les marchés financiers. On pourrait même dire que l'impact des banques centrales est parfois *trop* important. Un problème de cette nature ne permet pas de mesurer facilement si les réactions du marché financier sont excessives ou si elles se justifient étant donné les fondamentaux. Cependant, d'après le comportement des intermédiaires financiers, tel qu'on en a donné un exemple plus haut, on ne saurait s'attendre à ce que l'efficacité informationnelle soit garantie. Les surréactions apparentes constitueront la règle plutôt que l'exception.

Au milieu du XXe siècle, on a déjà tenté d'utiliser une communication transparente pour coordonner les anticipations du secteur privé et des résultats socialement efficaces. Cela s'appelait la « planification indicative ». L'idée était que des marchés inexistants pouvaient engendrer des échecs de marché : en cinq ans, si le secteur de l'industrie faisait les bons investissements, il y aurait une demande accrue d'acier ; si on avait construit les aciéries, il y aurait une offre pour répondre à la demande. Or, en l'absence d'un futur marché de l'acier, la main invisible ne pourrait pas les faire coïncider de manière efficace. Si l'organisme de planification pouvait collecter des informations auprès des dirigeants du secteur industriel et du secteur de l'acier, puis communiquer cette information de manière publique et transparente, alors il pourrait parvenir à coordonner les anticipations du marché à un niveau socialement efficace. Dans un ouvrage récent, Barry Eichengreen (2006) dresse un tableau du processus et de ses résultats.

En fait, les plans ne fonctionnaient pas toujours comme on s'y attendait. Il n'était bien entendu pas si facile de réaliser la coordination. Certains problèmes de la planification sont très éloignés de la nouvelle conception de la politique monétaire (par exemple, les entités correspondantes du secteur privé seraient des acteurs de grande envergure qui auraient intérêt à transmettre leur information privée sous forme erronée). D'autres sont plus proches (un organisme de planification « indépendant », à l'abri de considérations politiques immédiates, aurait-il fonctionné de manière plus satisfaisante ?). L'une des leçons à tirer de la littérature sur les jeux globaux est que lorsque les coûts d'une mauvaise coordination sont élevés, l'incertitude stratégique inhérente quant aux actions des autres entraîne une certaine inefficacité du résultat.

L'instrument de politique publique qu'est la « coordination des actions » à travers une communication transparente n'a pas toujours très bien fonctionné. Pourtant, la politique monétaire semble connaître beaucoup de succès dans plusieurs pays depuis quelques années. Cela pose un problème intéressant. En vertu de quelle particularité de la politique monétaire est-il possible de réparer avec apparemment une telle facilité les échecs de coordination ? Même si une communication réussie peut réduire l'importance des instruments directs de la banque centrale, comme le contrôle des taux d'intérêt à un jour, ces instruments restent disponibles en dehors d'une trajectoire d'équilibre. Si la diffusion de l'information échoue dans la coordination des anticipations, on les utilise et ils peuvent avoir un impact important, même s'il était moins prévisible que celui de la première option, qui est aussi la préférable : n'avoir recours qu'à la seule communication.

Si la coordination des anticipations est possible, on dispose alors d'un instrument puissant au service de la croissance, comme l'ont montré les succès remportés par la plus grande transparence dans la façon de communiquer des banques centrales ces quinze dernières années. Cette puissance peut, dans certaines circonstances, être néfaste. Dans cette contribution, nous avons tenté d'expliquer en quoi l'analyse de la coordination des anticipations nous renseigne sur les cas où elle se révèle précisément néfaste. Ce faisant, elle nous donne des indications sur les limites à fixer à la transparence.

Une évaluation de la transparence des banques centrales[1]

BARRY EICHENGREEN[2] ET NERGIZ DINCER[3]

La transparence est ce qui différencie de la manière la plus marquante la banque centrale d'aujourd'hui de celle d'antan[4]. Au cours des dernières années, un certain nombre de banques centrales se sont orientées vers une plus grande transparence quant aux objectifs, aux procédures, aux principes, aux modèles et aux données qui sont les leurs. Cette tendance est-elle générale et susceptible de durer ? Cet article révèle qu'elle est en effet remarquablement généralisée, il traite de la question de sa durabilité. Notre analyse indique que les incidences sur la variabilité de l'inflation et de la production sont globalement positives. Si les dispositifs institutionnels qui engendrent des résultats positifs obtiennent le soutien du public, on peut penser que cette tendance à une plus grande transparence de la politique monétaire perdurera.

Quelques études ont déjà été menées sur le sujet, mais on sait peu de chose sur les tendances réelles de la transparence, sur leurs corrélats et leurs implications. La théorie a ouvert des perspectives

1. Traduction de Nathalie Ferron.
2. Université de Californie à Berkeley.
3. Comité gouvernemental de la planification, Ankara. Les auteurs remercient Petra Geraats, Pierre Siklos et les participants au colloque du Centre Cournot pour leurs remarques utiles.
4. « Transparence » signifie ici information du public. Cette définition minimale laisse en suspens la question du cadre informationnel, à plusieurs dimensions. Le cas échéant, laquelle de ces dimensions se révèle-t-elle pertinente ?

utiles, mais ses implications sont pour le moins limitées. L'objectif de la présente analyse est donc d'apporter de nouveaux éléments : nous élaborons ainsi un indice de transparence des banques centrales. Cet indice fait apparaître les composantes et les dimensions de la transparence, il couvre un nombre de pays et d'années plus important que dans les études antérieures. L'analyse de la diffusion dans le temps et dans l'espace apporte un éclairage sur les tendances récentes en matière de transparence : dans quels pays, et pour quelles raisons, les banques centrales sont-elles devenues plus transparentes ? Quelle est l'incidence de la transparence sur la persistance de l'inflation et sur la variabilité de l'inflation comme de la production ? La prise en compte à la fois des déterminants de la transparence et de ses effets permet d'utiliser notre analyse des déterminants pour repérer les variables instrumentales qui cernent le problème suivant : une corrélation observée entre certains résultats et la transparence traduit l'incidence des premiers sur la seconde, plutôt que l'inverse.

1. Réflexions sur l'évolution de la transparence des banques centrales

À l'origine, les banques centrales étaient des fournisseurs de crédit privés à participation restreinte au service du gouvernement. Parce qu'elles étaient en concurrence avec d'autres institutions financières, elles avaient tendance à être discrètes sur leur politique tarifaire et la gestion de leur portefeuille. Parce qu'elles entretenaient une relation privilégiée avec l'État, et souvent même avec le chef de l'État, elles traitaient l'information comme une chose confidentielle, dont seuls la banque elle-même et son client avaient réellement connaissance. Dans ce contexte, elles ne faisaient preuve d'aucune transparence concernant leurs décisions.

Cette situation a permis aux banques centrales de développer progressivement la compétence dont elles disposent aujourd'hui pour réguler la masse monétaire et l'offre de crédit. Elles ont naturellement acquis cette compétence à l'époque de la monnaie concrète. L'obligation de pouvoir convertir leur passif en espèces métalliques à un taux de change fixe était un gage de transparence significatif dans leurs opérations. Les observateurs savaient quelque chose sur la fonction objectif de l'institution : la banque centrale attachait une grande importance au maintien de la convertibilité. Ils étaient renseignés sur le modèle utilisé par la banque centrale, qui était une variante du mécanisme quantitativiste des prix et des flux d'espèces. Ils avaient connaissance des instruments utilisés par la banque pour atteindre ses objectifs, notamment le taux auquel elle escomptait ses autres obligations pour réguler les fluctuations de la monnaie, ainsi que de certaines mesures d'accompagnement visant à rendre ce taux d'escompte effectif[1]. Ils pouvaient observer dans quelle mesure la banque centrale parvenait à réguler le cours de l'espèce. Reflétant la nature publique ou semi-publique de ce phénomène, les banques centrales publiaient des informations sur les fluctuations des réserves d'or, qui étaient utilisées par les acteurs du marché pour faire des prévisions sur les politiques monétaires à venir[2]. Les études récentes présentent comme l'un des aspects de la transparence le fait que la banque centrale fournisse ou non une règle de politique explicite ou une stratégie explicite qui décrive le cadre de sa politique monétaire ; une cible de taux de change constitue une telle règle. C'est ainsi que les choses se passaient alors. C'est l'existence de ce minimum de transparence qui rendait acceptable, du point de vue de la société, le fait d'assigner des fonctions de politique publique importantes à des entités qui souvent avaient des actionnaires privés, des motivations ambiguës et une large autonomie bureaucratique.

La persistance du système d'indexation des monnaies durant la majeure partie du XXe siècle et la tendance à considérer les périodes où ce système d'indexation n'était plus en vigueur comme des aberrations ou comme des exceptions, aident à comprendre pourquoi on ne faisait pas plus pression sur les banques pour qu'elles divulguent plus largement l'information concernant leurs opérations. En observant ce qui se passait sur les marchés des changes, il était assez facile de vérifier si la banque centrale honorait son mandat. Cela incite à penser que ce n'est pas un hasard si, au cours des dix der-

1. Ce qui implique que ces variations avaient un impact immédiat sur la situation du marché.
2. De plus en plus, sur d'autres agrégats des portefeuilles qui étaient considérés comme importants dans la perspective du maintien de la convertibilité.

nières années, la tendance des banques centrales à montrer une plus grande transparence à propos d'autres aspects de leur activité coïncide avec une évolution des taux de change vers plus de flexibilité[1]. Dans un nombre croissant de pays, la seule chose qui avait réellement contribué à donner une certaine transparence à la politique monétaire s'est évanouie. Cela a eu pour conséquence d'exercer sur les banques centrales une pression accrue pour qu'elles améliorent d'autres aspects de leur transparence, voire pour augmenter la capacité de la société à exiger des banques centrales qu'elles soient responsables devant les parties intéressées en dernier ressort.

Bien entendu, cette évolution vers une plus grande flexibilité du taux de change n'a pas été exogène. Elle n'est pas survenue indépendamment d'autres événements qui ont affecté l'économie et la société. Comme l'un de nous l'a évoqué en un autre lieu, on la comprend mieux si on la rapporte à deux autres phénomènes de la fin du XXe siècle : la libéralisation financière et la libéralisation politique[2]. La déréglementation des marchés financiers ainsi que la fin des contrôles opérés sur les flux financiers internationaux ont empêché que les banques centrales et les gouvernements atteignent deux objectifs à l'aide d'un seul instrument : indexer le taux de change, tout en utilisant la politique monétaire à d'autres fins. Cependant, la démocratisation rendait plus difficile le fait de privilégier le taux de change, de s'engager de manière crédible à indexer le taux de change sans se préoccuper des incidences sur les autres variables économiques liées au bien-être social. Par exemple, lorsque le taux de chômage était en forte hausse, la pression exercée par le politique sur la banque centrale pour qu'elle intervienne devenait irrésistible. Dans un environnement où les marchés financiers et les flux de capitaux sont dérégulés, le taux de

1. Eichengreen et Razo-Garcia (2006) montrent que la part des ancrages souples dans tous les régimes de change est passée d'environ 70 % en 1990 à 45 % en 2004. Les pays à régime de change flexible passent à des régimes de parité rigides (y compris à l'union monétaire dans le cas des pays européens) et au flottement dirigé pour les trois quarts. Notez que, dans la mesure où l'euro est flottant par rapport aux autres monnaies, on serait tenté de considérer les membres de la zone euro comme faisant partie des pays à taux de change flottant.

2. Voir Eichengreen (1996).

change fixe représentait de plus en plus un risque. Ce fut le premier vecteur par lequel on commença à développer davantage d'autres aspects de la transparence de la banque centrale.

La transparence de la banque centrale était liée à la démocratisation et à la libéralisation financière par d'autres biais encore. La démocratisation eut pour conséquence directe une plus grande exigence envers la banque centrale dans le domaine de la responsabilité à l'égard du public. Afin de faire face à cette obligation de rendre compte, les gouvernements démocratiques sont intrinsèquement plus francs quant à leur situation ; en ce sens, la transparence de la banque centrale (qui est une agence gouvernementale) n'est qu'un cas particulier dans un phénomène plus général. La transparence est l'un des moyens permettant de parvenir à cette situation de responsabilité. Ce n'est sans doute pas un hasard si l'amélioration de la transparence des banques centrales en Amérique du Sud, en Europe de l'Est et dans les pays asiatiques, depuis la Corée jusqu'aux Philippines, a coïncidé avec la troisième vague de démocratisation.

La démocratisation a également renforcé l'idée que la banque centrale devait être indépendante, ce qui va de pair avec l'exigence d'une plus grande transparence. Dans les sociétés démocratiques, les pressions venant du politique sont très fortes (c'est, en un certain sens, la définition même de la démocratie), c'est pourquoi on avance divers arguments visant à justifier l'idée que, lorsqu'il s'agit de mettre au point leur stratégie, les banques centrales devraient se trouver à l'abri de ces pressions grâce à leur indépendance[1]. L'acquisition de l'indépendance s'accompagne de l'obli-

1. On traite généralement cette question en s'attachant aux problèmes de l'incohérence temporelle et du biais inflationniste qui surviennent lorsque la banque centrale adopte la fonction-objectif de l'électeur médian. L'indépendance constitue ainsi un moyen de nommer des dirigeants de la banque centrale qui soient plus conservateurs que le voteur médian afin de compenser le biais inflationniste résultant de l'incapacité à rappeler les préférences latentes. Il existe d'autres modèles pour lesquels il y a un lien entre la démocratie et l'indépendance de la banque centrale, comme celui de la conjoncture politique où une banque centrale dépendante du pouvoir politique se trouve contrainte à opérer un desserrement inefficient de l'étau monétaire dans la période précédant les élections.

gation de rendre compte ; on demande aux banques centrales de fournir davantage d'informations sur leurs opérations afin de permettre aux citoyens et à leurs représentants d'évaluer les mesures prises par la banque centrale, de la féliciter en cas de succès, et de la réprimander en cas d'échec. De plus, l'indépendance peut inciter la banque centrale à divulguer plus volontiers des informations sur ses opérations ; lorsque la banque centrale est dépendante du gouvernement, ne pas divulguer l'information lui permet de promouvoir ses propres priorités par rapport à celles des instances politiques qui la dominent[1].

Enfin, dans le cadre de la libéralisation financière, il était de première importance que les mesures prises par la banque centrale aient des répercussions stables et prévisibles sur les variables du marché. La dérégulation a réduit à néant la capacité des autorités à exercer un contrôle direct sur les réactions du marché. Le développement des marchés financiers et l'augmentation du volume des transactions ont conféré un rôle fondamental à la réaction des marchés face aux décisions de politique monétaire dans la poursuite des objectifs finals de la banque centrale. Les épisodes volatils causaient des perturbations plus profondes encore que par le passé. Il devint donc primordial que la banque centrale communique avec les agents du marché de manière à susciter la confiance et à éviter une trop grande volatilité. Dans la mesure où la communication signifie une transmission régulière de l'information, il en est résulté une expansion du domaine de la transparence de la banque centrale[2].

C'est dans ce contexte que se pose la question suivante : quelle est la situation exacte de la transparence des banques centrales ? Quelle en a été l'incidence sur la conjoncture économique ?

1. Sur cette question, voir Geraats (2005), et ci-dessous.

2. Dans quelle mesure ce désir d'éviter une volatilité excessive ainsi qu'une déstabilisation des marchés financiers, tout en poursuivant les autres objectifs de la banque centrale, implique-t-il la désirabilité d'une plus grande transparence ? La question fait débat, comme on le verra plus loin.

2. Théorie

Instinctivement, les économistes pensent que plus il y a d'information, mieux cela vaut. Dans le contexte actuel, ils affirment que si la banque centrale communique plus largement sur ses objectifs, et sur sa propre évaluation des effets de sa politique monétaire et de l'information concernant la situation économique, alors le bien-être de la société s'en trouvera amélioré. Si les agents peuvent anticiper l'orientation globale de la politique monétaire, ils seront mieux à même d'aligner leurs décisions sur celles de la banque centrale. Les ajustements économiques se feront plus aisément dans la mesure où les agents peuvent prévoir avec plus d'exactitude les trajectoires temporelles des variables qui les intéressent.

De même, la théorie de l'optimum de second rang indique que l'élimination d'une distorsion ne se traduit pas forcément par une allocation plus efficace si d'autres distorsions subsistent. En accumulant les distorsions, les spécialistes ont ainsi apporté des contre-exemples qui démontrent qu'une plus grande transparence peut ne pas apporter d'amélioration du bien-être social.

On a typiquement formalisé la transparence dans un cadre à la Barro-Gordon (1983) où l'on a une incertitude sur les préférences de la banque centrale et sur son désir de stimuler la production pour qu'elle atteigne des niveaux qui dépassent le taux naturel. Comme on le voit dans Backus et Driffill (1995), le public s'appuiera sur les résultats ou sur les mesures prises par la banque centrale pour en inférer les préférences. Dans la mesure où le secteur privé prend ses décisions avant que l'on ait connaissance des turbulences, une politique de stabilisation peut jouer un rôle. Mais si la banque centrale exprime une préférence pour un niveau de production supérieur au taux naturel, une politique de stabilisation peut receler un biais inflationniste. Ainsi, de tels modèles comportent un nombre de distorsions qui permettent de tirer des conclusions différentes quant à la question de savoir si la transparence améliore le bien-être ou si elle correspond à une préférence de la banque centrale.

Faust et Svensson (2001) proposent un modèle dans lequel le public cherche à inférer le profil de la banque centrale d'après l'information qu'elle diffuse à propos de la conjoncture économique. L'inférence est imparfaite à cause des erreurs de contrôle monétaire non anticipées que le public ne peut observer que de manière incomplète. Une plus grande transparence sur les erreurs de contrôle permet aux agents d'inférer les préférences de la banque centrale avec plus d'exactitude. Ce qui, à son tour, encourage l'autorité monétaire à se forger la réputation d'une institution qui accorde une grande importance à la stabilité des prix. Le secteur privé devient plus sensible aux mesures et aux réactions de politique monétaire non anticipées, ce qui tend à dissuader la banque centrale de prendre ces mesures. Il s'ensuit donc que les anticipations d'inflation sont plus sensibles aux mesures de la politique monétaire, que la banque a moins intérêt à créer de l'inflation, ce qui diminue le biais inflationniste. Ainsi, une plus grande transparence sur les erreurs de contrôle améliore le bien-être social.

Une plus grande transparence concernant les objectifs de la banque centrale a des effets similaires ; elle incite la banque centrale à modérer son biais inflationniste mais, dans certains cas extrêmes, la transparence sur les objectifs peut causer une perte de bien-être. Non seulement elle élimine les incertitudes concernant l'inflation et la production, mais elle anéantit également l'incitation de la banque centrale à réduire l'inflation afin de signaler sa position de politique monétaire. De sorte que la transparence sur les objectifs peut n'être désirée ni par la banque centrale ni par la société.

En reprenant le cadre Faust-Svensson, avec de très légères modifications, Jensen (2002) montre qu'une plus grande transparence sur les résultats peut également être néfaste en termes de bien-être. Chez Faust et Svensson, les anticipations d'inflation sont formées au début de la période et les mesures de politique monétaire n'affectent la production qu'ultérieurement ; cela implique que la politique de stabilisation en cours n'est pas pénalisée. Dans le modèle de Jensen, au contraire, toutes les entreprises n'ont pas la possibilité de modifier leurs prix au début de chaque période, de sorte que la production subit des répercussions durant la période en cours. Les anticipations d'inflation et, par conséquent, l'inflation courante deviennent plus sensibles à la politique monétaire lorsque le public peut inférer quelles sont les préférences de la banque centrale et par suite, prévoir son comportement à venir. La banque centrale est alors incitée à surveiller plus étroitement l'inflation. La transparence peut améliorer le bien-être si la banque centrale manque de crédibilité et si les anticipations et les réactions du marché imposent une discipline qui jugule l'inflation. Mais elle peut être néfaste en termes de bien-être si les chocs d'activité sont importants tandis que la politique de stabilisation est entravée. D'une manière générale, on a un degré de transparence optimal qui compense ces deux phénomènes.

Geraats (2002a) modélise la réaction du secteur privé par rapport aux mesures de politique monétaire elles-mêmes, et non par rapport aux résultats à partir desquels on infère les mesures de politique monétaire. Le public est informé de manière imparfaite sur les chocs affectant l'économie et s'appuie sur le taux d'intérêt pour inférer la cible de la banque centrale. Contrairement à ce que dit Jensen, une plus grande transparence n'entrave pas forcément la politique de stabilisation. Au contraire, une banque centrale opaque sera peut-être contrainte de limiter la variabilité de son taux d'intérêt afin d'indiquer sa position de politique monétaire. Elle sera dans l'obligation de lisser le taux d'intérêt afin de ne pas encourager les anticipations d'inflation. Par suite, elle sera peut-être moins en mesure de faire face aux chocs d'activité.

De plus, lorsque le degré de transparence est endogène, survient le risque de signalisation et d'autosélection. Le public s'attend généralement à ce qu'une banque centrale opaque soit plus inflationniste, et ses anticipations d'inflation sont par conséquent plus élevées. Contrairement aux autres modèles, Geraats montre que cela peut avoir des conséquences assez fâcheuses pour que même les banques centrales faibles préfèrent la transparence.

Si l'on suppose que les anticipations d'inflation proviennent d'un secteur privé qui agit de manière stratégique plutôt que d'agents émettant des anticipations rationnelles de manière passive, cela invalide encore davantage l'hypothèse qu'une plus grande transparence concernant les objectifs améliore le bien-être. Sørensen (1991) envisage le cas où les salaires sont fixés par un syndicat présentant une aversion au risque, et dont les exigences sont déterminées par les anticipations d'inflation. De nouveau, l'incertitude concernant les objectifs de la banque centrale augmente la variance de l'inflation et de la production. Mais, dans la mesure où le syndicat présente une aversion au risque, il peut demander des salaires qui soient inférieurs à ceux qui correspondraient à ses prévisions d'inflation non biaisées, afin de limiter le risque de volatilité. Ce second effet contribuera à réduire le niveau d'inflation et à augmenter celui de la production[1]. Mais il disparaît si la banque centrale rend publics ses objectifs, de sorte que l'aversion au risque témoignée par le syndicat qui fixe les salaires n'a plus d'importance.

Morris et Shin (2002) traitent d'un problème de coordination apparenté, où le bien-être individuel dépend non seulement de la conjoncture mais aussi des actions des autres individus. En partant d'une situation où l'information privée et l'information publique sont toutes deux imparfaites, ils montrent qu'une plus grande précision de l'information publique peut conduire les individus à se tromper sur le poids qu'ils doivent accorder à l'information privée. En l'absence de motifs de coordination, la précision imputée aux signaux publics comme aux signaux privés sera proportionnelle à leur précision relative. Quand les motifs de coordination sont présents, cependant, les agents accordent un plus grand poids au signal public, puisqu'ils savent que ce dernier relève de l'information commune. Mais dans la mesure où le signal public est bruité, le poids qui lui est accordé peut se révéler sous-optimal du point de vue du bien-être de la société ; les agents peuvent être conduits à se coordonner selon un équilibre inefficient. Plus l'information privée est précise, plus on est susceptible de rencontrer cette situation défavorable. Svensson (2006) remarque que l'on n'obtient ce résultat que lorsque les paramètres atteignent des valeurs extrêmes lorsque le signal public est très bruité par rapport au signal privé.

Ce tour d'horizon rapide suffit à notre démonstration[2]. Il est très difficile de tirer des conclusions générales à partir de la théorie. Les résultats dépendent de ce que l'on croit savoir de la structure de

1. À l'aide d'un modèle similaire, Grüner (2002) démontre que si le syndicat fait preuve de suffisamment d'aversion pour le risque, non seulement le niveau mais aussi la variance de l'inflation peuvent se révéler plus bas que ce qu'on attendait en raison d'une plus grande incertitude concernant les objectifs de la banque centrale.

2. Pour des analyses plus complètes concernant les publications théoriques, voir Geraats (2002b) et Carpenter (2004).

l'économie (les déterminants de l'offre et de la demande, les circuits au travers desquels la politique monétaire a des effets sur la production et l'inflation), de la structure stochastique (quelles relations sont susceptibles de subir des perturbations ?), du contexte dans lequel est donnée l'information (l'information détenue par la banque centrale mais non par le secteur privé, ainsi que la précision relative et absolue de leurs signaux respectifs), du calendrier des actions et des mesures et du cadre institutionnel (la banque centrale jouit-elle d'une indépendance politique qui lui permette de prendre des décisions sur la base d'une fonction d'objectif différente de celle du secteur privé ou du gouvernement).

3. Travaux empiriques antérieurs

Les travaux empiriques concernant la transparence de la banque centrale en sont encore à leurs balbutiements. La plupart se présentent sous forme d'analyse détaillée des différentes banques centrales, décrivent avec précision leurs pratiques d'information du public, et/ou tentent d'identifier un effet, causé par des changements dans les pratiques d'information, sur certaines variables financières et économiques, en utilisant des données chronologiques[1]. Ils ont le mérite de démontrer qu'il est possible d'exprimer le concept de transparence avec des données. Leur limite réside

1. On trouve des exemples d'études visant à évaluer l'impact d'une information du public plus poussée chez Muller et Zelmer (1999) pour le Canada, Chadha et Nolan (2001) pour le Royaume-Uni, Haldane et Read (2000) pour le Royaume-Uni et les États-Unis, et Kuttner et Posen (2000) pour les États-Unis, l'Allemagne et le Japon. On trouve d'autres publications sur la conjonction d'un régime de ciblage de l'information avec diverses mesures des résultats économiques. On y observe aisément que la transparence est généralement considérée comme faisant partie intégrante de la mise en œuvre effective du ciblage de l'inflation, même si les pays conventionnellement présentés comme adeptes du ciblage de l'inflation tendent à avoir des comportements divergents en matière de transparence, et si le ciblage de l'inflation, dans sa définition conventionnelle, implique davantage que la simple diffusion de l'information auprès du public. Ainsi, bien que ces concepts se recouvrent, ils sont distincts. Il s'ensuit que les indices empiriques qui déterminent si la banque centrale cible l'inflation et qui mesurent sa transparence, bien qu'ils soient corrélés, mesurent des éléments différents.

dans le fait qu'il est difficile de savoir dans quelle mesure on peut généraliser à partir des cas particuliers étudiés, et difficile aussi d'évaluer l'impact d'un accroissement de la transparence sur la base d'une série temporelle, en particulier lorsqu'il peut n'y avoir qu'un seul changement significatif dans les pratiques d'information du public durant la période étudiée, et que d'autres phénomènes se déroulent par ailleurs au même moment.

Plus récemment, un certain nombre d'études ont tenté de comparer la transparence de différentes banques. Elles ont pour caractéristique de mesurer la transparence, soit pour un nombre très limité de banques centrales soit à un moment unique. C'est le cas d'Eijffinger et Geraats (2006) qui distinguent la transparence de la politique (c'est-à-dire un certain degré de franchise concernant ses objectifs), la transparence économique (franchise concernant les données, les modèles et les prévisions), la transparence procédurale (franchise à propos de la façon dont elle prend ses décisions, la banque centrale fait preuve de ce type de franchise lorsqu'elle publie les minutes et les votes), la transparence de la politique monétaire (franchise quant aux incidences de cette politique, ce type de franchise se manifeste lorsque l'annonce des décisions et les explications qui l'accompagnent interviennent rapidement) et la transparence opérationnelle (franchise quant à la mise en application de ces décisions, en d'autres termes, quant aux erreurs de contrôle et aux turbulences macroéconomiques qui réduisent leur ampleur), ainsi que trois sous-catégories à l'intérieur de chacune de ces cinq dimensions. Leur indice global correspond à la somme (moyenne pondérée) des sous-indices correspondant à ces cinq dimensions. Cette approche a pour atout le caractère exhaustif et multidimensionnel de sa définition de la transparence ; elle a pour inconvénient de ne concerner que neuf banques centrales (la Banque de réserve d'Australie, la Banque du Canada, la BCE, la Banque du Japon, la Banque de réserve de Nouvelle-Zélande, la Banque de Suède, la Banque nationale suisse, la Banque d'Angleterre, et la Réserve fédérale)[1]. Les résultats révèlent des différences importantes entre les banques centrales plus ou moins transparentes (avec la Banque de réserve de Nouvelle-

1. L'index couvre la période 1998-2002.

Zélande, la Banque d'Angleterre et la Banque de Suède les plus transparentes, et la Banque de réserve d'Australie, la Banque du Japon et la Banque nationale suisse en queue de peloton).

L'analyse de Bini-Smaghi et Gros (2001) s'apparente à celle d'Eijffinger-Geraats, dans la mesure où elle étudie quinze aspects de la transparence des banques centrales[1]. Ils appliquent leur indice à quatre pays : la Fed, la Banque d'Angleterre, la Banque du Japon et la BCE. De Haan, Amtenbrik et Waller (2004) mettent en œuvre un indice similaire pour six pays[2]. Siklos (2002) couvre jusqu'à 20 banques centrales, toutes appartenant à des pays industriels avancés. On trouve à nouveau d'importants chevauchements avec les travaux, réalisés à la même époque, d'Eijffinger et Geraats et de Bini-Smaghi-Gros[3]. Le classement de Siklos fait figurer la Banque d'Angleterre, la Fed et la Banque de Suède en première, deuxième et troisième positions, tandis que la Banque nationale d'Autriche, la Banque de France et la Banque nationale de Belgique ferment la marche.

L'étude la plus exhaustive de ce type est celle qu'a dirigée Fry (2000). Cette analyse a pour avantage de couvrir un large éventail de pays, à partir de l'observation de 94 banques centrales. Elle a pour inconvénient une définition plus restreinte de la transparence. Leur mesure correspond à la moyenne pondérée de trois éléments : la banque centrale fournit-elle des informations pour expliquer ses décisions de politique monétaire dans un délai court ? Avec quelle fréquence et sous quelle forme soumet-elle au public une analyse prospective ? Quelle est la fréquence des bulletins d'information, des discours et des publications de chercheurs ? On peut mettre en doute l'impartialité d'un indice fondé sur une étude des banques centrales, en particulier lorsque cette étude est conduite par une équipe multilatérale ayant un intérêt manifeste pour la transpa-

1. Bien qu'ils les regroupent en trois grandes catégories plutôt qu'en cinq catégories.

2. Dans un article complémentaire non publié (De Haan et Amtenbrik, 2002), deux de ces auteurs appliquent la même méthodologie à quinze pays.

3. Siklos recourt à une moyenne non pondérée de onze sous-indices, tandis que Eijffinger et Geraats utilisent une moyenne non pondérée de cinq pays. Eijffinger et Geraats utilisent trois aspects également pondérés de chacune de leurs cinq dimensions, ce qui fait un total de quinze questions. Siklos distingue trois sous-rubriques pour trois de ses onze questions.

rence. Par ailleurs, le fait que leurs données datent de 1998 représente un sérieux handicap étant donné les changements survenus dans les pratiques au cours des années suivantes.

Un certain nombre de spécialistes ont étudié le rapport entre ces mesures et certaines variables financières et économiques. Demertzis et Hughes Hallett (2003) utilisent l'indice Eijffinger et Geraats pour 2001 afin d'observer le rapport entre la transparence de la banque centrale et le niveau et la variabilité de l'inflation et de l'écart de production au cours de la période 1990-2001. Les résultats indiquent un rapport négatif entre la variabilité de l'inflation et la transparence de la banque centrale, mais pas entre le niveau d'inflation et la transparence. Le premier rapport semble fondé sur les sous-indices de la transparence opérationnelle et économique (la banque centrale divulgue-t-elle l'information concernant ses données, ses modèles, ses prévisions, et les turbulences subies par la politique monétaire ?). Il n'y a pas de rapport évident entre la transparence et les écarts moyens de production, en revanche, le rapport positif entre la transparence et la variabilité de la production est très fort. Ce dernier semble être provoqué par le sous-indice de la transparence opérationnelle. L'association positive de la transparence avec la variabilité de la production concorde avec les analyses théoriques qui indiquent qu'une plus grande transparence peut susciter une plus grande volatilité des anticipations d'inflation, auxquelles la banque centrale peut faire face en faisant un usage moins actif de ses instruments monétaires, ce qui limite son efficacité en tant qu'instrument d'une politique de stabilisation[1]. Cependant, le fait que les données sur la transparence concernent la fin de la période d'observation de la tenue de l'économie donne à penser que ce que ces corrélations pourraient repérer, ce sont plutôt les déterminants économiques de la transparence plutôt que ses conséquences[2].

1. Cela étant dit, il est clair qu'on ne devrait pas accorder un trop grand poids aux résultats empiriques alors qu'on ne dispose que de neuf études et qu'on n'a fait aucune vérification à propos des autres caractéristiques du pays ou de la possibilité d'une causalité inverse.

2. Eijffinger et Geraats (2004) montrent qu'il n'y a pas de rapport entre leur indice concernant neuf banques centrales et les performances ultérieures de l'économie.

Chortareas *et al.* (2001) et Cecchetti et Krause (2001) se servent de l'indice de Fry *et al.* Les premiers se demandent si la banque centrale publie une analyse prospective des perspectives économiques : ils découvrent que cet aspect de l'information du public réduit l'inflation moyenne, même en présence d'erreurs de contrôle[1]. Cecchetti et Krause étudient l'incidence de la transparence sur la variabilité de l'inflation et de la production et décèlent une conjonction négative assez faible avec une moyenne pondérée des deux mesures de variabilité.

En somme, les analyses empiriques existantes ne parviennent pas toutes à des conclusions cohérentes. Beaucoup d'entre elles se fondent sur un échantillon très restreint de pays ou exploitent des données relatives à un moment donné unique. Contrairement aux échantillons, les analyses transversales ne permettent pas d'inclure les effets fixes propres à un pays donné, ce qui pousse à douter qu'une corrélation observée entre transparence et conjoncture économique puisse déceler les effets d'autres variables caractéristiques d'un pays donné qui sont difficiles à saisir. De plus, les banques centrales qui sont transparentes sur leurs décisions de politique monétaire ne sont pas susceptibles d'être sélectionnées de manière aléatoire au sein de l'échantillon plus large. Les études théoriques sur la question indiquent qu'il existe des raisons systématiques, liées à l'histoire du pays, à sa structure économique, et même au comportement de certaines variables financières et économiques, qui expliquent pourquoi sa banque centrale aura une préférence pour une transparence plus ou moins grande. Pour être convaincante, toute analyse empirique doit tenir compte de ces considérations.

4. Données

Nos indices de transparence de la banque centrale s'appuient directement sur les travaux d'Eijffinger et Geraats. Leur approche présente l'avantage de reconnaître que le phénomène a des dimen-

1. Il n'est pas surprenant de constater que cela n'est pas vrai en ce qui concerne les pays dont le taux de change est indexé, et dont l'inflation est dictée par la situation à l'étranger.

sions multiples[1]. Quinze sous-indices sont ainsi construits, dont on trouve la description détaillée en annexe et à l'aide desquels on cherche à identifier cinq grands aspects de la transparence : politique, économique, procédurale, monétaire et opérationnelle. L'indice global va de 0 à 15. Le fait d'adopter les mêmes critères que nos prédécesseurs facilite la comparaison entre les différentes études et lève le soupçon éventuel relatif au fait que nous aurions pu élaborer nos mesures de manière à minimiser ou à maximiser l'incidence de la transparence.

Nous avons préféré tirer nos données de l'information disponible sur les sites des banques centrales, dans leurs statuts, leurs rapports annuels, ainsi que dans d'autres publications, plutôt que d'envoyer un instrument d'enquête aux banques centrales elles-mêmes et d'avoir à nous fier à la subjectivité du personnel qui l'aurait entre les mains. L'indice de Fry *et al.* sert de modèle, dans la mesure où nous rassemblons cette information pour un nombre aussi grand que possible de banques centrales. De plus, nous avons rassemblé le même type d'information pour chaque année, de 1998 à 2005. Lorsque nous avons repéré un changement concernant l'un des aspects de la transparence au cours de l'année civile, nous avons retenu la valeur qui prévalait durant la plus grande partie de l'année[2].

Les informations concernant cent banques centrales ont ainsi été réunies. Cela représente la majeure partie des banques centrales du monde[3]. La plupart de celles que nous avons omises appartiennent

1. Au lieu de ne s'intéresser qu'à un très petit nombre de dimensions, comme Fry *et al.*

2. Le fait de prendre 1998 comme point de départ facilite la comparaison de nos mesures avec celles de Fry *et al.* Il a été particulièrement délicat d'inclure cette dimension temporelle dans la mesure où de nombreux sites des banques centrales décrivent les pratiques actuelles mais non celles des années antérieures. Il nous a donc fallu nous appuyer essentiellement sur des documents papier. Nous avons pu avoir accès à quasiment tous ces documents grâce aux fonds de la bibliothèque de l'université de Californie et de celles, conjointes, du FMI et de la Banque mondiale. Nous exprimons ici notre reconnaissance au personnel de la bibliothèque du FMI et de la Banque mondiale de nous avoir donné accès à leur collection.

3. N'oublions pas qu'il y a plus de pays que de banques centrales, étant donné l'existence d'unions monétaires.

à des micro-États : notre échantillon inclut les banques centrales de tous les grands pays significatifs du point de vue systémique[1]. Le tableau 1 (p. 164 *sq.*) met en évidence les résultats par pays et par région. Selon notre codage, les banques centrales les plus transparentes en 2005 étaient, par ordre décroissant, la Banque de réserve de Nouvelle-Zélande, la Banque de Suède, la Banque d'Angleterre, la Banque nationale tchèque, la Banque du Canada, la BCE, ainsi que la Banque centrale des Philippines. Dans cette liste, de très bons pays en matière de transparence dans des études antérieures (la Nouvelle-Zélande, la Suède, le Royaume-Uni et le Canada) côtoient des pays qui n'y figuraient pas (la République tchèque, les Philippines), ce qui met en évidence les avantages d'une couverture géographique étendue et le fait qu'un certain nombre de pays dont les pratiques bancaires étaient relativement opaques se sont orientés vers une plus grande transparence. Les sept banques les moins transparentes étaient les suivantes : Aruba, Bermudes, Éthiopie, Koweït, Arabie Saoudite et Yémen. Le tableau 2 (p. 168) fait apparaître notre codage des quinze composantes individuelles de ces quatorze pays, à partir de 2005. De manière plus générale, on peut comparer les différentes dimensions de la transparence des banques centrales. En 2005, soixante-trois banques centrales ont obtenu 2 ou plus pour la transparence de leur politique (entre autres, parce qu'elles donnaient une définition quantitative de leurs objectifs au public)[2]. La transparence économique (l'information du public concernant les données, le modèle et les prévisions de

1. Il y a quelques omissions supplémentaires, correspondant aux cas pour lesquels nous n'avons pas pu trouver d'information à partir des sites ou des publications des banques centrales, et aux cas où la banque centrale ne fournissait d'information que dans la langue du pays, et que nous n'étions pas en mesure de traduire. Les pays qui ne figurent pas dans notre échantillon sont : la Bolivie, l'Équateur, le Tchad, l'Iran et l'Afghanistan. Nous avons bien conscience que cela donne lieu à un certain biais d'échantillonnage : on a une surreprésentation des banques centrales transparentes. On dispose de corrections économétriques pour contrer l'effet de ce biais (qui comporte de solides hypothèses), même si nous ne les avons pas encore mises en œuvre. Pour notre défense, nous pouvons arguer du fait que le nombre des omissions importantes est relativement faible.

2. Contre 47 en 1998.

Tableau 1.
Transparence, par région

	1998	1999	2000	2001	2002	2003	2004	2005
Afrique	2,2	2,2	2,5	3,0	3,2	3,5	3,5	3,9
Afrique de l'Est	*1,7*	*1,8*	*1,9*	*2,4*	*2,6*	*2,6*	*2,6*	*2,8*
Éthiopie	1	1	1	1	1	1	1	1
Kenya	2	2	2,5	4,5	4,5	4,5	4,5	4,5
Malawi	0,5	0,5	0,5	2,5	2,5	2,5	2,5	2,5
Île Maurice	3,5	3,5	3,5	3,5	5	5	5	5
Rwanda	1,5	1,5	1,5	1,5	1,5	1,5	1,5	2,5
Ouganda	2	2,5	2,5	2,5	2,5	2,5	2,5	2,5
Zambie	1,5	1,5	1,5	1,5	1,5	1,5	1,5	1,5
Afrique du Nord	*1,4*	*1,4*	*1,6*	*1,6*	*2,0*	*2,0*	*2,0*	*2,3*
Égypte	1	1	1	1	1	1	1	2
Libye	1	1	1	1	1	1	1	1
Soudan	1	1	2	2	2	2	2	2
Tunisie	2,5	2,5	2,5	2,5	4	4	4	4
Afrique méridionale	*3,0*	*3,0*	*3,7*	*5,0*	*5,3*	*5,7*	*6,0*	*7,2*
Lesotho	1	1	1,5	1,5	1,5	2,5	2,5	4,5
Namibie	4	4	4,5	4,5	5,5	5,5	6,5	8
Afrique du Sud	4	4	5	9	9	9	9	9
Afrique de l'Ouest	*2,7*	*2,7*	*2,7*	*2,8*	*2,8*	*3,5*	*3,5*	*3,5*
Ghana	3	3	3	3	3	5	5	5
Nigeria	3,5	3,5	3,5	4	4	4	4	4
Sierra Leone	1,5	1,5	1,5	1,5	1,5	1,5	1,5	1,5
Amériques								
Amérique latine et Antilles	*2,7*	*2,8*	*2,9*	*3,4*	*3,7*	*3,8*	*4,0*	*4,0*
Antilles orientales	2,5	2,5	3	5,5	5,5	5,5	5,5	5,5
Aruba	0,5	0,5	0,5	0,5	0,5	0,5	0,5	0,5
Bahamas	4,5	4,5	4,5	4,5	4,5	4,5	4,5	4,5
Barbade	2,5	3	3	3	3	3	3	3
Cuba	2,5	2,5	2,5	2,5	2,5	2,5	2,5	2,5

	1998	1999	2000	2001	2002	2003	2004	2005
Jamaïque	3	3	3	4,5	6,5	6,5	6,5	6,5
Trinidad et Tobago	3,5	3,5	3,5	3,5	3,5	4	5,5	5,5
Amérique *centrale*	*2,4*	*2,4*	*2,4*	*3,0*	*3,0*	*3,1*	*4,1*	*4,1*
Belize	2	2	2	3,5	3,5	3,5	3,5	3,5
Salvador	2	2	2	3	3	3	3	3
Guatemala	1,5	1,5	1,5	1,5	1,5	1,5	4,5	4,5
Mexique	4	4	4	4	4	4,5	5,5	5,5
Amérique *du Sud*	*3,9*	*4,3*	*4,9*	*5,1*	*5,7*	*6,1*	*6,1*	*6,1*
Argentine	3	3	3	3	3	5,5	5,5	5,5
Brésil	3,5	5,5	9	9	9	9	9	9
Chili	7	7	7,5	7,5	7,5	7,5	7,5	7,5
Colombie	2,5	3,5	3,5	3,5	6	6	6	6
Guyane	1,5	1,5	1,5	1,5	1,5	1,5	1,5	1,5
Pérou	4,5	4,5	4,5	6	8	8	8	8
Uruguay	5	5	5	5	5	5	5	5
	9	9,5	9,5	9,5	9,5	9,5	9,5	9,5
Amérique *du Nord*	*6,3*	*6,7*	*6,7*	*6,7*	*6,7*	*6,7*	*6,7*	*6,7*
Bermudes	1	1	1	1	1	1	1	1
Canada	10,5	10,5	10,5	10,5	10,5	10,5	10,5	10,5
États-Unis	7,5	8,5	8,5	8,5	8,5	8,5	8,5	8,5
Océanie	5,4	6,4	6,4	6,8	7,3	7,3	7,4	7,4
Aus*tralie* et *Nouvelle-Zélande*	*9,3*	*10,5*	*10,5*	*10,5*	*11,3*	*11,3*	*11,3*	*11,3*
Australie	8	8	8	8	9	9	9	9
Nouvelle-Zélande	10,5	13	13	13	13,5	13,5	13,5	13,5
Mélanésie	*1,5*	*2,3*	*2,3*	*3,1*	*3,3*	*3,3*	*3,5*	*3,5*
Fidji	1,5	4,5	4,5	4,5	4,5	4,5	4,5	4,5
Papouasie-Nouvelle-Guinée	1	1	1	3,5	4	4	5	5
Îles Salomon	2	2	2	2	2	2	2	2
Vanuatu	1,5	1,5	1,5	2,5	2,5	2,5	2,5	2,5

	1998	1999	2000	2001	2002	2003	2004	2005
Asie	3,0	3,2	3,5	3,8	4,3	4,6	4,9	5,1
Asie centrale	*2,7*	*2,7*	*2,7*	*3,0*	*3,0*	*2,7*	*3,3*	*4,0*
Kazakhstan	3,5	3,5	3,5	3,5	3,5	3,5	3,5	5,5
Kirghizstan	3	3	3	4	4	3	5	5
Tadjikistan	1,5	1,5	1,5	1,5	1,5	1,5	1,5	1,5
Asie de l'Est	*4,6*	*4,8*	*5,2*	*5,2*	*5,7*	*6,3*	*6,6*	*6,6*
Chine	1	1	1	1	1,5	4,5	4,5	4,5
Hong Kong	5	6	6	6	7	7	7	7
Corée	6,5	6,5	8	8,5	8,5	8,5	8,5	8,5
Japon	8	8	8,5	8	8	8	9,5	9,5
Mongolie	2,5	2,5	2,5	2,5	3,5	3,5	3,5	3,5
Asie du Sud	*2,3*	*2,3*	*2,3*	*2,4*	*3,0*	*3,5*	*3,9*	*3,9*
Bangladesh	0	0	0	0,5	0,5	3	3,5	3,5
Bhutan	2	2	2	2	3,5	3,5	3,5	3,5
Inde	2	2	2	2	2	2	2	2
Pakistan	2,5	2,5	2,5	2,5	2,5	2,5	3,5	3,5
Sri Lanka	5	5	5	5	6,5	6,5	7	7
Asie du Sud-Est	*3,0*	*3,9*	*4,9*	*5,5*	*6,4*	*7,1*	*7,3*	*7,5*
Indonésie	3	4,5	4,5	4,5	4,5	7	8	8
Malaisie	4	4	5	5	5	5	5	5
Philippines	3,5	5	5	6	10	10	10	10
Singapour	2,5	4	4	5,5	4,5	5,5	5,5	6,5
Thaïlande	2	2	6	6,5	8	8	8	8
Asie Mineure	*2,3*	*2,4*	*2,5*	*2,8*	*3,2*	*3,2*	*3,3*	*3,4*
Arménie	4	4	4	4	4	4	4	4
Bahreïn	3	3	3	3	3	3	3	3
Chypre	2,5	2,5	2,5	3,5	6	6	6,5	6,5
Géorgie	3	3	3	3	3	3,5	3,5	3,5
Irak	2	2	2	2	2	2	2,5	2,5
Israël	5,5	7	7,5	8,5	8,5	8,5	8,5	8,5
Jordanie	1	1	1	1	1	1	1,5	2
Koweït	1	1	1	1	1	1	1	1
Oman	1,5	1,5	1,5	1,5	1,5	1,5	1,5	1,5

	1998	1999	2000	2001	2002	2003	2004	2005
Qatar	3	3	3	3	3	3	3	3
Arabie Saoudite	1	1	1	1	1	1	1	1
Turquie	3	2	4	5,5	8,5	8,5	8,5	8,5
Émirats arabes unis	1	1	1	1	1	1	1	2
Yémen	1	1	1	1	1	1	1	1
Europe	5,2	5,5	5,8	6,2	6,7	7,1	7,4	7,5
Europe de l'Est	*3,4*	*3,9*	*4,3*	*4,5*	*5,4*	*5,5*	*6,0*	*6,4*
Biélorussie	1,5	3,5	5	5	5	5	5	5
Bulgarie	4,5	4,5	4,5	4,5	4,5	4,5	6	6,5
République tchèque	9	10	10	10	10,5	11,5	11,5	11,5
Hongrie	3	3	4,5	5,5	8	8	8	9,5
Pologne	3	5	5	6,5	6,5	6,5	7	8
Moldavie	4	4	4	5	5	5	5	5
Roumanie	1,5	1,5	1,5	1,5	4,5	4,5	6,5	6,5
Russie	1,5	1,5	1,5	1,5	1,5	1,5	2,5	2,5
Slovaquie	4	4	4,5	3,5	5,5	5,5	5,5	6
Ukraine	2	2	2	2	3	3	3	3
Europe du Nord	*6,4*	*6,6*	*6,9*	*7,2*	*7,6*	*7,8*	*7,8*	*7,9*
Danemark	5	5	5	5	5	6	6	6
Estonie	5	5	5,5	5,5	5,5	5,5	5	6
Islande	5,5	5,5	7	7	7,5	7,5	7,5	7,5
Lettonie	6	6	6	6	6	6	6	6
Lituanie	4	4	4	4,5	4,5	4,5	4,5	4,5
Norvège	6	6	6	7,5	7,5	7,5	8	8
Suède	9	9	10	10	13	13	13	13
Royaume-Uni	11	12	12	12	12	12	12	12
Europe méridionale	*3,8*	*3,8*	*3,9*	*4,1*	*4,8*	*5,5*	*5,8*	*5,8*
Albanie	3,5	3,5	3,5	3,5	3,5	5	6	6
Croatie	1,5	1,5	1,5	2,5	2,5	2,5	2,5	2,5
Malte	5	5	5,5	5,5	5,5	7	7	7
Slovénie	5	5	5	5	7,5	7,5	7,5	7,5
Europe de l'Ouest	*7,3*	*7,8*	*8,0*	*9,0*	*9,0*	*9,5*	*10,0*	*10,0*
Suisse	6	7	7,5	8	8	9	9,5	9,5
Union européenne	8,5	8,5	8,5	10	10	10	10,5	10,5

Tableau 2.
Composants de l'indice de transparence des 14 pays

	TI	**1a**	**1b**	**1c**	**2a**	**2b**	**2c**	**3a**	**3b**	**3c**	**4a**	**4b**	**4c**	**5a**	**5b**	**5c**
Nouvelle-Zélande	13,5	1	1	1	1	1	1	1	1	1	1	0,5	1	1	0,5	0,5
Suède	13	0,5	1	0,5	1	1	1	1	1	1	1	0,5	1	1	1	0,5
Royaume-Uni	12	1	1	1	0,5	1	1	1	1	1	1	0,5	0	1	0,5	0,5
République tchèque	11,5	1	1	1	1	1	1	1	1	0,5	1	0,5	0	0	0,5	1
Canada	10,5	1	1	1	1	1	0,5	1	0	0	1	1	0	1	0,5	0,5
Zone euro	10,5	1	1	1	1	1	1	1	0	0	1	0,5	0	1	0,5	0,5
Philippines	10	1	1	1	1	0	1	1	1	0,5	1	0,5	0	0	0,5	0,5
Bermudes	1	0,5	0	0,5	0	0	0	0	0	0	0	0	0	0	0	0
Éthiopie	1	0,5	0	0,5	0	0	0	0	0	0	0	0	0	0	0	0
Koweït	1	0,5	0	0,5	0	0	0	0	0	0	0	0	0	0	0	0
Libye	1	0,5	0	0,5	0	0	0	0	0	0	0	0	0	0	0	0
Yémen	1	0,5	0	0,5	0	0	0	0	0	0	0	0	0	0	0	0
Aruba	0,5	0	0	0,5	0	0	0	0	0	0	0	0	0	0	0	0
Arabie Saoudite	0	0	0	0	0	0	0	0	0	0	0	0	0	0	0	0

politique monétaire) était moins élevée ; seules cinq banques centrales reçoivent la note maximale. Le profil est similaire pour la transparence procédurale (la publication des minutes et des votes), où seules trois banques centrales atteignent le maximum[1]. On obtient encore le même résultat concernant la transparence sur la politique monétaire (annonce dans un délai court et explication détaillée des décisions de politique monétaire), où seules la Banque de réserve de Nouvelle-Zélande, la Banque de Suède et la Fed atteignent le résultat de 2,5. Aucune banque centrale ne reçoit la note maximale de 3 pour la transparence opérationnelle (publication de l'information concernant les turbulences, les erreurs de contrôle, etc.).

En prenant les moyennes non pondérées des pays (comme dans le tableau 1, p. 164 *sq.*), on constate le plus haut degré de transparence de la zone Australie-Nouvelle-Zélande, suivie de l'Europe de l'Ouest, l'Europe du Nord, l'Asie du Sud-Est, l'Afrique méridionale, et l'Amérique du Nord. Le fait que l'Asie du Sud-Est et l'Afrique méridionale apparaissent comme plus transparentes que l'Amérique du Nord est une anomalie due aux moyennes non pondérées. Lorsqu'on prend les moyennes pondérées des PIB, comme dans le tableau 3 (p. 170), les régions les plus transparentes à partir de 2005 sont, par ordre décroissant, l'Europe (avec l'Europe du Nord en tête), l'Océanie, l'Afrique méridionale (avec l'Afrique du Sud en tête) et l'Amérique du Nord ; des pondérations plus faibles sur ses petites économies relativement transparentes font chuter l'Asie du Sud-Est. Dans les deux cas de figure, les niveaux de transparence les plus faibles sont, en partant du bas, ceux de l'Afrique du Nord, de l'Afrique de l'Est, de l'Afrique de l'Ouest et de la Mélanésie, ce qui n'est pas surprenant.

On peut comparer notre indice (noté DE) pour l'année 1998 avec celui de Fry *et al.* pour la même année et pour les soixante-sept pays qui sont communs aux deux échantillons. Les deux mesures présentent un coefficient de corrélation de 0,57. Afin de faciliter la comparaison, dans la figure 1 (p. 171), les deux indices ont une

1. Contre 2 en 1998, la nouvelle banque étant la Banque de Suède.

Tableau 3.
Indice pondéré de transparence régionale

	1998	1999	2000	2001	2002	2003	2004	2005
Afrique	2,58	2,56	2,0	4,27	4,46	5,05	5,32	5,38
A. de l'Est	1,83	1,91	2,08	2,85	3,06	3,10	3,03	3,00
A. du Nord	1,21	1,20	1,25	1,27	1,55	1,62	1,67	2,10
A. méridionale	3,98	3,98	4,97	8,84	8,86	8,87	8,90	8,95
A. occidentale	3,37	3,38	3,42	3,86	3,84	4,08	4,08	4,07
Amériques	7,02	8,04	8,20	8,20	8,30	8,37	8,43	8,43
A. latine et Antilles	2,84	2,88	3,14	4,62	4,94	5,13	5,54	5,54
A. centrale	3,84	3,86	3,88	3,90	3,89	4,36	5,41	5,41
A. du Sud	3,59	4,71	6,67	6,60	7,63	7,94	7,94	7,98
A. du Nord	7,70	8,63	8,64	8,63	8,63	8,65	8,65	8,66
Océanie	8,22	8,54	8,51	8,56	9,51	9,54	9,55	9,56
Australie et Nouvelle-Zélande	8,32	8,62	8,59	8,62	9,57	9,59	9,60	9,61
Mélanésie	1,21	2,19	2,10	3,69	4,02	4,04	4,61	4,62
Asie	5,60	5,75	6,20	5,81	5,90	6,48	7,16	7,08
A. centrale	3,36	3,35	3,37	3,44	3,44	3,38	3,48	5,33
A. de l'Est	6,51	6,60	7,04	6,47	6,48	7,16	8,05	7,89
A. du Sud	1,98	1,98	1,99	2,02	2,06	2,23	2,38	2,38
A. du Sud-Est	2,89	3,80	4,91	5,40	6,05	7,06	7,39	7,54
A. Mineure	2,59	2,46	3,04	3,52	4,34	4,47	4,56	5,03
Europe	8,27	8,57	8,58	9,60	9,70	9,74	10,10	10,02
E. de l'Est	2,82	3,71	3,62	3,98	4,50	4,53	5,05	5,22
E. du Nord	9,78	10,49	10,62	10,74	11,07	11,12	11,18	11,13
E. méridionale	3,37	3,46	3,50	3,87	4,89	5,12	5,17	5,13
E. de l'Ouest	8,40	8,44	8,46	9,92	9,92	9,96	10,46	10,46

Figure 1.
Comparaison des indices de transparence de Dincer-Eichengreen (DE) et de Fry *et al.* pour 1998

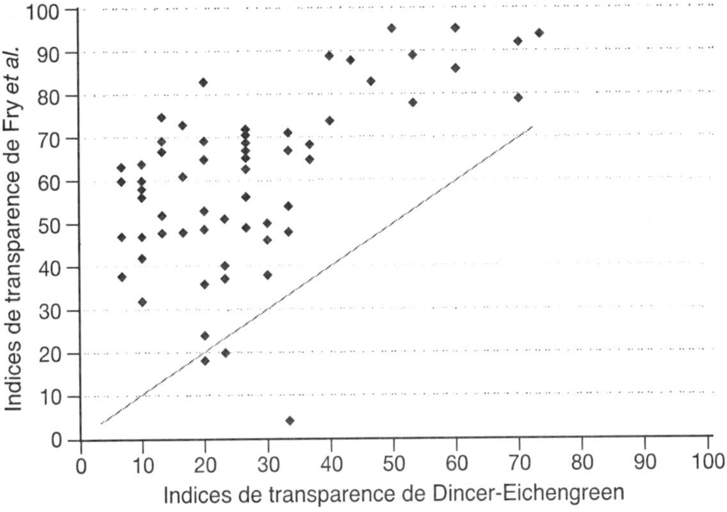

échelle de graduation qui va de 0 à 100[1]. Le cas où notre estimation de la transparence se situe le plus largement au-dessus de celle de Fry est celui de l'Uruguay, tandis que celui pour lequel on constate l'inverse est l'Indonésie[2]. Nous n'avons pas d'explication toute faite pour rendre compte de la différence de codage concernant ces dernières observations.

Si l'on observe les tendances sur la durée, la note moyenne obtenue pour leur transparence par les pays faisant partie de notre échantillon passe de 3,4 en 1998 à 5,2 en 2005. Il est frappant de constater qu'aucun des cent pays de notre échan-

1. Il n'est pas surprenant de constater que lorsqu'on demande au personnel d'une banque centrale d'exprimer son opinion subjective sur la transparence de sa propre institution, il lui donne un meilleur classement que celui que nous lui donnons sur la foi de l'information publiée.

2. Les deux autres cas pour lesquels notre estimation de la transparence se trouve très au-dessus de celle de Fry sont l'île Maurice et Bahreïn.

tillon ne s'est orienté vers une moins grande transparence au cours de cette période. La figure 2 offre une comparaison entre nos mesures de la transparence en 1998 et en 2005 (2005 se trouvant sur l'axe vertical). Seuls onze pays se situent sur la diagonale, indiquant qu'il n'y a eu aucun accroissement de la transparence, tandis que les 89 autres se situent tous au-dessus et sur sa gauche.

Figure 2.
Comparaison de l'état de la transparence entre 1998 et 2005

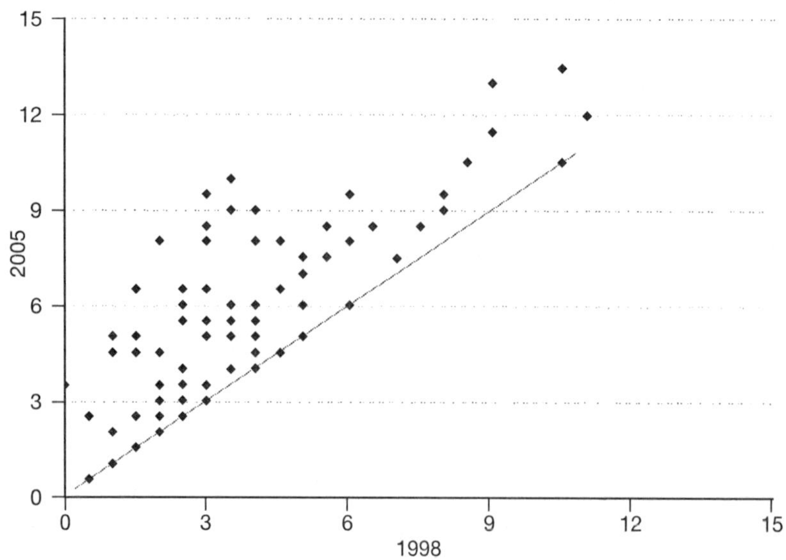

La figure 3 (p. 173) fait apparaître le degré de transparence en fonction de l'état de développement économique du pays (toujours en utilisant des moyennes pondérées). Conformément à l'analyse qui précède, les banques centrales des pays avancés sont plus transparentes que les banques centrales des pays émergents (définis comme pays à revenu intermédiaire ayant des liens significatifs avec les marchés financiers internationaux) qui, à leur tour, sont plus transparentes que les banques centrales des pays en développement. Conformément à la figure 2, la transparence des banques centrales s'est accrue dans les trois groupes de pays. Ce qui est peut-être le plus frappant, c'est que cet accroissement est aussi important, en moyenne et en valeur absolue, dans les pays émergents que dans les pays avancés ; l'augmentation correspondante est moins élevée dans les pays en développement. L'accroissement de la transparence dans les pays émergents est concentré sur la période qui suit la crise asiatique et sur le début de la présente décennie.

Figure 3.
Tendances de la transparence par niveau de développement économique. Moyennes pondérées

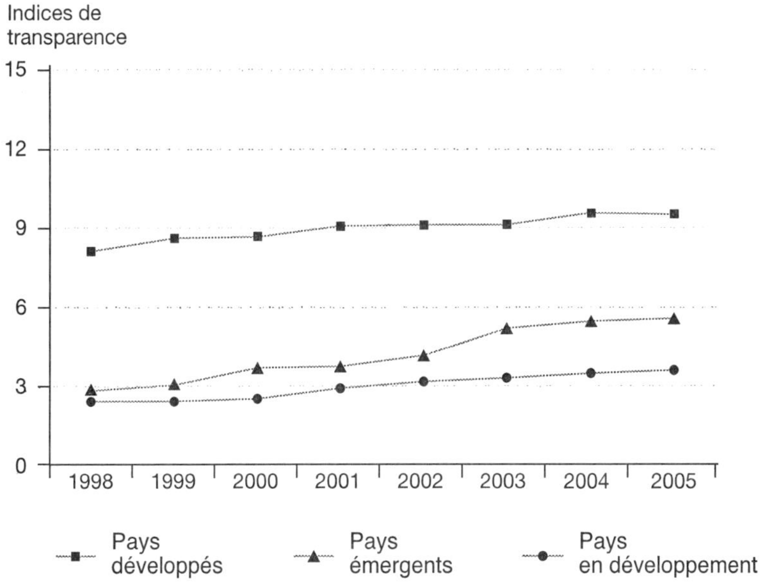

5. Déterminants

Nous avons à présent recours à une analyse régressive afin de repérer avec plus de précision les différences de transparence entre les banques centrales. Nos objectifs ici sont de trouver une explication à ces variations et d'identifier des instruments nous permettant d'analyser les conséquences de la transparence.

Nous commençons par une coupe transversale pour 1998-2004, toutes les variables recevant une valeur moyenne pour la période[1]. Nous présentons une régression de la transparence sur un vecteur de déterminants économiques : le revenu par tête, l'historique de l'inflation (définie comme la première variation du logarithme décalé de l'indice des prix à la consommation), le régime de taux de change effectif (la version Reinhart, Rogoff de 2004 réactualisée par Eichengreen et Razo-Garcia en 2006), et la profondeur financière (définie par le rapport entre M2 et le PIB). Par ailleurs, nous introduisons un certain nombre de déterminants politiques potentiels : l'autorité de la loi, la stabilité politique, la représentativité et la responsabilité, et enfin l'efficacité du gouvernement (tous empruntés à Kaufman, Kraay et Mastruzzi, 2005). Dans la mesure où les variables politiques sont fortement corrélées, nous les introduisons chacune à leur tour.

Les résultats (tableau 4) montrent, comme on pouvait s'y attendre, que le PIB par tête, qui indique le niveau global de développement économique et institutionnel, est le corrélat le plus robuste de la transparence globale. On aurait pu le déduire à partir de la figure 3 (p. 173). De plus, les pays dont le régime de change est plus flexible (pour lesquels la valeur plus élevée de l'indice dénote une plus grande flexibilité) montrent souvent plus de transparence dans la conduite de leur politique monétaire, comme on l'avait prévu dans la section 2, l'absence d'ancrage du taux de change éliminant un moyen classique de contrôle des mesures prises par la banque

1. 2004 est l'année la plus récente pour laquelle on dispose de toutes les variables complémentaires. On obtient le même type de résultats pour chaque année mais avec une moindre valeur significative. Cela paraît logique, dans la mesure où les changements affectant les pratiques des banques centrales se produisent progressivement et ne sont guère susceptibles de faire suite à des changements affectant la situation économique ou politique dans un délai inférieur à une année. L'observation des moyennes sur une période plus longue permet donc d'augmenter le ratio signal/bruit.

Tableau 4.
Déterminants de la transparence, moyennes pour 1998-2004

	I	II	III	IV
Constante	– 8,69* (– 3,31)	– 9,49* (– 3,85)	– 7,29* (– 3,12)	– 7,01* (– 2,46)
Inflation passée	– 1,17 (– 0,53)	– 1,90 (– 0,88)	– 0,50 (– 0,24)	0,02 (0,01)
Régime de taux de change	0,29* (4,66)	0,30* (4,77)	0,24* (4,09)	0,28* (4,52)
Profondeur monétaire	– 0,00 (– 0,63)	– 0,00 (– 0,37)	0,00 (0,30)	– 0,01 (– 0,85)
PIB par tête	1,10* (3,07)	1,25* (3,88)	0,86* (2,81)	0,80 (1,90)
Autorité de la loi	0,03 (1,66)			
Stabilité politique		0,02 (1,43)		
Représentativité et responsabilité			0,04* (3,41)	
Efficacité du gouvernement				0,04* (2,18)
R-carré	0,55	0,54	0,60	0,56

* Significatif au seuil de 95 %.
Entre parenthèses : statistiques t.

centrale[1]. Certaines variables politiques sont significatives, mais à des niveaux qui diffèrent selon le paramètre utilisé[2]. Les opéra-

1. Le lecteur se demande peut-être si les pays qui ont une expérience de la transparence de la politique monétaire endogène dans le cas de régime de taux de change ne seraient pas plus à l'aise dans un régime flexible. Lorsqu'on laissait de côté la variable du régime de change, les autres résultats restaient heureusement inchangés.

2. Les autres variables n'ont pas de réelle signification statistique si l'on se place aux seuils de confiance conventionnels. Pour autant qu'elles valent, les estimations ponctuelles indiquent que les pays qui ont des antécédents inflationnistes ont tendance à faire preuve d'une plus grande transparence, sans doute dans le but de gagner en crédibilité. Ce n'est pas une chose à laquelle on aurait pu s'attendre au vu du contraste entre la transparence des pays avancés et celle des pays en développement. Les banques centrales des économies plus ouvertes semblent montrer moins de transparence, ce qu'on n'aurait, encore une fois, pas pu prévoir à partir de cas aussi fameux que ceux de la Nouvelle-Zélande ou la Suède. Nous reviendrons un peu plus loin sur ces corrélations.

tions des banques centrales se caractérisent par leur plus grande transparence dans les pays qui obtiennent un meilleur classement en termes de respect de la loi, qui font preuve d'une plus grande stabilité politique, obtiennent un meilleur résultat en termes d'opinion et de responsabilité et dont l'efficacité du gouvernement est reconnue[1]. La corrélation entre ces variables politiques et la transparence de la banque centrale se révèle utile lorsque nous étudions l'incidence de la transparence sur les variables économiques et financières[2]. Le tableau 5 se présente comme une sorte d'analyse de sensibilité qui fait intervenir l'ouverture sur l'extérieur et regarde comment elle réagit au régime de taux de change : les résultats indiquent qu'une plus grande ouverture va de pair avec une transparence plus grande si le taux de change est relativement flexible, mais avec une transparence plus faible si la monnaie est ancrée de façon relativement rigide. Cela est conforme, une nouvelle fois, à l'intuition et à l'observation.

Nous pouvons également utiliser cette caractéristique pour observer des facteurs ayant une action sur les tendances en matière de transparence. Dans les tableaux 6 et 7 (pp. 178,179), nous avons regroupé les observations annuelles et proposons une estimation des modèles à effets fixes (avec des cordonnées distinctes pour chaque pays)[3]. Les estimations suivent à présent les variations

1. Lorsqu'on tient compte de variables politiques multiples (comme nous le faisons pour certaines courbes de régression disponibles sur demande), les seuils de signification varient, mais ce sont la voix, la responsabilité et l'efficacité du gouvernement qui ont souvent le plus de signification aux seuils de confiance standards.

2. Alors qu'il n'est pas difficile de trouver un argument pour expliquer pourquoi la transparence de la politique monétaire peut avoir un impact sur l'inflation, sur les marchés financiers, ou sur le développement du commerce, il est plus difficile d'imaginer la raison pour laquelle elle devrait avoir un effet de premier ordre, sur l'autorité de la loi par exemple, qui dépend de l'environnement politique et social plus large, et résulte de l'histoire du pays. On peut donc dire que de telles variables politiques remplissent les deux critères de l'instrument valable : le caractère exogène et la corrélation avec la variable explicative adéquate.

3. Le test d'Hausman et celui de Breusch-Pagan rejettent la méthode des effets aléatoires et du simple pooling au profit de celle des effets fixes (le test statistique d'Hausman figure au bas des tableaux). Voir aussi notre analyse plus loin.

affectant les séries chronologiques de nos données ; elles nous renseignent sur les raisons pour lesquelles les banques centrales s'orientent vers des pratiques plus transparentes. Le régime de taux de change et le revenu par tête continuent à intervenir de la même manière. Cependant, une plus grande stabilité politique et sociale semble à présent avoir une incidence négative sur la transparence de la politique monétaire[1]. Il ne s'agit pas d'un résultat intuitif car,

Tableau 5.
Déterminants supplémentaires de la transparence, moyennes pour 1998-2004

	I	II	III	IV
Constante	– 7,02* (2,46)	– 8,04* (2,83)	– 5,51* (– 2,13)	– 4,87 (– 1,60)
Inflation passée	– 0,65 (– 0,27)	– 1,27 (– 0,52)	0,35 (0,15)	0,83 (0,33)
Ouverture	– 0,01* (– 2,17)	– 0,01* (– 2,28)	– 0,01* (– 2,12)	– 0,01* (– 2,13)
Ouverture du régime de change*	0,01* (3,18)	0,01* (3,06)	0,01* (2,30)	0,01* (3,14)
Profondeur financière	– 0,01 (– 0,38)	0,01 (0,01)	0,01 (0,57)	– 0,01 (– 0,62)
PIB par tête	1,14* (2,93)	1,35* (3,74)	0,87* (2,53)	0,73 (1,62)
Autorité de la loi	0,03 (1,70)			
Stabilité politique		0,02 (1,13)		
Représentativité et responsabilité			0,04* (3,28)	
Efficacité du gouvernement				0,05* (2,46)
R-carré	0,49	0,48	0,55	0,52

* Significatif au seuil de 95 %.
Entre parenthèses : statistiques t.

1. On observe la même chose lorsqu'on tient compte de différentes variables politiques, individuellement ou en les combinant.

comme le montre la figure 3, il y a une corrélation transversale positive entre les deux variables. Rappelons-nous cependant que les modèles de régression à effets fixes éliminent la variation transversale. Les pays avancés, dotés de banques centrales transparentes et de systèmes politiques stables, ne peuvent guère aller plus loin dans ces directions (ils ont une part relativement faible dans les variations des données). Les pays dont les résultats sont équivoques en matière de stabilité politique et d'autorité de la loi (le Brésil, la Colombie, la Thaïlande, les Philippines) se sont orientés vers une plus grande transparence de la banque centrale

Tableau 6.
Déterminants de la transparence, modèles à effets fixes

	I	II	III	IV
Constante	– 34,52 (– 0,09)	– 40,65 (– 0,11)	– 41,50 (– 0,11)	– 40,87 (– 0,11)
Inflation passée	– 0,03 (– 0,09)	0,10 (0,25)	0,10 (0,27)	– 0,04 (– 0,11)
Variable indicatrice du régime de taux de change	0,09* (2,52)	0,12* (3,41)	0,12* (3,39)	0,11* (3,19)
Profondeur financière	– 0,00 (– 0,16)	– 0,00 (– 0,10)	– 0,00 (– 0,13)	– 0,00 (– 0,19)
PIB par tête	4,61* (9,35)	5,05* (10,41)	5,11* (10,70)	5,15* (10,79)
Autorité de la loi	– 0,04* (– 3,22)			
Stabilité politique		– 0,00 (– 0,47)		
Représentativité et responsabilité			0,00 (0,33)	
Efficacité du gouvernement				– 0,01 (– 1,27)
Test d'Hausman	15,96*	22,61*	25,58*	23,70*
R-carré	0,97	0,97	0,97	0,97

* Significatif au seuil de 95 %.
Entre parenthèses : statistiques t.

Tableau 7.
Déterminants de la transparence, modèles à effets fixes

	I	II	III	IV
Constante	– 31,95 (– 0,08)	– 38,33 (– 0,10)	– 39,40 (– 0,10)	– 38,37 (– 0,10)
Inflation passée	– 0,09 (– 0,24)	0,07 (0,19)	0,09 (0,22)	– 0,12 (– 0,29)
Ouverture	– 0,01 (– 0,70)	– 0,01 (– 0,43)	– 0,01 (– 0,40)	– 0,01 (– 0,37)
Ouverture* variable indicatrice du régime de change	0,01 (1,97)	0,01* (2,33)	0,01* (2,26)	0,01* (2,29)
Profondeur financière	– 0,01 (– 0,55)	– 0,01 (– 0,54)	– 0,01 (– 0,61)	– 0,01 (– 0,69)
PIB par tête	4,46* (8,71)	4,89* (9,54)	4,94* (9,76)	4,99* (9,87)
Autorité de la loi	– 0,04* (– 3,68)			
Stabilité politique		– 0,00 (– 0,31)		
Représentativité et responsabilité			0,01 (0,83)	
Efficacité du gouvernement				– 0,02* (– 1,72)
Test d'Hausman	13,36*	19,10*	21,92*	19,47*
R-carré	0,97	0,97	0,97	0,97

*Significatif au seuil de 95 %.
Entre parenthèses : statistiques t.

précisément dans le but d'isoler la politique monétaire des problèmes politiques[1].

1. On peut également analyser les déterminants des composantes de l'indice de la transparence pour mieux comprendre comment la pratique se fait en réaction à ces facteurs économiques et politiques. Ce n'est pas pour étonner : la transparence politique est fonction du développement politique et de la stabilité (qu'on la mesure par l'autorité de la loi, la rotation du personnel politique, la

Globalement, l'analyse confirme que la transparence est plus grande dans les pays dont le système politique est plus stable et plus développé et les marchés financiers plus développés et profonds. La seule surprise étant le rapport négatif entre certaines composantes de la transparence et l'ouverture économique, bien qu'on puisse douter de la robustesse de ce lien.

6. Incidences

Quels sont les effets de la transparence de la politique monétaire ? Des études antérieures (Mishkin, 2004) indiquent qu'une plus grande transparence devrait s'accompagner d'une diminution des incertitudes sur les mesures et actions à venir, et donc d'une réduction de la volatilité de l'inflation. D'autres études (Ball et Sheridan, 2005) mettent en évidence une réduction du taux moyen de l'inflation, mais pas du niveau ou de la volatilité de la crois-

représentativité, la responsabilité ou l'efficacité du gouvernement). De manière plus surprenante, les régressions transversales concernant l'année 2004 indiquent également que la transparence politique semble diminuer avec la profondeur financière. Cependant, les régressions concernant les autres années et les moyennes de la période indiquent que ce résultat n'est pas robuste. La transparence économique (publication des données, du modèle de politique et des prévisions) est, encore une fois, positivement liée au développement politique et à la stabilité. Elle est positivement liée au développement financier, comme on pouvait s'y attendre. De manière plus surprenante, il apparaît qu'elle l'est moins dans les économies plus ouvertes, toutes choses égales par ailleurs. La transparence procédurale (publication des débats et des votes) n'est liée, de manière positive encore, qu'au développement politique et à la stabilité. Au contraire, la transparence de la politique monétaire (information du public dans un délai court et explication détaillée des décisions de politique monétaire) est plus grande dans les pays dotés de systèmes politiques plus ouverts et plus stables, mais elle l'est moins dans les pays dotés d'une économie plus ouverte, c'est du moins ce qu'indiquent les régressions concernant les moyennes de la période. Enfin, il semblerait que la transparence opérationnelle (publication de l'information concernant les turbulences, les erreurs de contrôle, etc.) soit plus grande encore dans les pays dotés de système politiques plus stables, mais également dans les pays dotés de marchés financiers plus développés, tandis qu'elle le serait moins dans les pays dont l'économie est plus ouverte. Les auteurs tiennent les résultats à la disposition du public.

sance. Nous allons étudier ici l'impact sur la variabilité de la production, la variabilité de l'inflation et la persistance de l'inflation. Contrairement aux analyses précédentes, nous prenons en considération l'endogénéité de la transparence de la politique monétaire en nous servant des variables politiques utilisées dans la section 5 pour expliquer le degré de transparence, comme d'instruments de la transparence dans les régressions de second degré figurant dans la présente partie. Plus précisément, dans les résultats présentés ci-dessous, nous prenons l'autorité de la loi comme instrument de la transparence de la banque centrale[1].

Le tableau 8 présente les estimations concernant la variabilité de l'inflation. La somme des carrés résiduelle est reportée dans chaque

Tableau 8.
Incidence de la transparence sur la variabilité de l'inflation (variables instrumentales et régressions empilées)

	I	II	III	IV	V	VI
Constante	7,59* (7,44)	7,41* (7,93)	7,43* (7,21)	1,45 (1,36)	6,94* (7,73)	1,66 (1,64)
Indice de transparence	– 1,23* (– 5,79)	– 1,27* (– 5,54)	– 1,00* (– 4,69)	– 0,30 (– 1,66)	– 1,04* (– 4,67)	-0,49* (-2,69)
Degré d'ouverture		0,01 (1,51)			0,01* (2,24)	0,00 (0,21)
Profondeur financière			– 0,01* (– 2,60)		– 0,02* (– 3,18)	0,01* (2,12)
Inflation passée				29,36* (6,17)		29,67* (6,18)
Nombre d'observations	579	546	562	578	524	531
Somme des carrés résiduelle	19561	19452	19452	8216	19242	8131

* Significatif au seuil de 95 %.
Entre parenthèses : statistiques t.
Note : La variable est fonction de la variabilité de l'inflation, qui correspond à l'écart type du taux d'inflation sur une période de douze mois.
La transparence est la valeur ajustée de la transparence depuis la régression de premier degré sur la constante et l'autorité de la loi.

1. Des résultats fondés sur d'autres listes d'instruments sont analysés plus loin et sont à la disposition du lecteur sur demande.

colonne, pour une comparaison entre les variations des estimations ponctuelles avec la perte d'efficacité lorsqu'on utilise des variables instrumentales ; les variations dans les estimations ponctuelles étant relativement importantes, notre recours aux variables instrumentales se trouve justifié.

Les régressions indiquent qu'il existe un lien positif entre l'inflation passée et la variabilité de l'inflation, tandis qu'il existe un lien négatif entre la profondeur financière et la variabilité de l'inflation. Le coefficient de transparence, qui est négatif et, dans la plupart des cas, statistiquement significatif, est particulièrement intéressant. Cela concorde avec les modèles théoriques qui avancent qu'une plus grande transparence de la politique monétaire permet au public de réagir plus rapidement aux ajustements de la politique, ce qui, à son tour, dissuade les autorités de tenter de manipuler l'inflation dans leur poursuite d'autres objectifs.

Le tableau 9 reflète la persistance de l'inflation. La transparence intervient négativement, ce qui est conforme à l'idée qu'une plus grande transparence de la politique permet au public d'opérer des ajustements plus rapides, ce qui à son tour réduit l'intérêt qu'a la banque centrale à mener une politique d'inflation persistante dans le but d'atteindre des objectifs au préjudice de celui de la stabilité des prix. Cependant, le coefficient en question est statistiquement significatif au seuil de 10 % pour seulement deux des six spécifications. Le tableau 10 propose une autre formulation où la variable dépendante est l'inflation courante et les variables explicatives incluent l'inflation décalée (dont le coefficient reflète la persistance de l'inflation) ainsi que l'interaction entre l'inflation décalée et la valeur ajustée de la transparence (à partir de la régression de premier degré). Le coefficient caractérisant l'interaction, qui nous indique si la persistance de l'inflation est plus ou moins importante, ou encore la même, dans des pays où la politique monétaire est plus transparente, est négatif, conformément à ce que donnent des résultats précédents, et significativement différent de zéro, au seuil de 10 %, dans les trois colonnes.

Tableau 9.
Incidence de la transparence sur la persistance de l'inflation (variables instrumentales et régressions empilées)

	I	II	III	IV	V	VI
Constante	0,79*	0,82*	0,79*	0,77*	0,80*	0,79*
	(18,90)	(18,80)	(18,27)	(14,91)	(17,72)	(15,74)
Indice de transparence	– 0,02*	– 0,02	– 0,01	– 0,02	– 0,01	-0,01
	(– 2,05)	(– 1,90)	(– 0,45)	(– 1,57)	(– 0,91)	(-0,81)
Ouverture		– 0,01			0,01	0,01
		(– 0,79)			(0,28)	(0,18)
Profondeur financière			– 0,01*		– 0,01	-0,01
			(– 2,26)		(– 1,93)	(-1,73)
Inflation passée				0,10		0,06
				(0,65)		(0,40)
Nombre d'observations	568	538	552	567	524	523
Somme des carrés résiduelle	49	44	46	49	42	42

* Significatif au seuil de 95 %.
Entre parenthèses : statistiques t.
Note : une variable dépendante est la persistance de l'inflation, qui est le coefficient estimé de la régression lorsqu'on utilise les données de l'inflation mensuelle et que l'inflation est régressée sur l'inflation du mois précédent. La transparence est la valeur ajustée de la transparence depuis la régression de premier degré sur une constante et l'autorité de la loi.

Tableau 10.
Autres spécifications pour la persistance de l'inflation (variables instrumentales régressions empilées)

	I	II	III
Constante	0,01*	0,02*	0,02*
	(3,77)	(3,19)	(3,71)
	1,00*	1,00*	0,92*
	(4,28)	(4,26)	(4,05)
Inflation décalée* transparence	– 0,16	– 0,16	– 0,15
	(– 1,92)	(– 1,93)	(– 1,85)
Ouverture		– 0,00	0,00*
		(– 0,45)	(2,45)
Profondeur financière			– 0,00*
			(– 4,96)
Test de DW	1,42	1,42	1,40
R-carrés	0,48	0,47	0,49

* Signification au seuil de 95 %.
Entre parenthèses : statistiques t.
La transparence est instrumentalisée comme on l'a expliqué dans le texte.
Note : (1) l'inflation est une variable dépendante ; (2) la transparence est la valeur ajustée de la transparence de la régression de premier degré sur une constante et l'autorité de la loi.

Tableau 11.
Incidences de la transparence sur la variabilité de la production (variables instrumentales et régressions empilées)

	I	II	III	IV	V	VI
Constante	3,81* (10,81)	3,63* (9,00)	3,76* (10,48)	3,38* (9,00)	3,52* (8,38)	3,18* (7,35)
Indice de transparence	– 0,33* (– 4,51)	– 0,41* (– 566)	– 0,38* (– 4,46)	– 0,27* (– 3,50)	– 0,39* (– 4,49)	– 0,36* (– 4,06)
Ouverture		0,01 (2,98)			0,01* (2,52)	0,00* (2,21)
Profondeur financière			0,01* (1,87)		0,01 (0,51)	0,01 (1,11)
Inflation passée				2,24* (3,48)		2,36* (3,29)
Nombre d'observations	648	606	626	618	586	566
Somme résiduelle des carrés	3181	2987	3064	2946	2906	2748

* Significatif au seuil de 95 %.
Entre parenthèses : statistiques t.
Notes : (1) la variable dépendante est la variabilité de la production ; (2) la variabilité est calculée comme l'écart type du taux de croissance annuelle du PIB sur la période t-2 à t (où t représente l'année courante) ; (3) la transparence est la valeur ajustée de la transparence de la régression de premier degré sur une constante et l'autorité de la loi.

Enfin, dans le tableau 11, nous observons les déterminants de la variabilité de la production. Dans ce domaine, les analyses donnent des prédictions opposées : comme on l'a vu plus haut, certains modèles avancent qu'une plus grande transparence de la politique devrait s'accompagner d'une plus grande stabilité dans la mesure où elle permet au public de s'adapter plus rapidement aux mesures de politique ; mais d'autres proposent l'idée qu'une plus grande transparence de la politique monétaire peut s'accompagner d'une plus grande volatilité de la production dans la mesure où elle empêche les autorités d'avoir une politique active visant à compenser les fluctuations de la production (les mesures venant au contraire renforcer l'inflation et par conséquent dissuadant l'autorité d'agir), ou bien parce que certains facteurs externes de coordination incitent le public à accorder un trop grand poids au signal public. L'inconvénient de ces résultats est que nous ne disposons que de données annuelles pour la production sur l'échantillon large de pays proposés, ce qui nous contraint à mesurer la variable de production comme l'écart type du taux de croissance sur la période des trois dernières années[1]. Quoi qu'il en soit, les résultats corroborent l'idée d'un impact négatif de la transparence de la politique monétaire sur la variabilité de la production[2].

Une plus grande transparence des opérations de la banque centrale constitue le changement récent le plus spectaculaire qu'on ait pu observer dans la conduite de la politique monétaire. Nous y voyons une réaction à d'autres changements survenus dans le contexte de la politique monétaire. C'est une façon de s'assurer de la responsabilité des autorités au moment où les mécanismes traditionnels qui jouaient ce rôle de surveillance de la conformité aux engagements sur le taux de change de la part du public et procédure de contrôle de la part du gouvernement connaissent un déclin qui reflète le passage aux taux de change flexibles et à l'indépendance de la banque centrale.

Dans cet article, nous avons apporté des informations nouvelles sur l'ampleur de cette tendance et sur ses effets. La tendance est

1. L'année 2006 et les deux précédentes.

2. Nous avons également effectué des tests de robustesse. Par exemple, nous avons estimé les équations en utilisant des effets fixes. Lorsque nous nous appuyons exclusivement sur la variation des séries temporelles de nos données, cela donne de plus faibles preuves de l'existence des effets réels de la transparence. Au lieu de prendre une moyenne non pondérée de nos 15 dimensions de la transparence, nous avons dégagé leur première composante principale et nous nous sommes servis de sa valeur instrumentale comme de la variable explicative liée à la transparence dans les tableaux 8 à 11. Les résultats sont de nouveau plus faibles que précédemment. Comme nous l'avons dit plus haut, nous avons utilisé, à tour de rôle, diverses variables politiques, ou combinaisons de variables politiques, comme instruments de transparence dans les tableaux 8 à 11. Cela n'a pas affaibli les résultats concernant la variabilité de la production dans le tableau 11, bien que d'autres types de combinaisons des instruments aient donné des seuils de signification plus bas dans les tableaux 8 à 10.

générale : un grand nombre de banques centrales se sont orientées vers une plus grande transparence au cours des dernières années. La question est de savoir si celle-ci durera ou sera passagère. La réponse dépend en partie des effets qu'elle induit. Notre analyse préliminaire signalait une incidence globalement bénéfique, quoique relativement faible, sur la variabilité de l'inflation et de la production. Si les dispositifs institutionnels qui produisent des résultats favorables obtiennent le soutien du public, alors on peut penser que cette tendance vers une plus grande transparence de la politique monétaire perdurera.

On peut aborder la question sous un autre angle, en se demandant si les changements survenus dans le contexte politique élargi et qui ont accéléré l'évolution vers une plus grande transparence de la politique monétaire pourraient eux-mêmes connaître un retour en arrière. On constate l'abandon des taux de change indexés en réponse à la libéralisation financière, et une plus grande indépendance de la banque centrale comme moyen de mettre la conduite de la politique monétaire à l'abri des pressions politiques à court terme dans les démocraties. Si la mondialisation financière et la démocratisation politique se poursuivent, il en ira de même de la transparence dans la conduite de la politique monétaire.

Annexe concernant les données

Cette annexe décrit comment est construit l'indice de transparence. L'indice est la somme des résultats correspondant aux réponses données aux 15 questions suivantes (min = 0, max = 15).

1. Transparence politique

Cette transparence implique que la banque centrale se montre franche quant à ses objectifs de politique monétaire. Cela consiste à fournir une déclaration formelle concernant les objectifs, qui inclut une priorité explicite en cas de multiplicité des objectifs, une quantification de l'objectif/des objectifs principal/aux, et des dispositifs institutionnels explicites.

(a) Y a-t-il eu une annonce formelle du ou des objectif(s) de la politique monétaire, avec une prioritisation explicite en cas d'objectifs multiples ?
Pas d'objectif(s) formel(s) = 0.
Objectifs multiples sans hiérarchisation des priorités = 1/2.
Un objectif principal unique, ou plusieurs objectifs avec une priorité explicite = 1.

(b) Y a-t-il eu une quantification de l'objectif principal/des objectifs principaux ?
Non = 0.
Oui = 1.

(c) Existe-t-il des contrats explicites ou des dispositifs institutionnels similaires entre les autorités monétaires et le gouvernement ?

Pas de contrat (ou autre dispositif institutionnel) passé avec le gouvernement = 0.

La banque centrale n'a pas d'indépendance instrumentale ou de contrats formels = 1/2.

La banque centrale dispose d'une indépendance instrumentale claire ou elle a passé un contrat, bien qu'elle soit peut-être soumise à une procédure de contrôle explicite = 1.

2. Transparence économique

Elle concerne les informations de nature économique que l'on utilise pour élaborer la politique monétaire. Elle comprend des données économiques, le modèle économique utilisé par la banque centrale pour élaborer des prévisions et évaluer l'impact de ses décisions, ainsi que les prévisions internes (fondées sur un modèle ou sur une appréciation subjective) sur lesquelles la banque centrale s'appuie.

(a) Les données économiques fondamentales sur lesquelles repose la conduite de la politique monétaire sont-elles mises à disposition du public ? (Elles concernent les cinq variables suivantes : la masse monétaire, l'inflation, le PIB, le taux de chômage et l'utilisation des capacités.)

Série trimestrielle pour au moins deux des cinq variables = 0,
Série trimestrielle pour trois ou quatre variables sur les cinq = 1/2,
Série trimestrielle pour les cinq variables = 1.

(b) La banque centrale informe-t-elle le public sur les modèles macroéconomiques qu'elle utilise pour analyser la politique à mettre en œuvre ?

Non = 0.
Oui = 1.

(c) La banque centrale publie-t-elle régulièrement ses propres prévisions macroéconomiques ?

Pas de prévisions chiffrées concernant l'inflation et la production = 0.

Prévisions chiffrées pour l'inflation et/ou la production avec une fréquence de publication inférieure au trimestre = 1/2.

Prévisions chiffrées trimestrielles concernant l'inflation et la production à moyen terme (une ou deux années), qui précisent quelles sont les hypothèses concernant les instruments de la politique monétaire (prévisions conditionnelles ou non) = 1.

3. Transparence procédurale

Elle concerne la façon dont sont prises les décisions de politique monétaire.

(a) La banque centrale annonce-t-elle clairement les règles de sa politique ou la stratégie qui forme le cadre de sa politique monétaire ?

Non = 0.
Oui = 1.

(b) La banque centrale rend-elle compte de manière détaillée des délibérations qui ont conduit à la formulation de sa politique monétaire (ou fournit-elle des explications par l'intermédiaire d'un représentant unique, le cas échéant) dans un délai raisonnable ?

Non, ou après un délai prolongé (plus de huit semaines) = 0.

Oui, elle fournit un compte rendu exhaustif (bien qu'il ne s'agisse pas d'un procès-verbal et que les intervenants ne soient pas nécessairement désignés) ou des explications (dans le cas d'un représentant unique de la banque centrale), qui incluent une présentation des arguments rétrospectifs et prospectifs = 1.

(c) La banque centrale révèle-t-elle comment elle est parvenue à chacune de ses décisions concernant son objectif opérationnel principal ou sa cible principale ?

Pas d'enregistrement des votes, ou seulement après un délai important (plus de huit semaines) = 0.

Enregistrement anonyme des votes = 1/2.

Enregistrement individualisé des votes, ou décision prise par un représentant unique de la banque centrale = 1.

4. Transparence de la politique monétaire

Elle implique une publication rapide des décisions de politique monétaire, assortie d'une explication concernant ces décisions, et l'indication des préférences explicites ou des actions probables de la politique monétaire.

(a) Les décisions concernant les ajustements à l'objectif opérationnel (cible) principal sont-elles annoncées dans un délai bref ?

Non, ou seulement le jour qui suit la mise en application de la décision = 0.

Oui, le jour de la mise en application = 1.

(b) La banque centrale assortit-elle l'annonce de ses décisions de politique d'une explication ?

Non = 0.

Oui, au moment des changements de politique, ou de manière superficielle = 1/2.

Oui, à tout moment, et elle s'accompagne d'évaluations prospectives = 1.

(c) La banque centrale informe-t-elle le public sur ses préférences à l'issue de chaque réunion de prise de décisions, ou lui donne-t-elle une indication sur les actions probables qui seront entreprises (au moins tous les trimestres) ?

Non = 0.

Oui = 1.

5. *Transparence opérationnelle*

Elle concerne la mise en œuvre des mesures prises par la banque centrale. Elle implique un examen des erreurs de contrôle dans la poursuite des cibles opérationnelles, et des turbulences macroéconomiques non anticipées qui affectent la mise en œuvre de la politique monétaire. Elle inclut en outre l'évaluation des résultats macroéconomiques de la politique monétaire au regard de ses objectifs.

(a) La banque centrale évalue-t-elle régulièrement et dans quelle mesure les principales cibles opérationnelles de sa politique ont été atteintes ?

Pas du tout ou rarement (moins d'une fois par an) = 0.

Oui, mais sans fournir d'explication sur les écarts significatifs = 1/2.

Oui, en donnant des explications sur les écarts significatifs par rapport à la cible (le cas échéant) ; ou contrôle (quasiment) parfait du principal instrument opérationnel/cible = 1.

(b) La banque centrale fournit-elle régulièrement des informations sur les turbulences macroéconomiques (non anticipées) qui affectent la mise en œuvre de la politique ?

Non, ou très rarement = 0.

Oui, mais seulement à travers des prévisions à court terme ou une analyse de la conjoncture macroéconomique courante (au moins une fois par trimestre) = 1/2.

Oui, avec un examen des erreurs de prévisions passées (au moins une fois par an) = 1.

(c) La banque centrale fournit-elle une évaluation des résultats de sa politique au regard de ses objectifs macroéconomiques ?

Pas du tout ou rarement (moins d'une fois par an) = 0.

Oui, mais de manière superficielle = 1/2.

Oui, avec un compte rendu explicite sur le rôle de la politique monétaire dans la réalisation des objectifs = 1.

Les déséquilibres planétaires du système financier international

Origines, conséquences et solutions[1]

TAKATOSHI ITO[2]

Le système financier international en vigueur parmi les pays industrialisés a connu de nombreuses phases au cours des deux derniers siècles : l'étalon-argent, l'étalon-or, la dévaluation concurrentielle, le système de Bretton Woods, le flottement contrôlé et le flottement libre. Les taux de change, en flottement libre depuis 1973, ne se sont pas comportés comme l'espéraient ses partisans ; ils ont été soumis à une certaine dose d'intervention. La crise du dollar de 1978 n'a pu être endiguée que grâce à des interventions de grande envergure de la part des États-Unis et à l'émission de bons libellés en devises étrangères (ce que l'on a appelé les bons Carter). Les accords du Plaza et les interventions concertées du G 5, en septembre 1985, ont contribué à déprécier un dollar surévalué. Les accords du Plaza furent suivis, en février 1987, par les accords du Louvre dont le but était d'assurer la stabilité des taux de change parmi les pays du G 7. Celui-ci a poursuivi ses efforts en direction d'un meilleur contrôle des taux de change grâce à une politique de coordination et de communication avec les marchés, lorsque les autorités monétaires

1. Traduction de Nathalie Ferron.

2. Professeur à la faculté d'économie et à la faculté de politique publique de l'université de Tokyo (tito@e.u-tokyo.ac.jp). Les opinions exprimées dans cet article sont personnelles et ne reflètent pas nécessairement celles des institutions avec lesquelles l'auteur était ou reste lié. L'auteur témoigne ici de sa reconnaissance aux participants du colloque du Centre Cournot pour leurs nombreuses remarques.

jugeaient que les taux de change ne se comportaient pas comme il se doit.

Chaque régime monétaire international a connu des crises monétaires sous une forme ou sous une autre. Durant le système de l'étalon-or, la parité avec l'or était tellement importante que tout ajustement tendait à provoquer une crise politique. Lorsque le taux de change est mal aligné, quand il y a surévaluation par exemple, l'économie a alors tendance à tomber dans la récession et la déflation. Dans le système de Bretton Woods, l'ajustement du taux de change fixe (par rapport au dollar) était possible mais il posait autant de problèmes qu'avec l'étalon-or. Plusieurs pays furent contraints de dévaluer sous le système de Bretton Woods, avec ou sans les prêts du Fonds monétaire international.

Juste avant l'effondrement du système de Bretton Woods, les partisans du système de change flottant arguaient que le traumatisme de l'ajustement du taux de change serait oublié et que les taux s'ajusteraient automatiquement et progressivement aux changements affectant les fondamentaux macroéconomiques. La monnaie d'un pays en déficit commercial se déprécierait, et, par suite, le solde de la balance commerciale reviendrait à l'équilibre. Peu de temps après que les monnaies dominantes furent passées au système de changes flottants au printemps 1973, le taux de change nominal s'est révélé beaucoup plus volatil que ne l'avaient prévu les modèles fondés sur les données macros.

Bien qu'à court terme, les modèles macros ne rendent pas compte des mouvements du taux de change (niveau et volatilité), ce dernier tend à revenir à des niveaux fondamentaux à moyen terme. En effet, le processus de tendance à moyen terme ainsi que les mouvements cycliques sont conformes aux modèles macros la plupart du temps et pour la plupart des monnaies, sauf en de rares occasions où le taux de change reste loin de la fourchette que certains considéraient comme celle des fondamentaux. Lorsque le taux de change restait quelques années durant trop déprécié ou trop apprécié pour que se rétablissent les balances intérieure et extérieure, on parlait d'une situation de « mésalignement ». Les épisodes les plus connus de mauvais alignement du taux de change correspondent à la crise du dollar de 1978, l'appréciation du dollar de 1984-1985 et l'appréciation du yen de 1994-1995.

À mesure que se libéralisait le compte de capital, le taux de change perdit de sa capacité à rééquilibrer la balance courante. Il devint possible de financer les déficits de la balance courante par des entrées de capitaux pourvu que, pour diverses raisons, les investisseurs soient prêts à apporter de l'argent au pays en acquérant des actifs financiers ou réels. Dans les pays de marché émergent, les déficits prolongés aboutissent en général à une crise monétaire.

Dans les années 1990, des crises monétaires d'un nouveau genre affectèrent la Thaïlande ainsi que d'autres pays asiatiques, le Mexique, la Russie, le Brésil et l'Argentine. Ces crises « du compte de capital » en langue anglaise ont été appelées « crises de la dette » en français. Lorsqu'ils contractent des déficits importants de la balance courante, les pays dont le taux de change est fixe et le compte de capital libéralisé connaissent des sorties de capitaux brutales et massives. Une fois l'hémorragie commencée, il est difficile de l'arrêter.

La première partie de l'article décrit le problème des déséquilibres planétaires, la deuxième cherche à remonter à leur origine, la troisième se penche sur l'idée que les déséquilibres planétaires peuvent perdurer. La quatrième partie propose une voie possible pour y remédier en évitant une récession à l'échelle mondiale et la cinquième partie conclut.

1. Déséquilibres ou équilibres planétaires ?

Les déséquilibres planétaires de la finance apparus depuis 2003 présentent les quatre caractéristiques suivantes[1] :

1. Déficits importants de la balance courante des États-Unis.

2. Excédents importants de la balance courante en Chine et dans d'autres pays de l'Est asiatique, ainsi que dans les pays producteurs de pétrole.

1. Sur les déséquilibres financiers planétaires, voir par exemple Obstfeld et Rogoff (2004) et Eichengreen (2004).

3. Accumulation de réserve de change de la part de ces pays excédentaires due à une résistance à l'appréciation de leur monnaie.

4. Entrées importantes de capitaux aux États-Unis et taux d'intérêt faibles à l'échelle mondiale.

Les déficits croissants de la balance courante des États-Unis ont été financés par des capitaux de plus en plus nombreux, en provenance des pays dont la balance courante est excédentaire. Ils sont de grande ampleur, représentant plus de 6 % du PIB. Ce phénomène rappelle en tous points la situation de ces économies de marché émergentes qui connurent une crise monétaire, si ce n'est qu'ici le dollar est une monnaie clé et que le reste du monde semble avoir un appétit insatiable pour les actifs des États-Unis, et en particulier pour les bons du Trésor.

De nombreux pays dont la balance courante est excédentaire, principalement la Chine, les pays de l'Est asiatique et les pays producteurs de pétrole, interviennent largement sur le marché des changes afin de soutenir le dollar (et empêcher le taux de change de s'apprécier trop rapidement et dans une trop grande mesure). Les réserves de change de ces pays ont donc augmenté en conséquence. On ne saurait dire clairement quelles sont les motivations et les intentions de ces pays pour accumuler ces réserves. Veulent-ils maintenir le taux de change à un niveau de compétitivité permettant de soutenir les exportations (et l'accumulation de réserves de change comme effet indirect) ? Ou bien souhaitent-ils augmenter le niveau des réserves de change (pendant que le taux de change n'est pas trop déprécié) ? La différence entre les deux est peut-être subtile, mais lorsqu'il s'agit de prédire leur comportement, la motivation et l'intention ont leur importance. Si ce sont les exportations que l'on cherche avant tout à promouvoir, ils peuvent conserver leur attitude indéfiniment. Si l'accumulation de réserves de change, jusqu'à un certain niveau ciblé, constitue un objectif essentiel, lié par exemple à la volonté de se prémunir contre une éventuelle crise monétaire, elle s'arrête quand elle atteint le niveau désiré.

Comme la plupart des réserves de change sont placées en bons du Trésor des États-Unis, les dollars que rapportent les excédents de la balance courante et les interventions des marchés émergents ainsi que les pays pétroliers se trouvent recyclés dans les marchés de capitaux des États-Unis. Par conséquent, le taux d'intérêt national est demeuré faible aux États-Unis, et leur économie n'a pas maintenu sa croissance vigoureuse. Une période d'expansion économique y a engendré une hausse des importations qui a encore accru les déficits de la balance courante. De sorte que les excédents de la balance courante des pays émergents se maintiennent. Ainsi, le cycle se trouve achevé.

En termes réels, le dollar a plus ou moins maintenu la stabilité de sa valeur, malgré une balance commerciale de plus en plus déséquilibrée. Alors que l'euro a subi une très nette appréciation au cours des dernières années, d'autres monnaies, notamment les monnaies asiatiques, sont restées stables par rapport au dollar. Ce déséquilibre dynamique est intéressant. Nombreux sont ceux qui pensent que les États-Unis ne peuvent maintenir indéfiniment leur considérable déficit de la balance courante, qui s'élève à 6-7 % du PIB, et que les réserves de change en Asie de l'Est peuvent se trouver saturées en actifs en dollars. Des déséquilibres fondamentaux provoqueront tôt ou tard un retournement de la situation. Certains ont prévu que cette situation stable se détériore, soit parce que le reste du monde choisira de diversifier ses actifs en se détournant du dollar américain, soit parce que l'expansion économique des États-Unis, en particulier la forte hausse de la consommation tirée par la vigueur de l'immobilier, prendra fin. Jusqu'à présent (au moment de la rédaction de cet article en mars 2007), cette prédiction ne s'est pas réalisée.

D'autres proposent une interprétation différente. Dooley, Folkerts-Landau et Garber (2003, 2004a, b, c, 2005a, b) ont avancé l'idée que l'on pouvait qualifier cette situation de déséquilibre stable de retour du système de Bretton Woods (BW II). Certains pays de marché émergent asiatiques, en particulier la Chine, ont connu à la fois des entrées de capitaux et des excédents de leur balance courante. Cependant, ils sont parvenus à contenir l'appréciation de leur monnaie en intervenant sur le marché des changes étranger afin que la valeur de leur monnaie reste stable par rapport au dollar américain. Leur politique est motivée par une intention mercantiliste visant à maintenir la compétitivité de leurs industries exportatrices. Les banques centrales comme les investisseurs du secteur privé en dehors des États-Unis se sont obstinés à acquérir un nombre toujours plus grand d'actifs en dollars. Rien ne les incite à s'écarter de cette situation d'équilibre, et celle-ci peut se prolonger indéfiniment.

Imaginons que la situation que nous connaissons en mars 2007 – d'importants déficits de la balance courante des États-Unis et d'importants excédents de la balance courante chinoise – ne puisse durer, et que quelque chose corrige les déséquilibres mondiaux. Cet article examine une proposition essentielle qui porte sur le système d'échanges commerciaux et de flux financiers à l'échelle de la planète.

2. Origine des déséquilibres planétaires

2.1 Les déficits des États-Unis

Entre 2001 et 2005, les déficits bilatéraux du commerce de marchandises aux États-Unis ont continué à s'accroître sensiblement, essentiellement face à la Chine avec une augmentation du déséquilibre de 119 milliards de dollars (soit une hausse de 143 %), et face aux pays de l'OPEP avec une augmentation de 53 milliards de dollars (soit 134 %), et face aux pays européens, avec 38 milliards de dollars (71 %) de déficit supplémentaire. Parmi les pays européens, l'Allemagne arrivait en tête avec un accroissement de 22 milliards de dollars (soit de 74 %) durant la même période. Des déficits moins importants se sont creusés avec le Canada, de 24 milliards de dollars (45 %), avec le Mexique, de 20 milliards de dollars (67 %), le Japon, de 14 milliards de dollars (20 %), et la Malaisie, de 10 milliards de dollars (79 %). Les déficits bilatéraux avec d'autres pays d'Asie, à part la Chine, le Japon et la Malaisie, furent plutôt modestes, à la fois en termes de dollars et en pourcentage.

La figure 1 fait apparaître les déficits de la balance courante en pourcentage du PIB ainsi que le taux de change effectif réel des États-Unis sur des périodes un peu plus longues. Dans les années 1980, lorsque le taux de change effectif réel connut une appréciation (1981-85), les déficits de la balance courante augmentèrent.

Le taux de change effectif réel s'est déprécié après avoir atteint un sommet durant le premier quart de l'année 1985. La chute du dollar entre 1985 et 1990 a réduit l'ampleur des déficits de la balance courante entre 1987 et 1990, avec quelque retard. Le délai de revirement des deux variables était normal vu le décalage des réactions au niveau des prix et des volumes.

Figure 1.
Balance courante/PIB, taux de change effectif réel, États-Unis, 1er trimestre 1980-1er trimestre 2006

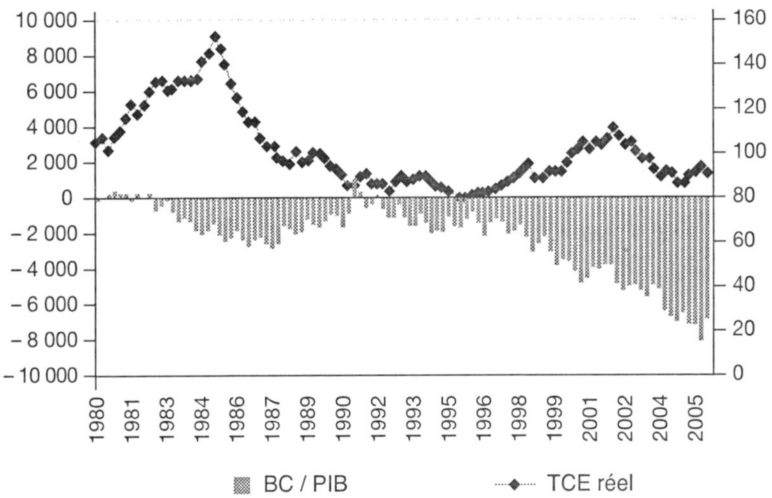

Entre 1995 et 2001, le taux de change effectif réel a augmenté de 20 %. Cette appréciation s'est accompagnée d'un accroissement des déficits de la balance courante rapportés au PIB. En 1999, le ratio balance courante/PIB dépassait le ratio le plus élevé atteint dans les années 1980, c'est-à-dire 3 %. Le taux de change effectif réel a atteint un sommet en 2002 avant d'amorcer une baisse. Depuis 2002, il ne semble plus y avoir de rapport entre le taux de change effectif réel et les déficits de la balance courante.

Rétrospectivement, on s'aperçoit de la dégradation constante du ratio balance courante/PIB, en dépit de la légère dépréciation du dollar entre 1995 et 2005. La figure 2 montre les déficits de la balance courante (en milliards de dollars) et les apports nets de portefeuille (en milliards de dollars). Il n'apparaît pas qu'un accroissement des déficits de la balance courante soit précédé par une appréciation du taux de change effectif réel. Ni qu'il soit suivi par une dépréciation du dollar. Pourquoi les mouvements de la balance courante sont-ils devenus indépendants des mouvements du taux de change ? L'une des réponses à cette énigme est le fait qu'il y eut de fortes entrées de capitaux aux États-Unis après 1995, et plus encore après 2002[1]. Les deux ont suivi une tendance monotone.

Figure 2.
Balance courante et portefeuille

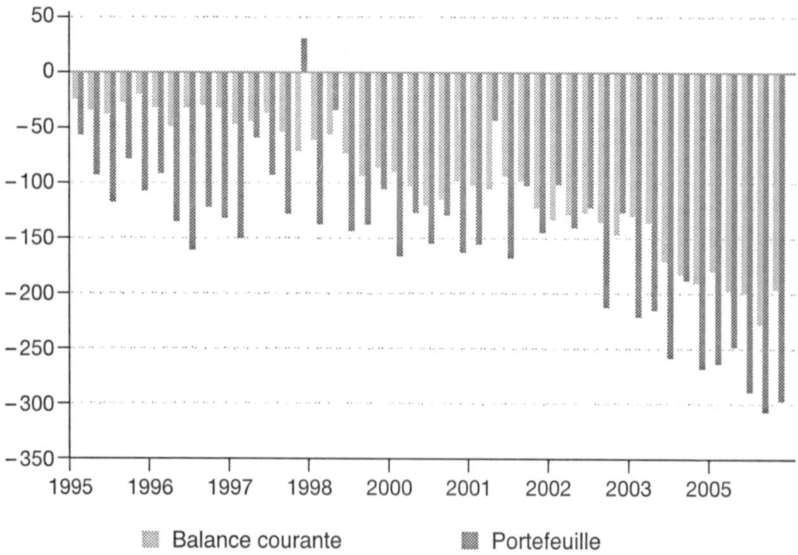

1. La corrélation entre les déficits de la balance courante et les apports nets de portefeuille passa de 0,33 durant la période janvier 1980 à avril 1994, à 0,76 durant la période de janvier 1995 à janvier 2006.

Il semble qu'il n'y ait plus eu de rapport entre le taux de change effectif réel et le ratio déficits de la balance courante/PIB à partir des années 1990. Entre 1990 et 2002, l'appréciation a été progressive et de faible ampleur tandis que les déficits de la balance courante augmentaient régulièrement. Le dollar s'est déprécié entre 2002 et 2004, mais les déficits de la balance courante n'ont pas diminué pour autant. Ceux-ci ont atteint un niveau record, même rapporté au PIB, à la fin de 2005. Les déficits de la balance courante n'ont apparemment pas eu d'incidences sur les variations du taux de change, ni la dépréciation d'impact sur les déficits de la balance courante.

La figure 3 présente les pays avec lesquels les États-Unis connaissent un déficit de la balance commerciale. Le poids de la Chine a doublé entre 2001 et 2005 et elle est devenue le partenaire commercial avec lequel les États-Unis ont le plus gros déficit bilatéral. Les pays de l'OPEP ont également doublé leurs excédents commerciaux avec les États-Unis.

Figure 3.
Déficits commerciaux des États-Unis par partenaire commercial

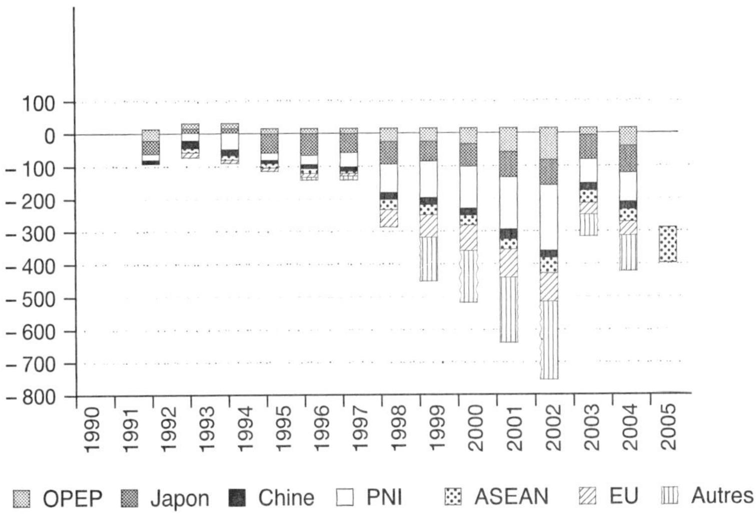

Il est difficile en outre de s'appuyer sur les excédents ou les déficits bilatéraux pour avoir des indications sur les variations souhaitables du taux de change, bien que de fortes augmentations ou baisses des taux de change bilatéraux témoignent de changements dans les avantages comparés ou l'environnement concurrentiel des deux pays concernés. Le taux de change le mieux adapté pour mesurer la compétitivité est le taux de change effectif réel, c'est-à-dire celui de change multilatéral corrigé en fonction des différentiels d'inflation. Mesuré en termes de taux de change effectif réel, le dollar n'a pas tellement bougé depuis 2000.

La possibilité pour les États-Unis d'entretenir des déficits de la balance courante d'une telle ampleur dépend de deux facteurs, des entrées ininterrompues de capitaux étrangers sur les marchés de capitaux des États-Unis d'une part, et une demande intérieure et une demande d'importation vigoureuses de l'autre. Si les investisseurs étrangers, publics et privés, décident de se détourner des actifs en dollars pour diversifier leur portefeuille avec des actifs non libellés en dollars, le dollar américain connaît une dépréciation immédiate et les recettes proviennent alors non plus des importations mais des marchandises indigènes. L'impact négatif sur les exportateurs des pays du Sud-Est asiatique est direct. Si la demande intérieure des États-Unis, par exemple la consommation, l'investissement en capital fixe ou encore l'immobilier, chutent, alors une récession survient. Cela réduit également la demande d'importations. Une récession contraint la banque centrale à abaisser les taux d'intérêt, de sorte que les investisseurs étrangers hésitent à placer leurs actifs aux États-Unis. La demande d'importation diminue, de même que les entrées de capitaux. Cela résout alors une partie du problème des déséquilibres planétaires.

2.2 L'accumulation de réserves de change dans les pays asiatiques

Comme on l'a expliqué, aux déficits de la balance courante des États-Unis correspondent des excédents en Chine, dans les autres pays asiatiques ainsi que dans les pays producteurs de pétrole. Les quantités de réserves de change détenues par les pays asiatiques apparaissent dans la figure 4, tandis que la figure 5 (p. 205) présente les réserves de change rapportées à leur PIB respectif (converties en dollar américain au taux de change du marché).

Figure 4 a.
Réserves en devises de la Chine, décembre (sauf août 2006), en millions de dollars américains

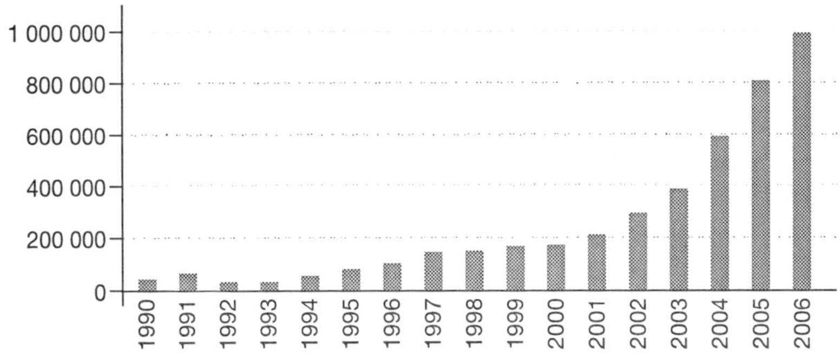

Figure 4b
Réserves en devises de la Corée du Sud et de Singapour, décembre (sauf août 2006), en millions de dollars américains

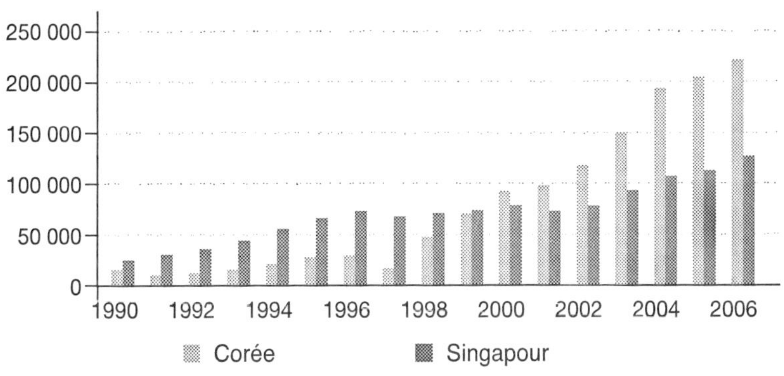

En Chine, les réserves de change ont fortement augmenté et ont atteint presque mille milliards de dollars au milieu de l'année 2006. Cette accumulation s'est faite à un rythme beaucoup plus soutenu après 2002. Le volume a été multiplié par cinq entre 2001 et 2006. Rapportées au PBI les réserves de change chinoises ont doublé, passant de 15 % en 2000 à 37 % en 2005. D'autres pays d'Asie ont souffert de la crise monétaire asiatique en 1997-1998 et réduit leurs réserves de change en 1997. Tous ont compensé la perte et accumulé bien au-delà du sommet atteint avant la crise. Bien que le moment du redressement et le rythme de la reprise aient varié d'un pays à l'autre, tous ont fortement augmenté leurs réserves de change après 2002. Cela constitue un commencement de preuve d'une intervention consistant à vendre sa propre monnaie en échange d'actifs étrangers dont la plupart sont libellés en dollars. Dans les ratios réserves de changes/PIB, Singapour figure en première place avec presque 100 %, la Malaisie arrive en second avec plus de 50 %. Ils sont suivis par la Chine, juste au-dessous de 40 %, puis par la Thaïlande et la Corée du Sud, toutes deux juste au-dessous de 30 %. L'Indonésie et les Philippines sont au-dessous de 20 %.

Figure 4c

Réserve en devises décembre (sauf pour 2006, août), en millions de dollars américains

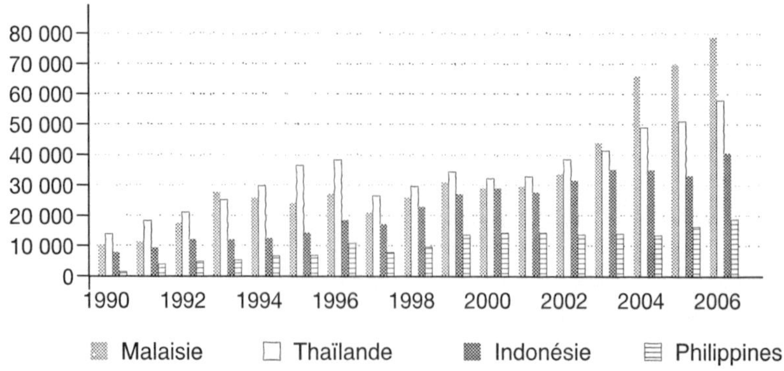

Avant la crise mexicaine de 1994, qui fut le signe avant-coureur des crises monétaires asiatiques, on considérait avec légèreté que l'équivalent de trois mois d'importations de biens et de services constituait un tampon de sécurité contre les crises monétaires. La figure 6 (p. 206) fait apparaître les réserves de change en mois d'importations. La Chine a désormais accumulé des réserves de change équivalant à quatorze mois d'importations. Celles des autres pays vont d'un peu moins de quatre mois, pour les Philippines, à huit mois. Tous les pays ont augmenté leur équivalent en mois d'importations entre 1997 et 2005, et tous ont atteint un certain niveau de sécurité au moins selon les paramètres classiques.

Figure 5.
Réserves de change rapportées au PIB

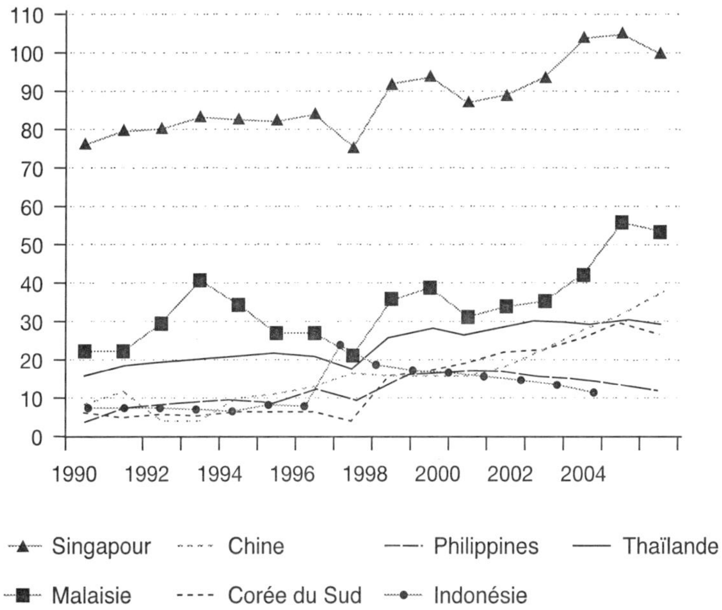

L'augmentation des réserves de change est un facteur clé de l'entretien des déséquilibres planétaires. Si l'on pense que les pays asiatiques ont accumulé assez pour constituer des tampons contre une nouvelle crise monétaire, alors on est proche de la saturation. S'ils continuent à accumuler, alors les déséquilibres planétaires perdureront.

Figure 6.
Réserves de devises en mois d'importation (biens et services)

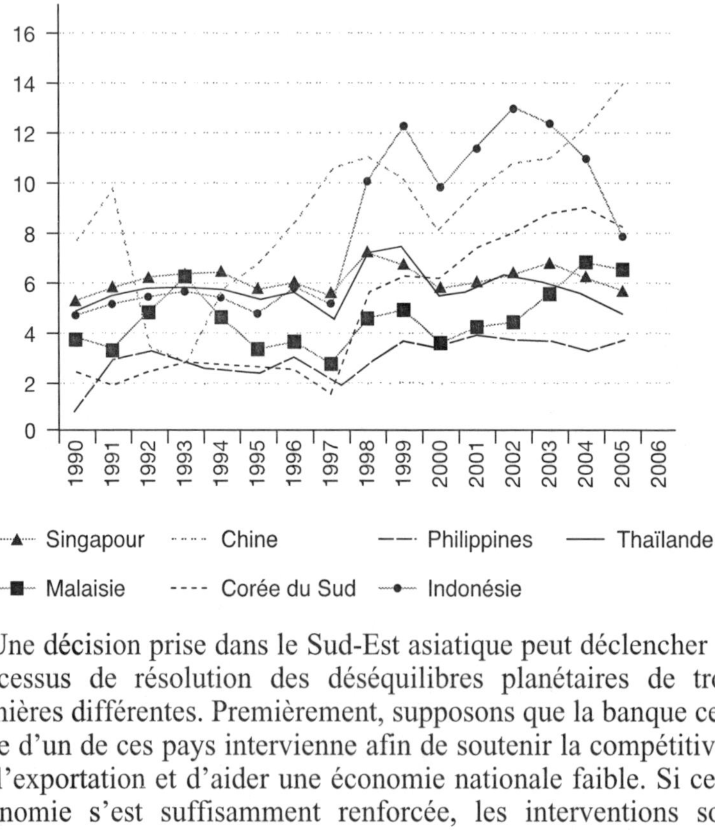

Une décision prise dans le Sud-Est asiatique peut déclencher un processus de résolution des déséquilibres planétaires de trois manières différentes. Premièrement, supposons que la banque centrale d'un de ces pays intervienne afin de soutenir la compétitivité de l'exportation et d'aider une économie nationale faible. Si cette économie s'est suffisamment renforcée, les interventions sont désormais superflues. Deuxièmement, supposons que la banque centrale d'un de ces pays de l'Est asiatique souhaite constituer des réserves de change après la crise monétaire asiatique afin de retrouver le niveau antérieur et d'accumuler davantage pour éviter une nouvelle crise. Lorsque la banque centrale pense avoir atteint un niveau suffisant de réserves de change, alors l'accumulation de réserves de change (c'est-à-dire l'intervention) peut cesser. Il est difficile d'estimer le niveau optimal pour les réserves de change dans le monde réel. Troisièmement, supposons que la banque centrale continue à accumuler des réserves de change mais qu'elle délaisse les actifs en dollars américains pour se constituer un portefeuille d'actifs non libellés en dollars, alors cela aura un impact sur les entrées de capitaux aux États-Unis, et le cycle des flux de capitaux qui alimentent les déséquilibres planétaires peut être rompu.

Pour diverses raisons, il peut y avoir une limite à la quantité de réserves de change que la banque centrale souhaite accumuler. Si le taux d'intérêt national est plus élevé que le taux d'intérêt des États-Unis, la détention de réserves représente pour la banque centrale et le gouvernement une perte proportionnelle à la quantité de réserves de change. De plus, le portefeuille de réserves de change connaît des pertes en capital si la monnaie nationale se déprécie par rapport à la monnaie dans laquelle sont libellés les actifs de réserves de change. Ainsi des réserves de change excessivement importantes pénalisent l'économie. De toute évidence, une absence de réserves de change n'est pas souhaitable pour les économies de marché émergentes, de sorte que le niveau optimal de réserves de change devrait correspondre à un nombre fini (rapporté au PIB ou aux engagements extérieurs bruts). Selon la vision de Bretton Woods II, les pays asiatiques craignent une forte appréciation de leur monnaie car leur stratégie de développement économique se fonde sur les exportations. Dans la mesure où le développement économique de l'Asie repose sur des industries exportatrices, ces pays s'efforcent de maintenir un taux de change stable par rapport au dollar des États-Unis. De ce point de vue, les pays asiatiques ne voient pas d'inconvénient à accumuler des réserves de devises en quantités excessivement importantes, beaucoup plus importantes que ce que l'on envisage traditionnellement.

À l'opposé, certains spécialistes ont tenté d'expliquer l'accumulation de réserves de change par la reprise après la crise, comme mesure de précaution pour en éviter une autre, ainsi que par d'autres raisons (voir, par exemple, Aizenman et Marion, 2003 ; Genberg, McCauley, Park et Persaud, 2005). Selon ces théories, les pays asiatiques accumulent de façon rationnelle des réserves de change. À un moment donné, le niveau d'accumulation ou la part du dollar américain dans leur portefeuille leur paraîtront plus qu'optimaux.

3. Le point de vue de Bretton Woods II et sa critique

Le point de vue de Bretton Woods II (BW II) a été défendu par une série d'articles de Dooley, Folkerts-Landau et Garber. Il postule que la situation actuelle des déséquilibres planétaires perdurera car aucun des acteurs du cycle n'a intérêt à modifier son comportement. Presque tous les déficits des États-Unis se trouvent recyclés dans leurs marchés par l'intermédiaire des rentrées de capitaux, essentiellement sous forme d'obligations d'État. Les ménages s'y réjouissent de dépenser leur richesse provenant du refinancement de leurs emprunts hypothécaires, grâce au surplus de revenu provenant de leur capital immobilier. Le gouvernement des États-Unis, pour sa part, ne souffre pas de voir s'accroître ses déficits budgétaires, dans la mesure où les taux d'intérêt sont demeurés relativement bas. Tant que la croissance demeure vigoureuse, les États-Unis ne craignent pas les déficits de la balance courante.

L'une des composantes de la vision de Bretton Woods II est que les pays d'Asie de l'Est ont des raisons de poursuivre leur politique d'intervention sur les marchés des changes étrangers afin d'éviter une appréciation, car leur stratégie de développement repose sur une croissance soutenue des exportations. L'accumulation de réserves de change est la conséquence naturelle des interventions sur les marchés des changes visant à maintenir leur parité par rapport au dollar. Ils ont de bonnes raisons de détenir leurs réserves de change sous forme de titres en dollars américains, de façon à soutenir le dollar. Une diversification au profit de l'euro ou du yen pourrait provoquer une dépréciation du dollar, de sorte que les pays de l'Asie de l'Est ne risquent pas de la tenter. Ainsi, ni les États-Unis ni l'Asie de l'Est n'ont intérêt à modifier leur comportement.

BW II semble justifier le *statu quo*. En effet, bien que les « déséquilibres » aient atteint un degré plus élevé, le dollar n'a pas connu de dépréciation sensible au cours des deux dernières années, tandis que l'on cherchait des solutions pour résorber les déséquilibres. La logique des partisans de BW II est-elle la bonne ?

On peut distinguer plusieurs failles possibles dans leur argumentation. Premièrement, si la configuration des taux d'intérêt à l'échelle mondiale change, la consommation et l'investissement dans les principales économies changeront également. Il est assez probable que des taux d'intérêt plus élevés et qu'une augmentation des prix de l'énergie aux États-Unis imposeront un sérieux coup de frein à la consommation des ménages. Bien que l'économie des États-Unis soit demeurée robuste malgré une augmentation continue des taux d'intérêt entre 2003 et 2005, il semble néanmoins que l'expansion de la consommation touche à sa fin. Les effets négatifs sur la consommation des États-Unis ont tardé à se faire sentir, mais l'investissement immobilier a fini par amorcer une chute brutale en 2006 lorsque le marché des prêts hypothécaires à risque a commencé à voir augmenter le nombre de défauts de paiement. Si l'économie des États-Unis connaît un ralentissement significatif, cela constituera une première étape dans la résolution du casse-tête des déséquilibres planétaires.

Deuxièmement, les régimes de taux de change en Asie de l'Est sont très divers, de sorte que l'on a tort de dire que tous ces pays se fixent par rapport au dollar[1]. Plusieurs de ces pays ont cessé d'intervenir (comme le Japon depuis mars 2004), ou ont réduit leurs interventions (comme la Corée depuis 2005), de sorte que les achats publics de titres d'État ont diminué et que cette diminution se poursuivra. En revanche, les pays producteurs de pétrole ont vu leurs excédents commerciaux augmenter, grâce à la hausse des prix du pétrole, ainsi que leurs réserves de change du fait de leur parité avec le dollar. C'est pure coïncidence que la baisse des achats de bons du Trésor des États-Unis de la part des pays d'Asie

1. Le Japon a un change flottant. On peut estimer que la Corée, la Thaïlande et Singapour ont adopté un régime de panier de devises. La Chine et la Malaisie ont maintenu *de facto* leur parité avec le dollar, bien que la Chine ait déclaré avoir abandonné la parité avec le dollar le 21 juillet 2005.

de l'Est ait été compensée par une augmentation des achats de la part des pays pétroliers (éventuellement par l'intermédiaire de fonds européens ou d'institutions financières).

Troisièmement, dans certains pays d'Asie de l'Est, l'accumulation de réserves de change peut atteindre des niveaux qui risquent de se révéler néfastes pour eux. Si les interventions ne sont pas parfaitement stérilisées, l'économie peut connaître une surchauffe qui engendre une inflation des prix à la consommation et/ou une bulle spéculative au niveau des prix des actifs. Nombreux sont ceux qui prévoient une telle surchauffe en Chine. Cependant le taux d'inflation de l'indice des prix à la consommation (IPC) est resté à un niveau tout à fait acceptable (en dessous de 5 %) dans les pays en développement. Par ailleurs, pour les pays dont le taux d'intérêt national est supérieur au taux d'intérêt des États-Unis, le maintien de réserves de change importantes représente un coût budgétaire important. L'accumulation de réserves de change peut en outre avoir un coût politique. Les États-Unis y voient une preuve d'intervention (qui est réelle) qu'ils regardent d'un œil critique. La Chine et la Corée ont récemment lancé le Fonds d'investissement souverain, sur le modèle de la Société nationale d'investissements de Singapour (GIC). S'ils pratiquent la diversification à grande échelle, la préférence pour le dollar pourrait cesser (de sorte que le dollar se dépréciera) ou bien l'achat de bons du Trésor pourrait diminuer (ce qui ferait monter les taux d'intérêt).

Quatrièmement, même si le volume des réserves de devises reste le même, son portefeuille peut être remanié afin de garantir de meilleurs rendements ainsi qu'une certaine diversification. Singapour a mis en place des fonds d'investissement d'État, la Government of Singapore Investment Corporation (GIC), pour gérer une partie de ses réserves de change. La GIC investit dans des actions, des titres à revenu fixe, de l'immobilier, entre autres choses, dans divers pays. Le même type d'agence de fonds d'investissement a été créé en Corée en 2006 et en Chine en 2007. La nouvelle agence chinoise a décidé de prendre une participation de 3 milliards de dollars dans le groupe Blackstone. Ces faits indiquent que certains pays d'Asie de l'Est sont désormais plus exigeants face aux perspectives de rendement et au risque de change. Cependant, le volume de ces fonds souverains indépendants des réserves de change traditionnelles est assez limité, et n'a pour l'instant aucune incidence visible sur la valeur du dollar.

Il est tout à fait probable que certains pays d'Asie de l'Est aient volontairement accumulé des réserves de change, en partie pour les rétablir car leur niveau avait baissé après la crise monétaire de 1997-1998, et en partie pour en accumuler davantage afin qu'elle ne s'effondre pas de nouveau au cours d'une éventuelle crise. Ils ont une telle peur du FMI qu'ils sont prêts à assumer, le cas échéant, des coûts quasi fiscaux pour pouvoir maintenir un niveau élevé de réserves de change. Cependant, dans certains pays, le niveau des réserves de change est désormais suffisamment élevé pour que les coûts encourus et les risques d'une dépréciation future du dollar l'emportent sur les avantages.

4. Rééquilibrage de la demande

4.1 Résolution du problème des déséquilibres planétaires sans récession

Comme on l'a vu dans les parties précédentes, plusieurs facteurs pourraient déclencher le processus de résolution des déséquilibres planétaires. Nous verrons ici une configuration possible d'événements requis pour éviter une récession mondiale tout en apportant des solutions pour réduire les déséquilibres planétaires. Comme on l'a montré plus haut, la récession des États-Unis pourrait constituer un facteur déclenchant. Son point de départ serait très probablement un affaissement du marché immobilier qui engendrerait à son tour une chute de l'investissement immobilier et de la consommation. Si cela se produit, les pays qui exportent vers les États-Unis connaîtront une baisse de leurs exportations, une diminution de leurs réserves de change et des flux de capitaux en direction des États-Unis. De cette manière, les déséquilibres planétaires seront corrigés, au prix de récessions affectant tous les pays. Il faut donc que la chute de la consommation intérieure des États-Unis coïncide avec une hausse de la demande intérieure ainsi que de la demande d'importations en provenance des États-Unis de la part des pays de l'Asie de l'Est et des producteurs de pétrole.

Ainsi, la première solution qui saute aux yeux pour régler le problème des déséquilibres planétaires est de contraindre les ménages des États-Unis à consommer moins, et d'inciter les ménages et les entreprises des autres parties du monde, en particulier en Asie de l'Est et dans les pays producteurs de pétrole, à dépenser davantage dans la consommation, l'investissement et les importations. Pourquoi les forces du marché à elles seules ne seraient-elles pas capables de mettre en œuvre cette solution ? Les gouvernements des plus grands pays ont-ils un rôle à jouer en coordonnant leurs politiques de sorte que les dépenses du secteur privé puissent être freinées (aux États-Unis) ou au contraire stimulées (dans le reste du monde) ? Nous tenterons de répondre à ces questions plus bas.

Le comportement des banques centrales des pays d'Asie de l'Est et des pays producteurs de pétrole constitue un autre facteur de déclenchement. Si elles (a) cessent d'intervenir ; (b) déplacent leur portefeuille ou cessent d'acheter des bons du Trésor des États-Unis, alors les monnaies asiatiques seront réévaluées et les taux d'intérêt des États-Unis monteront. Cela imposera un ralentissement à toutes les économies concernées. Ainsi, afin d'éviter une récession à l'échelle mondiale, il faut que chaque économie augmente de son côté les dépenses de consommation privée, ou que les gouvernements soient incités à faire des dépenses fiscales, ou les banques centrales à abaisser les taux d'intérêt. Dans les paragraphes suivants, nous tâcherons d'évaluer l'ampleur des mesures de rééquilibrage nécessaires.

4.2 Simulation simple

Supposons que les États-Unis diminuent leurs importations de x % du PIB et augmentent leurs exportations de y %, de sorte que les exportations nettes augmentent de 3 % (x + y = 3). Supposons par ailleurs que la baisse des exportations (la hausse des importations) vers les États-Unis affecte leurs partenaires commerciaux proportionnellement, de sorte que les exportations de chaque pays partenaire vers (importations en provenance de) les États-Unis diminuent (augmentent respectivement) à raison du même pourcentage. Le tableau 1 fait apparaître les incidences des changements affectant les exportations et/ou les importations des États-Unis sur les partenaires commerciaux.

Tableau 1.
Incidence d'une baisse des importations des États-Unis et d'une hausse des exportations des États-Unis sur leurs partenaires commerciaux.

Scénario 1 : États-Unis : baisse des importations à hauteur de 3 % du PIB, 2004.

Baisse des exportations vers les États-Unis
(rapportée au PIB des pays respectifs)

Pays asiatiques nouvellement industrialisés	– 2,01
Asean+3	– 2,19
Zone euro	– 0,54
Chine	– 2,86
Japon	– 0,66

Les baisses des importations des États-Unis de 3 % du PIB sont calculées en dollars américains, sans changement dans les exportations des États-Unis. Les baisses d'importations des États-Unis sont ensuite réparties proportionnellement entre les pays qui exportent vers les États-Unis. On suppose que les parts réelles respectives des importations des États-Unis (exportations vers les États-Unis) ne changent pas. L'incidence, la baisse des exportations de la part des partenaires commerciaux vers les États-Unis, s'exprime en pourcentage de PIB (en dollars américains) des partenaires commerciaux (pays ou régions), en 2004.

Scénario 2 : États-Unis : hausse des exportations de 1 % du PIB ; baisse des importations de 2 % du PIB, 2004.

Diminution des excédents commerciaux avec les États-Unis
(rapporté au PIB des pays respectifs)

Pays asiatiques nouvellement industrialisés	– 2,29
Asean+3	– 2,29
Zone euro	– 0,55
Chine	– 2,18
Japon	– 0,62

Une baisse des importations des États-Unis de 2 % du PIB et une hausse des exportations de 1 % du PIB sont calculées en dollars américains, sans changement dans les exportations des États-Unis. Les baisses d'importations (et d'exportations) des États-Unis sont ensuite réparties entre les pays qui exportent vers les États-Unis (et ceux qui importent) proportionnellement (respectivement). On suppose que les parts des partenaires commerciaux ne changent pas pour les importations des États-Unis comme pour les exportations. L'incidence – la baisse des exportations en provenance des partenaires commerciaux vers les États-Unis et la hausse des importations en provenance des États-Unis vers les partenaires commerciaux – est exprimée en pourcentage de PIB (en dollars américains) des partenaires commerciaux (pays ou régions).

Lorsque les déficits commerciaux des États-Unis évolueront, de quelle manière l'allocation de l'ajustement entre les partenaires commerciaux dans le monde se fera-t-elle ? On ne dispose que d'une estimation sommaire. Supposons que les importations et les exportations connaissent des changements (sans que l'on cherche à savoir ce qui les a déclenchés) et que ceux-ci soient répartis entre les partenaires commerciaux sans que la part d'importations et d'exportations de chacun soit modifiée.

Rappelons que les chiffres donnés ne s'appuient pas sur l'économétrie proprement dite. Il ne s'agit que de calculs mécaniques qui ne tiennent pas explicitement compte des variations des taux de change.

Scénario 1 : baisse de 3 % des importations. On pose l'hypothèse suivante : supposons une baisse des importations des États-Unis correspondant à 3 % du PIB. L'allocation des sommes en dollars issue de ce changement se fait entre les partenaires commerciaux de façon que la part des importations par pays ne change pas. C'est-à-dire que les baisses dans les importations des États-Unis sont réparties proportionnellement entre les pays qui exportent vers les États-Unis. La baisse des exportations des partenaires commerciaux vers les États-Unis est exprimée en points de PIB de ces partenaires (pays ou régions). Nous nous appuyons sur les statistiques de 2004.

Scénario 2 : baisse de 2 % des importations ; hausse de 1 % des exportations. Supposons que les importations des États-Unis baissent à hauteur de 2 % de leur PIB et que les exportations augmentent de 1 % de leur PIB. Que ces changements soient répartis entre les partenaires commerciaux de sorte que la part d'importations et d'exportations de chacun avec les États-Unis reste inchangée.

Calculons les incidences sur les balances commerciales des partenaires.

Dans la mesure où la baisse des exportations vers les États-Unis ou la hausse des importations en provenance des États-Unis est rapportée aux PIB des partenaires commerciaux, les petits pays souffrent davantage, en termes de points de PIB, d'une réduction des échanges avec les États-Unis. La différence de scénario dépend de ce qu'un pays exporte davantage vers les États-Unis ou importe davantage des États-Unis. La Chine exporte davantage vers les États-Unis qu'elle n'importe, de sorte que, dans le premier scénario, l'incidence est plus importante pour elle que dans le second.

Les ajustements qui en résultent pour chaque partenaire commercial apparaissent dans le tableau 1. Les répercussions pour la Chine et pour les économies nouvellement industrialisées (NIES) sont d'autant plus grandes que ces pays dépendent des États-Unis pour leurs exportations rapportées au PIB. La baisse des exportations et l'augmentation des importations représentent plus de 2 % du PIB de la Chine et des pays d'Asie de l'Est. Bien que le volume des échanges entre le Japon et l'Europe d'une part, et les États-Unis de l'autre, soit important, leurs marchés intérieurs sont également importants, si bien que la baisse des exportations ou des importations des États-Unis ne représente pas plus de 1 % en part de PIB de leurs économies respectives. Il faut que les partenaires commerciaux des États-Unis trouvent des moyens de stimuler leur propre demande intérieure afin d'éviter une récession provoquée par une détérioration de leur situation commerciale vis-à-vis des États-Unis.

4.3 Rôle de la politique des États-Unis

Si les réserves de change en Asie de l'Est atteignent bientôt leur point de saturation pour ce qui est des bons du Trésor des États-Unis, la demande de consommation et d'investissement pourrait naturellement se déplacer des États-Unis vers l'Asie de l'Est et les pays producteurs de pétrole. On peut se demander à quelle échéance, plus ou moins brève, surviendra ce déplacement. Surviendra-t-il avant que même le compte des revenus de l'investissement (rapatriement des revenus moins les frais) des États-Unis connaisse un déficit important ? Si l'on considère que l'ajustement se fait trop lentement, comment le gouvernement pourrait-il intervenir ?

Au cours des dernières années, les prix de l'immobilier ont considérablement augmenté dans certaines villes et régions des États-Unis, de la Grande-Bretagne, d'Australie et de certains autres pays. La hausse de la valeur du capital immobilier a encouragé les dépenses de consommation. Les banques centrales de ces pays se sont abstenues d'imposer des « coups de frein » aux prix des actifs. Il est difficile de dire si la hausse des prix des actifs n'est qu'une bulle spéculative. L'atterrissage, brutal si on augmente délibérément les taux d'intérêt afin de faire éclater une bulle spéculative, comme ce fut le cas au Japon au début des années 1990, est plutôt à éviter. Si les déficits de la balance courante des États-Unis deviennent le principal souci avec la crainte d'un effondrement futur de la monnaie, l'idée reste valable d'une politique monétaire plus stricte qui permette de ralentir la consommation et l'investissement avant qu'il ne soit trop tard.

Selon un point de vue opposé, il n'est pas raisonnable de relever les taux d'intérêt afin de réduire la demande à cause des inquiétudes liées aux déficits de la balance courante, à moins que cette hausse ne s'accompagne de l'inflation attendue. Mieux vaudrait mettre en place une politique prudentielle qui contrôle un prêt rapporté à la valeur ainsi que le bilan des institutions financières plutôt qu'une politique monétaire pour gérer les risques liés à une éventuelle bulle spéculative. Dans la mesure où les prix de l'immobilier ont cessé de grimper dans la plupart des villes des États-Unis et où les taux de crédit immobilier ont modérément augmenté, les dépenses de consommation vont bientôt ralentir. Cela contribuerait sans doute à corriger les déficits de la balance courante. Cela aiderait à « rééquilibrer » la demande agrégée aux États-Unis ainsi que dans d'autres parties du monde. Il ne paraît pas absolument nécessaire que l'on ait recours à la politique monétaire pour parvenir à cette fin.

Une action plus directe sur les déficits de la balance courante des États-Unis en réduisant les déficits budgétaires est envisageable. Une diminution progressive des dépenses fiscales ou une augmentation des impôts pourraient contribuer à résoudre à la fois le problème du déficit budgétaire et celui du déficit de la balance courante. La réduction des déficits budgétaires est également souhaitable en vue d'une situation dans laquelle les entrées de capitaux destinés à l'achat de titres d'État des États-Unis diminueront.

Il faudrait que la baisse de la consommation des ménages et de l'État s'accompagne d'une hausse des exportations. Il est nécessaire, afin d'éviter une grave récession, que les dépenses passent des produits d'importation aux produits intérieurs. Le changement de stratégie commerciale doit être assorti d'une dépréciation du dollar et d'une baisse des entrées de capitaux.

Voyons maintenant quelles peuvent être les incidences des politiques sur le taux de change. Si l'on resserre la politique monétaire en vue de freiner la consommation, cela peut attirer des entrées de capitaux supplémentaires et engendrer une appréciation du dollar ce qui serait contre-productif à l'égard de la nécessité de faire passer les dépenses des produits d'importation vers les produits intérieurs. Si l'on resserre la politique budgétaire et que l'on réduit les émissions obligataires, cela permettra de baisser le taux de l'obligation, de sorte que le dollar connaîtra une dépréciation. Il apparaît de nouveau qu'une politique budgétaire plus stricte plutôt qu'une politique monétaire plus stricte est plus appropriée dans le cadre d'un objectif de réduction des déficits de la balance courante.

Plusieurs études empiriques ont montré que les effets dynamiques de la réduction des déficits budgétaires sur la balance des opérations courantes sont assez faibles. En fait, le rééquilibrage doit provenir d'un ajustement des dépenses dans le secteur privé (un transfert des dépenses).

4.4 Rôle des politiques dans le reste du monde

L'un des problèmes posés par le ralentissement de l'économie des États-Unis est que cela pourrait déclencher une récession à l'échelle mondiale plutôt qu'un rééquilibrage de la demande mondiale. Les économies est-asiatiques dépendent des exportations de produits finis vers les États-Unis, un ralentissement de l'économie des États-Unis pourrait donc avoir un impact négatif sur ces économies. De plus, si le dollar connaît une forte dépréciation par rapport aux monnaies est-asiatiques, cela accroîtra encore l'effet de décélération sur les économies est-asiatiques. Cependant, une certaine combinaison incluant un ralentissement de l'économie des États-Unis, une dépréciation du dollar, et une baisse des importations des États-Unis ou une hausse des exportations vers l'Asie de l'Est, l'Europe et les pays producteurs de pétrole constitue une étape majeure du rééquilibrage. Une baisse des importations aux États-Unis affectera au premier chef l'Asie (voir les estimations brutes ci-dessus). Il y a deux façons d'atténuer les effets négatifs d'une éventuelle dépréciation du dollar sur l'Asie de l'Est.

Premièrement, il faudrait coordonner les politiques de change des pays est-asiatiques de façon que les taux de change flottent ensemble par rapport au dollar américain et aux autres monnaies principales en dehors de la région. Les économies de l'Asie de l'Est sont suffisamment intégrées pour que le ratio des échanges soit aussi élevé que celui des pays de l'Union européenne, soit environ 50 %. Une chute importante du dollar américain provoquerait donc des changements majeurs dans les taux de change intrarégionaux (comme celui du yen-yuan, du yen-won, du baht-yen, etc.), à moins que les autorités chinoises et malaises soient prêtes à accorder beaucoup plus de flexibilité à leur monnaie. La garantie de coordination des mouvements des monnaies est-asiatiques est liée à l'adoption d'un régime de panier commun et de bandes de Bollinger, de sorte qu'elles restent stables les unes par rapport aux autres, et flottent ensemble par rapport aux autres monnaies. (Il y a quelque temps déjà que l'on a formulé des propositions de type *basket, band and crawl* (BBC), ainsi que leurs variantes à l'attention de l'Asie de l'Est. Voir Williamson, 2000 ; Ito, Ogawa et Sasaki, 1998 ; Ogawa et Ito, 2002 pour de plus amples détails.)

Deuxièmement, on peut assouplir les politiques économiques des pays d'Asie de l'Est d'autant que l'on prévoit des pressions sur le dollar qui le poussent à se déprécier. Cependant, il ne serait sans doute pas judicieux de la part de certains pays d'Asie de l'Est d'opter pour les dépenses fiscales. Avec une dette publique considérable, le Japon n'a guère de marge de manœuvre pour proposer des incitations fiscales. En revanche, le Japon dispose d'une plus grande liberté pour sa politique monétaire dans la mesure où les risques d'inflation sont faibles. Dans le processus de sortie de déflation, la politique monétaire peut se maintenir « derrière la courbe » afin de garantir que la reprise sortira l'économie d'une stagnation de quinze ans et d'une déflation qui dure depuis huit ans. Parallèlement, la politique de déficit actif de la part des gouvernements coréen, thaïlandais et philippin n'est peut-être pas une bonne solution. Ils n'ont toujours pas fini de résoudre le problème du déficit budgétaire lié à la gestion de la crise de 1997. Seules la Chine et la Malaisie disposent d'une marge de manœuvre pour stimuler l'économie via une politique fiscale.

Dans la mesure où les prix du pétrole ont fortement augmenté entre 2004 et 2006, de nombreux pays producteurs de pétrole ont enregistré d'importants excédents commerciaux. Jusqu'à présent, il semble que la plupart de ces revenus ont été recyclés sur les marchés d'actifs des pays les plus riches. Lorsque les pétroliers commenceront à investir leurs revenus du pétrole sur les marchés nationaux et étrangers, ils contribueront au rééquilibrage de la demande mondiale. Cependant, il sera difficile de mettre au point une politique de demande agrégée à court terme pour retrouver l'équilibre. Le report des excédents provenant des exportations de pétrole sur l'investissement et la croissance à long terme des économies nationales représente un défi pour ces nations. Ce qui peut de toute évidence stimuler la demande intérieure, ce sont l'investissement public voué à l'amélioration des infrastructures sociales et l'investissement privé dans les secteurs liés au pétrole. Par ailleurs, on pourrait stimuler l'investissement dans les pays producteurs de pétrole en menant des politiques structurelles visant à renforcer les infrastructures légales et économiques.

Afin d'assurer une transition sans heurt, il faudrait que les politiques mises en œuvre par les États-Unis cherchent à réduire la consommation des ménages et les dépenses budgétaires. Afin d'atténuer l'impact de la récession il faudrait augmenter les exportations et diminuer les importations. Une dépréciation du dollar ainsi qu'un ajustement des déficits commerciaux sont par ailleurs nécessaires. L'incidence sur les pays d'Asie de l'Est sera importante, mais les pays producteurs de pétrole ainsi que l'Union européenne en ressentiront également les effets.

Il existe une solution satisfaisante. Il faut que la Chine, l'Union européenne et les pays de l'OPEP stimulent leur demande intérieure afin d'augmenter leurs importations en provenance des États-Unis. Dans une moindre mesure, il faudrait également que le Japon, la Malaisie, le Canada et le Mexique encouragent la demande intérieure. Les pays développés doivent s'efforcer de stimuler la consommation, tandis que les pays émergents ainsi que l'OPEP doivent encourager l'investissement, étant donné qu'ils manquent d'infrastructures sociales, de bâtiments industriels et d'équipements modernes.

Dans certains pays d'Asie de l'Est, il faut que la demande intérieure soit stimulée afin de compenser la baisse des exportations vers les États-Unis. La coordination des politiques de change atténuera l'impact d'une dépréciation du dollar sur leurs échanges commerciaux, dans la mesure où les échanges intrarégionaux sont déjà importants. La stabilité interne ainsi que le flottement conjoint par rapport au reste du monde sont primordiaux pour les pays d'Asie. Enfin, il leur faudrait assouplir leur politique monétaire afin de stimuler l'investissement.

Les déséquilibres planétaires précurseurs d'une nouvelle crise financière

Une saga Rashomon contemporaine[1]

NOURIEL ROUBINI[2]

Le débat des dernières années sur les déséquilibres de la balance des paiements courants dans le monde rappelle singulièrement ce classique du cinéma japonais qu'est *Rashomon* d'Akira Kurosawa. Dans ce film, un crime affreux a été commis dans une forêt. Chacun des quatre personnages reconnaît qu'il s'est passé quelque chose de mystérieux, mais chacun donne une interprétation personnelle différente de ce qui s'est passé, de la raison pour laquelle cela est arrivé et de qui est coupable. Comme dans *Rashomon*, il n'y a pas de désaccord sur les éléments du « crime » des déséquilibres planétaires. Tout le monde reconnaît que les déséquilibres de la balance des paiements courants à l'échelle mondiale sont graves et ne cessent de croître, dans la mesure où les États-Unis épargnent moins qu'ils n'investissent, où leurs dépenses sont plus importantes que leurs revenus, tandis que, presque partout ailleurs dans le monde, l'épargne est supérieure à l'investissement et les dépenses inférieures aux revenus. La question des causes de ce crime et des pays qui en sont responsables donne lieu à d'âpres débats, d'autant que dix scénarios de cette saga contemporaine se déclinent selon autant de causes et de responsabilités, et non quatre seulement comme dans *Rashomon*.

1. Traduction de Nathalie Ferron.
2. L'auteur est professeur d'économie à la Stern School de l'université de New York.

Voici donc la scène du crime avec ses dix suspects. La politique économique des États-Unis, dont les déficits de la balance des paiements courants et du budget sont les grands maux, en est le premier. Une deuxième cause des déséquilibres financiers planétaires tient à l'excès d'épargne provenant des économies des pays émergents[1]. C'est l'argument de Ben Bernanke, par exemple, selon lequel le problème ne vient pas des déficits budgétaires des États-Unis (puisque le monde est « ricardien »). La pénurie d'investissement mondial plutôt que l'excès d'épargne mondiale se présente comme une troisième cause. L'hypothèse de Bretton Woods II (BW II) en est une quatrième : elle est défendue par les trois mousquetaires Dooley, Folkerts-Landau et Garber, pour lesquels la Chine et de nombreuses autres économies émergentes sous-évaluent systématiquement leurs monnaies afin d'assurer une croissance fondée sur les exportations, provoquant ainsi les déséquilibres planétaires. Une cinquième cause ne serait pas liée à la politique de change de la Chine ou à son excès d'épargne, mais plutôt aux facteurs structurels des systèmes financiers qui poussent à épargner de manière excessive. La démographie du Japon, de l'Europe et même de la Chine (et la faible croissance de la productivité des deux premiers cités) serait une sixième cause selon Richard Cooper, ces pays ont besoin d'épargner car ils vieillissent très rapidement. Septièmement, la faute peut être imputable aux pays exportateurs de pétrole qui n'ont pas utilisé les énormes profits liés au prix du pétrole pour investir et consommer ; ils en épargnent la totalité. Les bulles immobilières en partie dues aux politiques d'argent à bon marché en sont la huitième cause possible, dans la mesure où aux États-Unis comme dans quelques autres pays, ces bulles immobilières ont

1. L'argument d'un excès d'épargne implique que les changements de comportement de la Chine et des pays exportateurs de pétrole engendrent, avec des taux d'intérêt réels mondiaux initialement inchangés, une hausse de l'épargne mondiale qui déclenche une réduction des taux d'intérêt réels, lesquels, à leur tour, provoquent des modifications de l'épargne privée des États-Unis et de l'investissement qui grèvent la balance des paiements Tout cela n'est vrai que si l'épargne mondiale a réellement augmenté et dépend de son impact sur les taux d'intérêt réels mondiaux. Les controverses autour de ces questions sont nombreuses.

stimulé l'investissement intérieur (dans le logement) et provoqué une hausse de la consommation et une baisse de l'épargne. Neuvièmement, tout vient de la mondialisation de la finance car la diversification des portefeuilles ainsi que la disparition du patriotisme économique engendrent une demande importante, à l'échelle mondiale, d'actifs des États-Unis. Enfin, le problème de balance des paiements n'en est pas un : on exploite mal les données. Selon Hausmann et Sturzenneger, par exemple, on n'évalue pas correctement cette matière noire que constitue la valeur des avoirs des États-Unis intangibles sur l'étranger.

Le débat concernant ces différentes interprétations est important à double titre : premièrement, selon le point de vue que l'on a sur les causes, les déséquilibres planétaires peuvent durer un certain temps avant de se corriger progressivement et de manière ordonnée, ou bien ils ne peuvent se prolonger et risquent de provoquer une crise brutale et une désorganisation de l'économie mondiale. En d'autres termes, certains considèrent les déséquilibres mondiaux comme un véritable crime tandis que d'autres voient en eux un simple délit. D'autres encore pensent même qu'ils sont une véritable bénédiction masquée (comme dans la vision du monde excessivement optimiste de BW II). Deuxièmement, suivant le point de vue que l'on a sur les causes et les responsabilités, les politiques à mettre en œuvre seront très différentes selon qu'elles doivent rééquilibrer ces disparités de manière ordonnée (la sanction requise pour redresser les torts et éviter les récidives) ou répondre à la question de la responsabilité des pays qui doivent fournir le plus d'efforts afin d'expier leur comportement criminel.

Même si ces deux versions comportent chacune une part de vérité, on trouve beaucoup d'opinions absurdes ou erronées dans ce débat très polémique. Il est donc essentiel d'écarter les arguments trompeurs et les interprétations erronées avant de pouvoir donner une réponse aux deux importantes questions de politique posées ci-dessus, à savoir, les déséquilibres peuvent-ils perdurer ? Quelle politique faut-il adopter, et par qui, afin de les corriger de façon ordonnée ? Essayons donc de séparer le plausible du faux.

A-t-on affaire à des « déficits jumeaux » ou à un excès d'épargne mondiale ? Jusqu'à 2004, la version des déficits jumeaux semblait beaucoup plus logique que l'hypothèse de l'excès d'épargne.

Dans les années 1990, le déficit de la balance des paiements états-unienne s'expliquait par un boom de l'investissement qui dépassait la hausse de l'épargne nationale due à la nette amélioration des finances au cours de ces mêmes années. Pourtant, après la récession dans le secteur de la haute technologie en 2000, l'investissement intérieur chuta de 4 % du PIB entre 2000 et 2004. Ainsi, à niveau d'épargne égal, la balance courante aurait dû s'améliorer de 4 % du PIB ; mais, au lieu de cela, elle a encore perdu 2 % du PIB. Pour quelle raison ? La réponse est simple : la politique budgétaire états-unienne a connu un revirement avec l'excédent budgétaire de 2,5 % du PIB en 2000 qui s'est transformé en un énorme déficit budgétaire de 3,5 % du PIB en 2004, soit un écart de 6 % exactement, qui explique la dégradation de la balance des paiements malgré l'effondrement de l'investissement. Il s'agit donc bien d'un cas de « déficits jumeaux ». Dans les années 1990, les États-Unis empruntaient à l'étranger pour investir dans de nouveaux biens réels tandis que, dans les années 2000, ils empruntent à l'étranger pour financer leurs déficits, leurs guerres extérieures ainsi que leur manque d'épargne privée. La structure des entrées de capitaux reflète bien ce scénario : dans les années 1990, on avait un investissement direct étranger (IDE) net et des prises de participation au capital significatifs de l'étranger vers les États-Unis ; dans les années 2000, on a un IDE et des prises de participation nets négatifs (sorties nettes, et non entrées tandis que les actions états-uniennes s'effondrent) et, à la place, une accumulation massive de la dette états-unienne, essentiellement sous forme de bons du Trésor américain de plus en plus souvent détenus par des banques centrales étrangères.

Ainsi, jusqu'en 2004, l'hypothèse de l'excès d'épargne mondiale ne correspond pas aux données : un excès d'épargne mondiale devrait entraîner une baisse des taux réels mondiaux suscitant un accroissement du déficit de la balance des paiements courants états-unienne par l'intermédiaire d'une augmentation de l'investissement réel et d'une baisse de l'épargne privée. Aucun de ces deux effets n'a pu être constaté au cours de la période 2000-2004 et la dégradation du déficit de la balance des paiements états-unienne a été entraînée par la différence de 6 % dans les comptes financiers. Par ailleurs, les arguments en faveur d'un excès d'épargne mondiale devraient logiquement être associés à parts égales à une augmentation de l'épargne mondiale et du taux d'investissement mondial : c'est-à-dire qu'une augmentation exogène de l'épargne dans certaines régions telles que la Chine et les pays exportateurs de pétrole engendre à taux d'intérêt réels initiaux donnés une hausse de l'épargne mondiale. Cette hausse engendre une baisse des taux d'intérêt réels qui provoque une augmentation proportionnelle des taux d'investissement mondiaux ainsi que des taux d'épargne mondiaux (en tant que part de PIB). Inversement, une baisse exogène des taux d'investissement à l'échelle mondiale c'est-à-dire une pénurie mondiale d'investissement devrait logiquement se trouver associée à parts égales à une baisse de l'épargne et des taux d'investissement à l'échelle mondiale : c'est-à-dire qu'une baisse exogène des taux d'investissement dans certaines régions telles que l'Asie du Sud-Est après la crise qui l'a frappée ainsi que l'Europe et le Japon à cause de leur faible croissance engendre, à taux d'intérêt réels initiaux donnés, une baisse de l'investissement à l'échelle mondiale. Cette baisse provoque une chute des taux d'intérêt réels qui entraîne à proportion une baisse des taux d'investissement et des taux d'épargne à l'échelle mondiale (en tant que part du PIB). Ainsi, la même baisse des taux d'intérêt réels à l'échelle mondiale (l'énigme du marché obligataire) pourrait être engendrée soit par un excès d'épargne mondiale, soit par une pénurie d'investissement mondial. Le test permettant de mettre à l'épreuve l'une ou l'autre hypothèse est donc la valeur d'équilibre de l'épargne mondiale et des taux d'investissement en tant que part du PIB. Les données du FMI montrent qu'entre 2000 et 2004, à la fois les taux d'investissement et les taux d'épargne à l'échelle mondiale connurent une baisse, réfutant ainsi l'hypothèse de l'excès d'épargne mondiale et corroborant plutôt le scénario de la pénurie d'investissement mondial. Entre 2000 et 2004, les taux d'épargne mondiaux sont passés de 22,3 % du PIB à 21,4 % du PIB, tandis que les taux d'investissement mondiaux passaient de 22,5 % du PIB à 21,7 % du PIB (l'infime différence entre l'épargne et l'investissement étant due à des erreurs statistiques). Jusqu'à 2004, l'hypothèse de l'excès d'épargne mondiale n'a donc aucun fondement empirique.

À partir de 2005, les choses ont légèrement changé : le déficit de la balance des paiements états-unienne s'est accru, tandis que le déséquilibre budgétaire s'est modérément atténué. En effet, depuis 2005, un excès d'épargne (par rapport à l'investissement) en Chine et dans les pays exportateurs de pétrole a maintenu les taux à long terme à un bas niveau (c'est une explication mais ce n'est pas la seule dans la mesure où les politiques d'argent à bon marché ont également joué un rôle dans la désormais tristement célèbre « énigme des marchés obligataires »). L'excès d'épargne a gonflé la bulle immobilière ainsi que la bulle de la consommation qui lui est associée, réduisant encore l'épargne privée (l'épargne des ménages devenant négative). Ainsi, ce scénario lacunaire de l'excès d'épargne qui fonctionne pour quelques pays et pour 2004-2005, n'est certainement pas un excès d'épargne « mondiale ». En 2005, les taux d'épargne mondiaux sont montés à 22 % (contre 21,4 % en 2004) et les taux d'investissement mondiaux à 22,2 % contre 21,7 % ; on attend encore une légère hausse de l'épargne et de l'investissement dans le monde en 2006. Notez qu'en 2005, à la fois l'épargne et l'investissement mondiaux sont en deçà de leurs niveaux de 2000 et proches (mais pas au-dessus) de leurs niveaux moyens de 1992-1999 ; il n'y a donc guère voire aucune preuve d'un excès d'épargne mondiale. Bernanke est donc allé trop loin. Puisqu'en réalité, plutôt qu'un excès d'épargne mondiale, on a constaté une pénurie d'investissement mondial : les taux d'investissement en Asie du Sud-Est se sont effondrés après la crise de 1997-1998 et n'ont jamais retrouvé leur niveau antérieur, tandis que, dans les pays à croissance lente, l'Europe et le Japon, ils sont faibles depuis assez longtemps. Il s'agit donc plutôt d'une pénurie temporaire de l'investissement mondial, comme le montrent les données concernant l'épargne et l'investissement à l'échelle mondiale jusqu'en 2005. Plutôt qu'à un excès de l'épargne mondiale, on constate que la planète est confrontée à une énorme pénurie à la fois de l'épargne publique et de l'épargne privée états-uniennes ; il s'agit en fait plus d'une famine que d'une pénurie, car l'épargne des ménages des États-Unis est désormais négative et, après quatre années de redressement, les États-Unis connaissent toujours un important déficit budgétaire structurel qui dépasse leur croissance potentielle.

Le scénario de Bretton Woods II (BW II) donne sans conteste une explication partielle des déséquilibres[1]. C'est une variante de l'argument de l'excès d'épargne de Bernanke dans laquelle l'épargne excessive est due aux politiques de change mercantilistes de la Chine et des autres pays émergents. Les défenseurs de l'hypothèse de BW II ont sans doute eu raison jusqu'à présent de penser que nombre d'économies des pays émergents suivent des politiques mercantilistes de croissance soutenue par les exportations et tributaires de la dévaluation des monnaies et de l'accumulation agressive de devises afin d'éviter une appréciation de leur monnaie. La vision trop optimiste des trois mousquetaires de BW II selon laquelle ces déséquilibres sont optimaux et peuvent se maintenir pendant des décennies relève essentiellement du vœu pieux : comme on le verra plus loin, si les déficits de la balance des paiements courants états-unienne, de l'ordre de 7 % ou plus du PIB, se poursuivent, les engagements extérieurs des États-Unis finiront par devenir intenables et provoqueront un atterrissage brutal sévère du dollar et de l'économie mondiale. Par ailleurs, le système de BW II est instable à plusieurs titres, ce qui l'empêchera de durer au-delà d'une décennie ; les germes et les déclencheurs de son délitement sont d'ores et déjà en place.

Les taux d'épargne élevés de la Chine (malgré des taux d'investissement élevés) sont dus en partie à un ensemble de facteurs structurels qui freinent la consommation : les ménages chinois doivent épargner de manière préventive pour l'éducation, la santé, la retraite dans la mesure où l'État n'offre que très peu de sécurité sociale, et pour les périodes de chômage car il n'y a pratiquement aucun filet de protection sociale. En outre, certaines faiblesses du système financier (absence d'un bon système de crédit à la consommation et contraintes dans la manière de financer le logement) obligent les ménages à épargner beaucoup. Des réformes structurelles, que la Chine prévoit de mettre en œuvre dans les prochaines années, sont donc nécessaires afin que ce pays s'appuie moins sur ses exportations nettes et sur l'investis-

1. Voir Setser (2006) et Roubini (2006) pour une analyse détaillée de l'hypothèse de BW II et de ses preuves.

sement et davantage sur la consommation pour soutenir une croissance à long terme.

Les tendances démographiques (en Europe, au Japon et en Chine) ainsi qu'une faible croissance de la productivité (en Europe et au Japon) impliquent qu'une partie de ces déséquilibres planétaires est structurelle plutôt que cyclique (et donc plus viable à long terme). Toutefois, l'idée que tout vient de la démographie va trop loin : la Chine a peut-être un problème de vieillissement, mais la croissance de sa productivité est extrêmement forte. Un pays comme la Chine n'a pas besoin d'épargner autant que l'Europe et le Japon qui vieillissent et ont une croissance faible. Par ailleurs, bien que ces dernières régions puissent avoir besoin d'un solde excédentaire structurel de la balance des paiements, elles ne sont pas les sources principales des déséquilibres planétaires : la zone euro, par exemple, a en règle générale une balance des paiements équilibrée et non excédentaire.

L'argent à bon marché ainsi que d'autres facteurs relevant du secteur financier responsable du boom de l'immobilier constituent une explication partielle plus convaincante pour éclairer le déséquilibre planétaire. En effet, à part les États-Unis, les autres pays dont la balance des paiements courants est fortement déséquilibrée sont la Turquie, la Hongrie, l'Australie, la Nouvelle-Zélande, l'Islande, l'Espagne, et quelques autres. Qu'ont tous ces pays en commun ? Une explosion du marché de l'immobilier qui a conduit à une augmentation de l'investissement dans le logement et à une baisse de l'épargne privée due à l'effet de richesse sur la consommation privée : moins d'épargne et plus d'investissement impliquent un déficit de la balance des paiements. Ces pays avaient en outre d'autres traits en commun : une monnaie surévaluée, une hausse des crédits et une accumulation de la dette externe qui risquaient de les mettre en péril. Et en effet lorsqu'en 2006 les opérations de portages ont fourni des occasions de faire du rendement, tous ces pays ont vu leur monnaie subir des pressions parfois très fortes. On court le risque que ces bulles immobilières éclatent à cause des politiques d'augmentation des taux visant à juguler l'inflation. Et le rééquilibrage de ces importants déséquilibres, qui ne sauraient se prolonger, de la balance des paiements, pourrait donc se faire dans le cadre d'une récession incontrôlée avec une chute de l'investissement et une hausse de l'épargne.

Paradoxalement, la récente fuite des capitaux hors des économies émergentes dont la balance des paiements est largement déficitaire (les pays mentionnés ci-dessus plus l'Afrique du Sud, l'Inde, etc.) a provoqué une appréciation temporaire du dollar des États-Unis dans la mesure où les investisseurs fuient les actifs risqués et préfèrent la sécurité des bons du Trésor américains. Pourtant, se replier sur les actifs du pays qui a le plus important déficit de la balance des paiements est une décision paradoxale, temporaire et non viable : le dollar finira par subir de nouveau les pressions à la baisse que lui imposeront des forces à la fois structurelles (important déficit de la balance des paiements) et cycliques (baisse du différentiel de taux d'intérêt et de croissance du PIB entre les États-Unis, d'une part, et l'Europe et le Japon, d'autre part), qui poussent la monnaie états-unienne à la baisse : les monnaies ne peuvent indéfiniment défier les lois de la gravité.

On fait grand cas de l'idée que la mondialisation financière, moins de patriotisme économique et une demande étrangère plus importante d'actifs des États-Unis expliquent les déséquilibres planétaires. En tant qu'explication des causes des déséquilibres planétaires par opposition à une explication de la viabilité du financement de ces déséquilibres, cet argument n'a guère de sens. La mondialisation financière ne peut expliquer des changements affectant l'épargne et l'investissement mondiaux (causes des déséquilibres de la balance des paiements) qui dépendent d'autres facteurs. On peut très bien parvenir à une diversification des portefeuilles ainsi qu'à un abaissement du patriotisme économique sans qu'aucun pays connaisse jamais de déficit de la balance des paiements courants : les acquisitions à l'étranger et la vente d'actifs nationaux et étrangers peuvent se faire à n'importe quel degré de diversification et d'abaissement du patriotisme économique sans aucun changement dans les positions nettes . c'est-à-dire sans aucun déficit de la balance des paiements courants. Ainsi d'une part, la demande étrangère d'actifs des États-Unis n'explique pas les déséquilibres ; d'autre part, les déséquilibres ne sont pas nécessaires pour assurer une quelconque diversification de portefeuille.

Par ailleurs, le rendement des actifs des États-Unis (des actions, par exemple) a été bien inférieur de 2002 à 2006, plus faible que dans le reste du monde. L'afflux positif que constituait l'IDE net ainsi que l'investissement de portefeuille en actions états-uniennes qui s'élevait à 200 milliards de dollars à la fin des années 1990 s'est transformé en une sortie négative de 200 milliards de dollars en 2003-2004 (le chiffre de 2005 étant faussé par la loi sur l'investissement intérieur). On voit que les étrangers ne se précipitent pas pour acheter les actifs des États-Unis : les flux de capitaux nets sortent des États-Unis, ils n'y entrent pas, ce qui contredit la légende selon laquelle les étrangers veulent à tout prix acheter des titres des États-Unis. Il pourrait cependant être exact que la mondialisation financière permette au déficit de la balance des paiements états-unienne de se prolonger plus longtemps : en effet, n'importe quel pays émergent affecté de déficits jumeaux de la taille de ceux des États-Unis auraient depuis longtemps connu une crise monétaire et un atterrissage brutal. Le fait que les États-Unis aient une économie développée, qu'ils n'aient jamais manqué de rembourser leur dette externe et que leur monnaie reste la principale monnaie de réserve mondiale, leur permet de maintenir leur déficit plus longtemps. Pourtant, il est impossible de défier les lois de la gravité indéfiniment et cette dynamique vouée à l'échec des engagements nets externes que poursuivent les États-Unis les rattrapera un jour.

De plus, l'argument du « privilège exceptionnel », le fait que les États-Unis puissent emprunter dans leur propre devise et donc réduire la valeur réelle de leur dette externe via une dépréciation permanente du dollar, comporte une erreur conceptuelle fondamentale. Comme le dit le proverbe : on peut tromper tout le monde pendant un certain temps (avec une dépréciation inattendue) et certaines personnes tout le temps (ces quelques banques centrales qui ne se préoccupent absolument pas du rendement de leurs actifs des États-Unis). Pourtant, on ne peut tromper tout le monde tout le temps : c'est-à-dire que si les investisseurs devaient attendre une dépréciation nécessaire du dollar même de 4 à 5 % par an seulement, les profits et rendements des actifs des États-Unis seraient revus à la hausse pour compenser cette chute inattendue du dollar.

Il n'y aurait donc aucun moyen de diminuer la valeur réelle de la dette externe états-unienne grâce à une baisse constante du dollar.

L'argument de la « matière noire » se révèle celui d'un « trou noir » quand on regarde la réalité. Le scénario de la matière noire est le suivant : si les États-Unis étaient réellement débiteurs nets (à hauteur de 2 000 milliards de dollars selon les données officielles), les paiements du revenu net des facteurs seraient négatifs (si les profits des actifs étrangers des États-Unis sont en moyenne équivalents au rendement sur les engagements extérieurs des États-Unis). Pourtant, les paiements des États-Unis du revenu net des facteurs sont restés positifs, même après que les États-Unis devinrent officiellement débiteurs nets à la fin des années 1980. Il faut donc bien qu'il existe quelque matière noire ou valeur intangible des avoirs des États-Unis à l'étranger (une technologie ou des compétences états-uniennes supérieures ou bien une médiation financière supérieure) qui explique ce paradoxe. Les États-Unis ne sont donc pas débiteurs nets et leur balance des paiements n'est pas en déficit. La matière noire est un conte à dormir debout : premièrement, le revenu net des facteurs diminue rapidement et tend à devenir nul, il sera négatif en 2006. Deuxièmement, la composition des avoirs et des engagements des États-Unis à l'étranger explique la différence temporaire des profits relatifs (les engagements des États-Unis correspondant plutôt à des dettes et les avoirs à des titres et à de l'IDE). Par ailleurs, lorsque les taux d'intérêt des États-Unis sur les bons du Trésor ne dépassaient pas 1 %, les paiements nets des facteurs étaient également bas ; tandis qu'à présent, avec des taux d'intérêt à court terme dépassant les 5 %, les paiements des intérêts nets au titre de la dette extérieure états-unienne montent. Troisièmement, l'arbitrage fiscal visant à profiter des taux d'imposition sur les sociétés plus bas dans certaines régions d'Europe et du reste du monde conduit les entreprises états-uniennes à fixer des prix de transfert qui laissent la plus grande partie des bénéfices réalisés par les multinationales états-uniennes à l'étranger, tandis que l'inverse se produit pour les multinationales étrangères opérant aux États-Unis. Quatrièmement, la façon dont on mesure l'IDE à ses valeurs historiques et boursières sous-estime la valeur de l'IDE étranger sur le territoire des États-Unis et surestime la valeur de l'IDE des États-Unis à l'extérieur.

Cinquièmement, même si la matière noire existait bel et bien et si les États-Unis étaient créditeurs nets au lieu d'être débiteurs nets, cela ne voudrait pas dire qu'il n'y a pas de déficit de la balance des paiements états-unienne, ni que le pays puisse présenter indéfiniment un déficit de la balance commerciale de plus de 7 % de son PIB. Cela signifierait simplement que la balance commerciale qui, en fin de compte, stabilise les engagements extérieurs nets des États-Unis présente un faible déficit (autour de 1 % du PIB au maximum) plutôt qu'un léger excédent : ainsi, passer d'un déficit commercial actuel de 7 % à un déficit de 1 % implique toujours une réduction massive du déficit extérieur des États-Unis qui sera difficile à obtenir. On peut en conclure que la soi-disant matière noire n'est en fait qu'un énorme trou noir qui absorbe toujours plus d'épargne étrangère pour financer des déficits des États-Unis toujours plus grands.

Les pays exportateurs de pétrole ont bien sûr leur part de responsabilité dans l'accroissement récent des déséquilibres planétaires, mais l'idée qu'ils sont un facteur essentiel et que le recyclage des pétrodollars peut constituer une source durable, commode et bon marché pour financer les déficits de la balance des paiements états-unienne, est une idée fausse à bien des égards. Jusqu'à présent, les États-Unis ont réagi au choc pétrolier comme s'il s'agissait d'un événement passager, ils ont donc protégé la consommation face au choc du revenu réel suscité par les prix élevés du pétrole ; ce faisant ils ont moins épargné et accru leur déficit de la balance des paiements. Inversement, les pays exportateurs de pétrole ont également fait comme si le choc était passager et ont donc épargné la plus grande partie des bénéfices pétroliers. La seule réaction rationnelle à ce choc pétrolier semi-permanent (car il est aujourd'hui devenu chronique) a été celle de l'Europe et de l'Asie qui ont partiellement adapté leur consommation et où les balances des paiements courants n'ont pas été déséquilibrées au point où elles l'auraient été si on avait perçu le choc comme étant passager. Cela implique également que, en net, à la hausse de l'épargne des exportateurs de pétrole correspond en partie une baisse de l'épargne des pays importateurs ; de sorte que, en net, le choc pétrolier n'a pas engendré une augmentation importante ou un excès d'épargne mondiale, et ne peut être tenu responsable, comme le prétendent les interprétations naïves, d'une grande partie de la baisse des taux d'intérêt à long terme à l'échelle planétaire.

En particulier, supposons qu'il y ait un choc pétrolier et que les exportateurs de pétrole comme les importateurs agissent comme si ce choc n'était que passager : alors l'épargne des exportateurs de pétrole augmente en proportion exacte de leurs revenus, tandis que l'inverse se produit pour les importateurs de pétrole. D'importants déséquilibres affectent les balances des paiements (un énorme excédent chez les exportateurs de pétrole et un énorme déficit chez les importateurs), mais il n'y a pas d'excès d'épargne à l'échelle mondiale : l'épargne mondiale reste la même ainsi que les taux d'intérêt réels mondiaux. Le changement dans les déséquilibres des balances des paiements n'est pas dû à un excès d'épargne (dans la mesure où il n'y a eu aucun changement dans les taux d'intérêt réels) mais bien plutôt au comportement rationnel des exportateurs et des importateurs de pétrole qui réagissent à un choc pétrolier temporaire.

De même, si le choc pétrolier doit durer, cela ne change rien aux déséquilibres de la balance des paiements des exportateurs comme des importateurs de pétrole (dans la mesure où ils adaptent exactement leur consommation selon le changement qui affecte leur revenu) et il n'y a toujours pas d'excès d'épargne. Même si le choc n'est ni vraiment temporaire ni vraiment permanent, il n'y aura pas d'excès d'épargne tant que les importateurs comme les exportateurs partagent la même opinion sur le caractère transitoire ou permanent du choc : à l'augmentation partielle de l'épargne des exportateurs correspond une baisse équivalente de l'épargne chez les importateurs.

C'est seulement dans le cas où la perception qu'ont les exportateurs de pétrole de la durée du choc diffère en moyenne de la perception qu'en ont les importateurs, que l'on a un excès d'épargne : c'est seulement dans le cas où le choc est plus temporaire aux yeux des exportateurs qu'à ceux des importateurs, que l'on se trouve dans une situation où le choc engendre une hausse de l'épargne mondiale (dans la mesure où la propension marginale des exportateurs à dépenser les profits du pétrole dépasse en moyenne la propension marginale des importateurs de pétrole à dépenser ou à désépargner) qui abaisse les taux d'intérêt réels et produit des effets supplémentaires sur la balance des paiements qui se rapprochent d'un « excès d'épargne ». Dans le cas du dernier choc pétrolier, on a peine à constater un tel excès d'épargne : les exportateurs ont perçu ce choc comme temporaire et ont donc épargné la manne pétrolière plutôt que de la dépenser dans la consommation et l'investissement.

Pourtant, la plupart des importateurs ont également réagi comme si le choc était temporaire et ont en conséquence désépargné dans une même mesure. Par exemple, le déficit de la balance des paiements états-unienne s'est considérablement accru à la suite du choc pétrolier, mais les agents des États-Unis ont réagi comme si le choc était temporaire. Même en Europe et en Asie (sauf la Chine) les excédents des balances des paiements ont considérablement diminué (par rapport à leur niveau antérieur au choc) ; ainsi, le choc a été partiellement perçu comme temporaire (mais moins temporaire qu'aux États-Unis). Le seul cas dans lequel le choc pétrolier n'a pas engendré de détérioration de la balance des paiements, mais au contraire une amélioration, a été celui de la Chine. Ainsi, lorsqu'on considère les effets du choc pétrolier à taux d'intérêt réel mondial initial inchangé sur le niveau global de l'épargne mondiale, on ne trouve aucune preuve manifeste que le choc pétrolier ait engendré une hausse de l'épargne mondiale (dans la mesure où la hausse de l'épargne des exportateurs a été compensée pour une large part par la désépargne des importateurs ; il n'y a donc aucune preuve que la faiblesse des taux d'intérêt mondiaux ait un quelconque rapport avec le choc pétrolier et le recyclage des « pétrodollars » épargnés).

D'énormes déficits de la balance des paiements engendrés par un choc pétrolier temporaire et par le recyclage au dollar près de centaines de milliards de dollars de nouveaux pétrodollars peuvent n'avoir aucun rapport avec un excès d'épargne : si l'épargne des exportateurs est à la hauteur de la désépargne des importateurs, il ne s'agit pas d'un excès d'épargne : il s'agit d'un flux de capital optimal finançant une consommation optimale qui se lisse à des taux d'intérêt réels en équilibre inchangés. Pour défendre l'idée que le choc pétrolier est source d'excès d'épargne mondiale, il faut prouver que ce choc a augmenté aux taux d'intérêt réels initiaux la quantité totale d'épargne mondiale, puis que cette hausse de l'épargne mondiale a eu un effet significatif sur les taux d'intérêt réels mondiaux, et ensuite que le changement des taux d'intérêt réels mondiaux qui s'ensuivit a engendré des changements dans l'épargne privée et dans le comportement des investisseurs qui évoquent un effet d'excès d'épargne. Jusqu'à présent, personne n'a été en mesure de fournir la moindre preuve de l'existence de cette suite de conséquences dans le phénomène d'excès d'épargne mondiale dû au choc pétrolier.

Il est également important de prendre note du fait que, dans un délai assez court, les exportateurs de pétrole commenceront à dépenser une part plus importante de leurs profits pétroliers que par le passé. Lorsque cela se produira, les conséquences seront douloureuses pour les cigales, comme les États-Unis, qui n'ont pas fait de réserves en prévision des temps difficiles au moment du choc ; tandis que les fourmis d'Europe et d'Asie ont réagi au choc en réduisant de manière avisée leurs dépenses, comme il se doit face à un choc au revenu permanent. Lorsque les exportateurs de pétrole se mettront à dépenser plus, les cigales états-uniennes souffriront à plus d'un titre : chez ces pays exportateurs de pétrole, la propension marginale à consommer des produits européens ou japonais est plus forte que leur propension à consommer des produits des États-Unis, tandis que leur propension à investir dans des actifs en dollars américains a jusqu'à présent été plus forte que leur propension à accumuler des actifs en euros ou en yens. Ainsi, à l'heure de l'ajustement des dépenses, le dollar baissera et la demande d'actifs des États-Unis se changera en demande de biens européens et asiatiques. Par ailleurs, les exportateurs de pétrole sont beaucoup plus libres que les banques centrales dans leurs choix de portefeuilles : si la chance tourne pour le dollar américain, ils peuvent abandonner les actifs en dollars américains et diversifier ailleurs plus rapidement que les banques centrales. Les épisodes récents de protectionnisme des États-Unis à l'égard des actifs (comme dans le cas des ports de Dubaï) peuvent pousser les exportateurs de pétrole à vouloir renoncer à leurs actifs en dollars américains. De sorte que les conséquences pour le dollar et les taux d'intérêt des États-Unis seront considérables, lorsque les exportateurs de pétrole se mettront davantage à consommer et à diversifier leurs titres.

Les États-Unis ont au moins la chance que les Chinois ainsi que les autres membres du cercle BW II soient assez inconséquents pour subventionner la consommation et le logement aux États-Unis en y vendant des produits à trop bas prix et en leur prêtant tellement que les taux d'intérêt y sont beaucoup plus bas qu'ils ne devraient l'être. Étrangement, on trouve beaucoup de gens aux États-Unis pour proférer des menaces hostiles à l'encontre de la Chine afin qu'elle retire ses devises sous peine de se heurter au protectionnisme. Il est déplacé que les États-Unis mordent la main chinoise, qui les nourrit en finançant leurs déficits avec d'autres pays. Si la Chine, ou d'autres États, cessait d'intervenir (avant que les États-Unis aient fait quelque chose pour régler leur double pénurie d'épargne privée et publique), le renminbi ainsi que d'autres monnaies asiatiques monteraient, les prix à l'importation augmenteraient considérablement et les taux d'intérêt des États-Unis à leur suite. Et les États-Unis courraient alors le risque d'un atterrissage brutal.

Par ailleurs, le plus gros débiteur et emprunteur net du monde ne peut guère se permettre de faire la fine bouche quant à la façon dont ses créditeurs acceptent de le financer. Ces créditeurs signalent aujourd'hui aux États-Unis qu'ils commencent à se lasser d'accumuler des centaines de milliards de bons du Trésor des États-Unis qui ne rapportent pas grand-chose. Pour continuer à financer les États-Unis à hauteur d'un billion (mille milliards) de dollars par an (qui sera bientôt le montant du déficit de la balance des paiements états-unienne), ils estiment qu'ils doivent avoir le droit d'acheter les joyaux des États-Unis, c'est-à-dire les actions/IDE et des entreprises états-uniennes plutôt que des obligations. Or, comme le montrent les cas Unocal-CNOOC et Dubaï Ports, les États-Unis disent aujourd'hui à leurs créditeurs qu'ils ne souhaitent pas que ces derniers réalisent des placements en actions aux États-Unis. Il n'est donc pas surprenant que la Chine commence à présent à utiliser ses réserves en dollars pour acheter des actifs réels des mines, des ressources naturelles, etc. en Afrique, en Amérique latine et en Asie puisqu'on l'empêche d'acquérir des actifs réels des États-Unis au lieu de reconnaissances de dette (les bons du Trésor).

Ce « protectionnisme en faveur des actifs » pratiqué par les États-Unis est dangereux. Comment ces derniers peuvent-ils faire la fine bouche et prétendre choisir leurs créditeurs ainsi que la façon dont ceux-ci leur prêtent, alors qu'ils empruntent presque mille milliards de dollars par an ? Contrairement aux années 1980 où les plus importants prêteurs des États-Unis étaient leurs alliés (Allemagne et Japon), les années 2000 voient dans les plus gros prêteurs des pays hostiles qui pourraient aussi se révéler des adversaires géostratégiques ou des pays potentiellement instables (Chine, Russie, Arabie Saoudite et autres exportateurs de pétrole). Les États-Unis ne peuvent se plaindre de l'essor géostratégique de la Chine et de sa ruée vers les ressources alors que ce pays subventionne lourdement leur consommation, leur logement et leur investissement et finance une bonne partie du déficit budgétaire des États-Unis ainsi que leurs diverses guerres – Irak, Afghanistan, « terrorisme », à l'étranger. On a donc bien un « équilibre de la terreur financière », selon l'expression de Larry Summers, au sein de ces déséquilibres planétaires, mais il s'agit d'une vulnérabilité dangereuse que les États-Unis s'imposent à eux-mêmes.

Cette analyse de la nature et des causes du crime permet de revenir aux deux problèmes politiques initiaux et essentiels : voici venu le moment du jugement et de la sentence. Tout bien considéré, on ne peut que suivre Salomon et affirmer que les déséquilibres planétaires de l'ampleur de ceux que l'on connaît aujourd'hui ne relèvent pas du simple délit, mais du délit grave, c'est-à-dire qu'ils ne sauraient durer sans faire courir le risque d'un ajustement anarchique. Les nombreux pays coresponsables de ce délit devront contribuer, chacun à sa façon, à un rééquilibrage ordonné.

Un consensus fragile mais de plus en plus large s'établit à l'échelle internationale, même s'il n'est peut-être que rhétorique : les États-Unis doivent s'attaquer au problème de leur double déficit d'épargne, c'est-à-dire leur important déficit budgétaire ainsi que le faible niveau de l'épargne privée. Cela implique que l'on renonce à une partie des réductions d'impôts que les États-Unis ne peuvent se permettre de pérenniser. Il faut que la Chine, comme l'ensemble du cercle de BW II en Asie, ainsi que d'autres pays émergents acceptent que leur monnaie s'apprécie et adoptent des réformes structurelles qui encouragent la consommation intérieure et freinent les exportations nettes. L'Europe et le Japon doivent accélérer les réformes structurelles qui permettront d'augmenter l'investissement, la productivité et la croissance, en réduisant par la même occasion leur excédent extérieur. Quant aux exportateurs de pétrole, ils doivent accepter que leurs monnaies indexées s'apprécient et se mettre à consommer et à investir davantage. Ainsi, dans chaque région, une combinaison de politiques d'arbitrage des dépenses (à travers des changements dans les prix relatifs induits par les mouvements monétaires) et de politiques de changement du niveau des dépenses (réduction pour les États-Unis en fonction de leur revenu, augmentation dans d'autres parties du monde en fonction de leur revenu) se révèlent nécessaires pour établir un rééquilibrage planétaire ordonné. Un plongeon du dollar et une hausse de l'épargne publique et privée états-unienne, sans augmentation des dépenses ni réduction de l'épargne à l'étranger en contrepartie, pourraient provoquer un ralentissement global. Une répartition équitable du fardeau du rééquilibrage planétaire est donc nécessaire.

Le problème n'est pas de trouver la bonne recette pour un rééquilibrage ordonné sur lequel tout le monde est à peu près d'accord aujourd'hui, au moins dans les discours. Le problème est celui de l'écart entre le discours et la réalité : les États-Unis ne font quasiment rien pour remédier à leur déficit budgétaire structurel (car l'amélioration actuelle est purement cyclique) ; la Chine et l'Asie ne veulent pas d'un ajustement monétaire et tardent à engager des politiques qui diminueront l'épargne et encourageront la consommation ; les réformes structurelles se font très lentement en Europe et au Japon. Et les pays exportateurs de pétrole s'en tiennent à ce qu'ils ont déjà. Ils n'investissent ni dans l'exploration ni dans la production de nouvelles sources de pétrole. En effet, on compte parmi les exportateurs de pétrole des pays instables au point de vue géostratégique comme l'Irak, l'Iran, le Venezuela, l'Arabie Saoudite, le Nigeria ou la Russie, chez qui l'on a très peu de chance de voir une augmentation importante des taux d'investissement autochtone et de la capacité pétrolière dont le monde a besoin.

On a confié au FMI le rôle d'arbitre ou de médiateur impartial (il est inexact de l'appeler juge car le FMI n'a que peu de pouvoir coercitif ou même de moyen de pression sur les pays souverains qui ne sont pas actuellement ses débiteurs) dans ce débat ou dans ce jeu de massacre international, où l'on s'accuse mutuellement d'être responsable des déséquilibres et où l'on dicte ce qu'il faut faire. Pourtant, si le FMI n'est pas plus ferme dans ses avis et n'a pas le courage de désigner des responsables tant du côté des emprunteurs que du côté des prêteurs dans cette histoire, il risque de ne plus avoir sa place dans ce débat. Les dirigeants doivent parfois savoir tenir tête à leurs actionnaires et faire preuve d'une réelle indépendance d'opinion et d'action. On ne peut donc qu'inciter le FMI à être plus ferme et à s'exprimer franchement dans ce débat où chaque pays ou région en accuse un autre et où personne n'assume la responsabilité de ses propres actions, mais dont les conséquences sont de plus en plus insupportables. Au moment où les spectres jumeaux des protectionnismes commercial et patrimonial refont surface aux États-Unis comme dans le reste du monde, il appartient à l'organisme chargé de maintenir la stabilité et d'assurer la coopération économiques et financières au niveau mondial, de prendre en charge et d'apaiser les menaces très lourdes de dangers qui pèsent sur l'économie mondiale.

Les discours, déplaisants à entendre, ne coûtent guère, et les déséquilibres planétaires ne diminuent pas le moins du monde, ils allongent au contraire au fil du temps et sont de plus en plus difficiles à soutenir. D'ici à 2007, le déficit de la balance des paiements courants atteindra un billion de dollars et continuera à se creuser. Le monde doit ainsi chaque année prêter un nouveau billion de dollars aux États-Unis, en plus du capital déjà prêté auparavant pour financer le déséquilibre extérieur de ces derniers. Cela revient, au bout d'un moment, à un jeu à la Ponzi[1] proche de l'effondrement, associé à une accumulation permanente, et impossible à tenir à terme, de la dette externe des États-Unis et à un ratio

1. Du nom du banquier et promoteur italien qui avait monté divers systèmes d'escroquerie pyramidaux au début du XXe siècle au Canada et en Californie.

de la dette extérieure états-unienne par rapport à leur PIB en constante expansion.

Pour mesurer l'ampleur des énormes besoins de financement extérieur net des États-Unis, et l'incertitude quant à la possibilité de maintenir un flux stable de financement à une si grande échelle, voyez ce qui suit. En 2005, le déficit de la balance des paiements courants états-unienne s'élevait quasiment à 800 milliards de dollars. En 2006, les conditions pour un financement des déficits des États-Unis par le secteur privé étaient aussi optimales que possible : les taux des États-Unis montaient car la banque centrale resserrait les crédits tandis que la Banque centrale européenne et la Banque du Japon restaient en attente ; la croissance réelle du PIB des États-Unis était bien supérieure à celles de l'Europe et du Japon ; le *Homeland Investment Act* contribuait massivement au rapatriement des bénéfices réalisés à l'étranger vers les États-Unis ; et le dollar montait, ce qui apportait des plus-values aux détenteurs étrangers d'actifs en dollars. Pourtant, même dans ces circonstances tout à fait idéales, seule la moitié du déficit des États-Unis de la balance des paiements courants a pu recevoir un financement net de la part d'investisseurs privés, car les banques centrales étrangères ont accumulé environ 400 milliards d'actifs en dollars.

En 2006 en revanche, le déficit de la balance des paiements courants s'élève au moins à 900 milliards de dollars alors que

- la Réserve fédérale des États-Unis relâche la pression à un moment donné tandis que la BCE et la Banque du Japon vont commencer à se crisper ;
- la croissance états-unienne ralentit tandis que les croissances de l'Europe et du Japon augmentent ;
- la loi sur l'investissement intérieur arrive à expiration ;
- les actifs des États-Unis (actions et immobilier) sont au point mort ou d'un rendement insuffisant. Dans ces conditions, les investisseurs privés étrangers sont moins enclins à se porter vers les actifs en dollar qu'en 2005 alors que les besoins de financement des États-Unis se sont accrus. Ainsi, à moins que les banques centrales étrangères ne soient prêtes à accélérer, même par rapport aux quantités déjà massives de 2005, leur

accumulation d'actifs en dollars, le dollar plongera et les taux d'intérêt des États-Unis remonteront : l'apport de financement baissera tandis que la demande états-unienne de financement de ses déficits jumeaux restera importante.

Si les banques centrales décident d'accumuler des réserves de change à un rythme moins soutenu qu'en 2005 (un simple ralentissement de l'accumulation de nouveaux actifs en dollars, et non un dumping de leur stock existant d'actifs de ce type), les investisseurs privés seront nettement plus réticents à compenser la réduction du financement public des déficits des États-Unis. En effet, la demande privée d'actifs en dollars est complémentaire de la demande publique, mais elle ne peut s'y substituer. Tant que les monnaies asiatiques et celles d'autres partenaires de BW II étaient stables ou qu'elles ne montaient pas par rapport au dollar, les investisseurs privés avaient intérêt à financer les États-Unis dans la mesure où les profits des portages – par exemple, emprunter à taux 0 au Japon pour investir à 5 % dans des actifs des États-Unis – étaient importants et le risque financier quasiment nul. Pourtant, dès lors que les banques centrales interviennent moins et laissent leur monnaie s'apprécier dans une certaine mesure, la demande privée d'actifs en dollars connaîtra une chute importante car les moins-values sur les portefeuilles d'actifs en dollars seront notables. Ainsi, telle Alice au pays des merveilles qui devait courir toujours plus vite pour rester au même endroit, le château de cartes du financement des déficits des États-Unis sans atterrissage brutal pour le dollar ni pour les taux d'intérêt, dépend d'un jeu à la Ponzi toujours plus grand. Dans ce jeu, les banques centrales étrangères accumulent des actifs en dollars à des rythmes toujours plus importants année après année en dépit du fait que, une fois que le dollar aura commencé à faiblir, les moins-values des investisseurs publics comme des investisseurs privés sur leurs portefeuilles d'actifs en dollars seront considérables. Ce jeu de Ponzi ne peut donc pas se poursuivre et ne durera pas.

Les facteurs qui pourraient pousser les investisseurs à se rendre compte que le roi n'a pas d'habits sont nombreux, ce qui provoquerait l'effondrement du système BW II de « financement par le vendeur » propre aux États-Unis : la Banque centrale mettant fin à son cycle de resserrement des taux ; un fort ralentissement économique aux États-Unis ; le fait que les banques centrales étrangères commencent à diversifier leurs réserves, ce qu'elles font actuellement ; un protectionnisme en faveur des actifs et des marchandises à l'encontre de la Chine, déclenchant, comme dans le cas des menaces de guerre commerciale de 1987 qui provoquèrent un effondrement boursier, une chute vertigineuse du dollar et une plus grande diversification de portefeuille qui laisserait de côté les actifs en dollars ; une période de risque systématique qui trouverait son origine aux États-Unis ; une réévaluation de la monnaie chinoise suivie d'une appréciation similaire d'un large éventail de monnaies asiatiques ; la montée de heurts géostratégiques qui remettraient en question la puissance états-unienne au Moyen-Orient, en Irak, en Iran ou en Corée du Nord.

Les dangers d'un atterrissage brutal dans le contexte d'une économie mondiale de plus en plus déséquilibrée augmentent et il est urgent de s'attaquer au problème des déséquilibres planétaires. Pourtant, on ne fait pas grand-chose pour éviter un rééquilibrage anarchique. En effet, tout le mécanisme de consultation multilatérale lancé par le G 7 afin de donner au FMI un rôle qui aboutisse à trouver un consensus sur les déséquilibres planétaires s'est révélé un échec, car il exigeait trop peu d'engagements et n'avait pas assez de consistance. Les rencontres du FMI au printemps 2006 n'ont pas abouti à grand-chose, à part des déclarations générales, sur les engagements à prendre pour faire face à ces déséquilibres. Ce n'est pourtant pas le moment de retarder les mesures politiques nécessaires pour réduire les risques de rééquilibrage planétaire anarchique. Ce risque de rééquilibrage anarchique est de plus en plus sérieux à mesure que s'accroît le risque d'un atterrissage brutal de l'économie états-unienne en 2007-2008. Un tel atterrissage pourrait déclencher un effondrement anarchique du pays, des tensions commerciales accrues entre les États-Unis et des pays comme la Chine qui continuent effectivement d'indexer leur monnaie sur le dollar tout en les sous-évaluant. Ces tensions monétaires pourraient finalement aboutir à un protectionnisme commercial sévère.

Ainsi, seule une reconnaissance rapide de leurs responsabilités de la part des grands acteurs de toutes les grandes régions ainsi que la volonté d'agir rapidement plutôt que de se contenter d'accords purement formels sur ce qu'il convient de faire peuvent permettre à cette saga contemporaine de *Rashomon* de se terminer de manière moins désagréable et moins douloureuse – pour toutes les parties concernées et pour l'économie mondiale – que la fin du chef-d'œuvre de Kurosawa. Il reste peu de temps, celui des débats interminables est passé, celui d'agir est venu.

Table ronde : Les banques centrales en perspective transatlantique

ROBERT SOLOW, PATRICK ARTUS, ALAN BLINDER,
WILLEM BUITER ET OTMAR ISSING

La table ronde a réuni Patrick Artus, Alan Blinder, Willem Buiter et Otmar Issing autour de Robert Solow. Les interventions des participants ont été regroupées en quatre thèmes[1] : les objectifs des banques centrales et les instruments dont elles disposent, les répercussions et les effets de la mondialisation sur la politique monétaire, le problème de la communication et de la transparence et enfin la question de l'indépendance et de la responsabilité.

1. Objectifs et instruments de la banque centrale

Willem Buiter (London School of Economics) : Les principes fondamentaux de l'économie ne nous avancent guère : l'école néokeynésienne, par exemple, a tenté de faire remonter la stabilité des prix en tant qu'objectif de la banque centrale et même en tant qu'objectif fondamental, à des principes fondamentaux, en vain. On peut aussi chercher à repérer les objectifs des banques centrales d'un point de vue juridique, en regardant quels mandats leur sont légalement confiés par la Constitution. La diversité est grande en la matière. Cela va des États-Unis où la Fed a un triple mandat : la loi du *Federal Reserve Act* prévoit le triple objectif d'emploi maximum, de stabilité des prix et de taux d'intérêt à long terme raisonnables. La Fed est la seule banque centrale au monde qui ait

1. Transcription de Richard Crabtree.

un objectif concernant l'économie réelle, un objectif de stabilité des prix et un objectif concernant le marché des actifs, ce qui constitue un programme très ambitieux. La plupart des autres banques centrales opèrent une hiérarchisation des objectifs. La priorité est donnée à la stabilité des prix, et dès lors que cet objectif est rempli, « tout va très bien ». Ainsi, le mandat de la Banque d'Angleterre est d'assurer la stabilité des prix et, sans préjudice de cet objectif, de soutenir la politique économique du gouvernement, y compris ses objectifs de croissance et d'emploi. La BCE, la Banque du Japon, et bien d'autres reçoivent des mandats similaires. La Fed se singularise donc en la matière dans la mesure où elle ne fait pas de hiérarchisation entre ses trois objectifs.

Le mandat de la Fed impose qu'elle opte pour la forme forte d'un ciblage de l'inflation souple. Les banques centrales dont les objectifs sont hiérarchisés sont mieux loties parce qu'on leur demande de se concentrer sur une chose sur laquelle elles peuvent influer, non seulement à court terme, mais aussi à moyen et à long terme. Il n'est pas impossible de poursuivre des objectifs sur lesquels on n'a pas prise (les individus le font constamment), mais du point de vue de la transparence et de la responsabilité politiques, mieux vaut recevoir mandat d'agir sur une chose que l'on maîtrise bien à tout moment. Une certaine forme de ciblage de l'inflation constitue désormais le mode opérationnel standard de la mise en œuvre de la stabilité des prix : on minimise la déviation de l'inflation par rapport à la cible ainsi que l'écart de production. Si les gouvernements perdent l'objectif de stabilité des prix, le ciblage de l'inflation risque de devenir approximatif et de susciter une dérive inflationniste, comme on a pu le constater aux États-Unis au cours des dernières années, ainsi qu'en Nouvelle-Zélande, en Australie, et sans doute dans les pays scandinaves qui ont été assez aveugles pour adopter une forme forte du ciblage souple de l'inflation.

Alan Blinder (université de Princeton) [reprenant l'idée que seule compte la moyenne, et non la variance de l'inflation] : Ce n'est pas ce que je dis à mes étudiants de première année ! Prenons deux économies, l'une a une inflation annuelle de 3 %, avec une marge de plus ou moins 0,2 % déterminée par le hasard, l'autre une inflation de 5 à 0 %, également déterminée par le hasard. La seconde a une moyenne plus basse, mais une variance beaucoup plus importante. Laquelle des deux connaît le plus grave problème d'inflation ? La seconde. L'objectif que l'on rencontre si souvent dans les statuts des banques centrales, la stabilité des prix, l'implique. Les banques centrales, comme les individus, ne veulent pas voir le taux d'inflation faire des bonds d'une année sur l'autre.

W. Buiter : Toute chose égale par ailleurs, c'est vrai qu'on préfère une variance de l'inflation plus faible, mais il est dangereux de ne pas se préoccuper du tout de la moyenne. On peut se noyer dans une rivière qui n'a en moyenne que 60 centimètres de profondeur, et l'idée d'une inflation qui passerait de –100 % à +100 % d'une année sur l'autre n'amuse personne. Si l'on ne reconnaît pas dans la fonction objectif spécifique que le niveau fixé pour la cible d'inflation n'est peut-être pas facile à atteindre en moyenne, on ne fait aucun cas de la tâche la plus ardue qui incombe à la banque centrale.

Otmar Issing (Banque centrale européenne) : La question des objectifs a toujours été à l'ordre du jour, de manière implicite ou explicite. On ne peut pas isoler les buts ou les mandats de la banque centrale, il faut les envisager dans le contexte du dispositif institutionnel macroéconomique du pays ou de la région concernés. Cela implique qu'il est nécessaire d'avoir une allocation claire des responsabilités et des compétences qui coïncident. Il faut dire d'emblée que la confusion dans l'attribution des responsabilités, lorsque tout le monde est responsable de tout, implique qu'en fin de compte personne n'est responsable de rien. Cela rejoint le problème de la responsabilité, sur lequel nous reviendrons plus tard.

Observons le dispositif institutionnel de l'union monétaire en Europe. La BCE a un mandat clair : l'objectif premier est de maintenir la stabilité des prix. D'après Musgrave, on peut répartir en trois catégories l'allocation des responsabilités et des compétences en matière de politique budgétaire :

1) l'allocation des ressources entre secteurs public et privé ;

2) l'attribution des responsabilités ;

3) la fonction de stabilisation qui, dans le contexte de l'union monétaire, est définie, au niveau national, par le Pacte de stabilité et de croissance (PSC).

Malheureusement, c'est la limite de 3 % de déficit telle que l'a définie le PSC qui a toujours retenu l'attention. Cela vient d'un malentendu concernant le message essentiel, qui est le suivant : équilibrez votre budget en temps normal. Si la dette publique est élevée, ayez un excédent, de sorte que si l'activité ralentit, vous aurez encore de la marge avant qu'entrent en jeu les stabilisateurs automatiques. Une variation de 3 % dans le budget laisse de la marge. On oublie souvent qu'en cas de récession grave, le PSC comporte une clause d'urgence qui rend caduque la limite des 3 %. Pour d'autres objectifs (réels), on peut s'en remettre à l'économie, aux marchés, et notamment aux marchés du travail, mais pas au sens où on a besoin d'une planification centralisée pour les augmentations de salaire, c'est même l'inverse. Ce dont on a besoin, c'est d'un cadre différent de celui des négociations salariales centralisées avec des marchés du travail concurrentiels. Il faut un cadre dans lequel les salaires réels réagissent opportunément aux changements qui affectent le marché du travail à tous les niveaux, y compris au niveau régional, en particulier au sein de l'union monétaire.

Pour revenir à la politique monétaire, la BCE a précisé dès le début qu'une banque centrale ne pouvait exercer un contrôle sur l'inflation qu'à moyen ou à long terme, elle ne saurait maîtriser l'inflation globale à court terme. Elle est contrainte, par ses statuts, de s'en tenir en dernier ressort à la tâche qui lui a été confiée, par les Européens. Quant à la durée nécessaire à l'action de la politique monétaire, elle ne peut se dérouler, encore une fois, qu'à moyen terme. Cela implique deux choses. Premièrement, la politique monétaire prend automatiquement en considération les changements survenant dans l'économie réelle, ce qui fait partie de toute approche à moyen ou à long terme, de sorte que l'économie réelle n'est pas une cible, mais l'une des variables les plus importantes de la fonction de réaction, au même titre que le taux de change, par exemple.

Deuxièmement, le maintien de la stabilité des prix à moyen terme contribue à l'ancrage des anticipations d'inflation. Cela stabilise également les taux d'intérêt nominaux à long terme, réduit les primes de risque au titre de l'inflation et produit un fort effet d'ancrage sur les négociations salariales. Lors de discussions avec les dirigeants de syndicats, qui peuvent croire que la politique de la BCE fait peser une contrainte sur les négociations salariales, j'ai toujours insisté sur le fait qu'il fallait renverser notre point de vue. La BCE est dans l'obligation de remplir son mandat, car si les participants aux négociations salariales lui font confiance et se rendent compte qu'ils ont eu tort, cela cause un désastre à l'échelle macroéconomique. Lors de la série de négociations suivante, les revendications salariales sont plus élevées pour compenser les pertes. La BCE doit donc respecter ses engagements. Bien évidemment, des chocs exogènes, comme l'augmentation des prix du pétrole, la mettent, avec les syndicats, dans une situation délicate. Elle doit expliquer pourquoi elle n'est pas en mesure de contrôler l'inflation à court terme, tandis que les dirigeants des syndicats doivent, pour leur part, expliquer pourquoi il n'y a pas de compensation pour les augmentations de l'indice des prix provenant d'événements comme la hausse du prix du pétrole. Rétrospectivement, on peut constater que la zone euro s'en est tirée avec plus de succès que ce qu'on aurait pu attendre à ses débuts.

Pour conclure, je ne suis pas là pour défendre la politique monétaire de la BCE, mais pour expliquer comment ce dispositif a fonctionné au cours des huit dernières années. La BCE a maintenu les taux d'intérêt nominaux à 2 % pendant deux ans et demi, ce qui signifie qu'elle a mené une politique franchement expansionniste : le taux d'intérêt réel à court terme a toujours été négatif ou nul. Cela a eu pour conséquence une croissance lente et la persistance d'un taux de chômage élevé. Quelle en est la raison ? Une politique encore plus expansionniste aurait-elle donné de meilleurs résultats sans pour autant créer de risques inflationnistes ? Cela illustre clairement le fait qu'une politique monétaire expansionniste ne peut compenser les rigidités nominales et réelles de l'économie. La BCE, par exemple, a publié un article sur « l'activisme » de la politique monétaire (bulletin mensuel, novembre 2006) dans lequel elle explique de manière convaincante qu'on ne saurait prendre la mesure exacte de la position de la politique monétaire en se contentant d'observer les taux d'intérêt nominaux de la banque centrale, ou en faisant le compte des changements ayant affecté le taux d'intérêt. Il faut tenir compte de l'ampleur et de la nature des chocs. La banque centrale ne réagit pas de la même manière lorsqu'elle doit faire face à un choc de demande et lorsqu'il s'agit d'un choc d'offre.

Benjamin Friedman (université de Harvard) [dans l'assistance] : Je suis surpris de vous [Otmar Issing] voir si optimiste sur les chances de succès d'une politique anticyclique. La notion de stabilisateurs automatiques était en vogue lorsque Robert Solow et ses collègues étaient au Conseil économique au début des années 1960. Elle a commencé à passer de mode, du moins aux États-Unis, avec l'échec de la politique d'accroissement de la pression fiscale en 1968, l'idée étant que si l'on a un comportement tourné vers l'avenir, ce qui compte, c'est soit le revenu permanent (selon la théorie de Milton Friedman), soit le comportement sur un cycle de vie (selon la formule de Modigliani), et donc ce qui se passe du côté de la fiscalité ne saurait avoir une incidence importante. Les programmes de dépenses publiques sont difficiles à mettre en œuvre et difficile à stopper une fois en place, de sorte qu'on ne trouve pas beaucoup de secours de ce côté-là non plus. Si l'on attache une telle importance à la politique monétaire aujourd'hui, c'est sans doute en partie parce qu'on a perdu confiance en la politique budgétaire comme moyen de stabilisation, même si on y a toujours recours en cas de retour d'une crise majeure comme celle de 1929. Pour faire face aux fluctuations de la conjoncture, on pense que la politique budgétaire n'est pas d'un grand secours. Otmar semble avoir une vision beaucoup plus confiante sur les chances de succès de la politique budgétaire. Est-ce vraiment une chose à laquelle un gouvernement comme celui des États-Unis peut avoir effectivement recours, et qu'en est-il des pays d'Europe où la tâche est encore plus ardue en raison de la multiplicité des pays de l'Union européenne et de la nécessité de coordonner leurs politiques budgétaires respectives ?

O. Issing : Je n'ai, c'est vrai, aucune sympathie pour les politiques anticycliques. Les exemples choisis par Benjamin relèvent de politiques budgétaires discrétionnaires, qui sont peut-être ce qu'il y a de pire. Je voulais expliquer quel était l'esprit de ce dispositif. L'un des problèmes auxquels l'union monétaire est confrontée, bien qu'il ne soit pas aussi grave que celui des rigidités structurelles, tient au fait que la politique budgétaire ne joue pas son rôle. Dans la plupart des cas, elle a suivi une ligne procyclique, de sorte que le programme n'a pas été mis en œuvre ; mais cela ne veut pas dire que nous devions abandonner tout espoir que les stabilisateurs automatiques, qui sont en quelque sorte indépendants des décisions de politique, puissent jouer un rôle, même modeste.

B. Friedman : Alors, qui veille au grain, qui s'occupe des objectifs réels ? Si ce n'est pas du ressort de la politique budgétaire, ni de la banque centrale, cela nous amène à la vision classique qu'on n'a pas à se préoccuper des objectifs réels. C'est peut-être sur ce point que nous divergeons, plutôt que sur la politique budgétaire !

W. Buiter : Ce n'est pas la même chose de dire qu'on ne devrait pas avoir d'objectifs réels et de dire dans quelle mesure on s'attend à atteindre ces objectifs grâce à un instrument monétaire, budgétaire, ou autre. Ce qu'on peut faire, soit par des mesures de politique monétaire, soit par des mesures de politique budgétaire, est utile mais le champ d'action demeure limité. Il faudrait donc utiliser des stabilisateurs automatiques, conçus pour produire le maximum d'effet, et se tenir prêt, au cas où une dépression majeure pourrait nous frapper à nouveau, à recourir à une politique budgétaire agressive, même si cela ne devrait pas se révéler nécessaire plus d'une fois tous les cent cinquante ans. De même, concernant la politique monétaire : il faut poursuivre un objectif d'inflation qui, la plupart du temps, lorsque les chocs de demande représentent la principale source d'instabilité, aura également un effet de frein sur la production (conséquence indirecte agréable), et seulement à condition que l'on cherche à atteindre cette cible d'inflation, on pourra envisager de faire des manipulations au niveau de la politique monétaire afin de poursuivre une cible de production indépendante – indépendante des effets secondaires liés à la poursuite de la cible d'inflation. Autrement, il faut confier au seul marché la responsabilité de l'économie réelle.

Robert Solow : Il y a, en arrière-plan de tout cela, un fait qui n'a pas été dit assez clairement. Apparemment, Otmar Issing et Willem Buiter ont tous les deux à l'esprit une économie dans laquelle des stabilisateurs automatiques bien conçus sont à l'œuvre, or l'histoire récente de nos économies prouve qu'on a laissé des stabilisateurs automatiques faibles s'affaiblir encore, et c'est donc d'une réforme des mécanismes de stabilisation budgétaires dont nous aurions besoin. Il est difficile de dire si cela déclencherait les mêmes accusations de mauvaise politique que celles que subit la politique budgétaire discrétionnaire. Il est impossible de mettre en place des stabilisateurs automatiques une seule fois par siècle ! On pourrait peut-être le faire une fois tous les dix ans. La question centrale est de savoir si on parle d'une économie dotée de stabilisateurs économiques (budgétaires) forts.

W. Buiter : Si le mécanisme est trop faible, il faut le repenser. Tout le problème de la politique économique européenne tient au fait que les plafonds des critères de Maastricht ont gêné l'action des stabilisateurs automatiques, et que leurs concepteurs ont réagi en disant : « Dommage ! restez assez en dessous du plafond, en moyenne, pour qu'ils puissent fonctionner correctement », tandis que les politiques ont répondu : « Oui, mais comment parvient-on jusque-là ? » La tension est forte. Il est difficile pour les responsables politiques de ne pas ignorer les stabilisateurs automatiques durant les périodes de reprise. Mon propre pays, les Pays-Bas, mène traditionnellement une politique budgétaire procyclique, même sous un ministre des Finances censé être conservateur, depuis la fin du XXe siècle et les six premières années du siècle présent. Il est très difficile pour les responsables politiques de ne pas toucher à la politique de resserrement durant la reprise. Ils sont heureux de pouvoir relâcher la pression durant les périodes de ralentissement. Comment régler ce problème ? C'est très ennuyeux car les stabilisateurs budgétaires peuvent jouer un rôle modérateur très fort sur la conjoncture économique.

Patrick Artus (École polytechnique) : Les chocs d'offre sont de plus en plus nombreux, contrairement aux chocs de demande. Prenons l'exemple de la Chine et du prix des matières premières.

Comment la banque centrale doit-elle réagir si l'inflation provient de plus en plus de chocs d'offre à répétition plutôt que de chocs de demande ?

W. Buiter : En principe, il n'y a aucun problème. Je ne crois pas qu'il y ait plus de chocs d'offre que de chocs de demande. La Chine est des deux côtés à la fois, et l'une des causes de l'échec de la politique monétaire aux États-Unis vient du fait que la Fed, qui porte son attention sur l'inflation de base qui est, pour elle, un indicateur de l'inflation globale à venir, n'a pas tenu compte du fait que ce même processus de mondialisation (avec l'entrée de la Chine) fait baisser le taux d'inflation des produits manufacturés du côté de l'offre, tandis qu'elle fait monter le taux d'inflation des produits de base, des matières premières, du côté de la demande. La Fed a salué la contribution négative de la mondialisation à l'inflation de base et a décidé de ne pas prêter attention à sa contribution à l'inflation globale, présente ou future, liée à la demande chinoise. Il s'ensuit que la Fed, au cours des dernières années, n'a pas suivi la bonne piste en matière d'indice des prix. Cela complique les choses, mais s'il y a un choc d'offre, la mesure politique qu'il convient de prendre est de réduire la production (en fonction de la persistance de ce choc). Là n'est pas le problème ; le problème réel est d'identifier s'il s'agit d'un choc d'offre ou bien d'un choc de demande, et cela n'est pas facile du tout ! Lorsque est survenu le choc pétrolier, entre 1973 et 1979, on n'avait pas connu de choc d'offre depuis Napoléon, ce qui fait que les gens ont été pris au dépourvu. Non seulement, ils ne savaient pas combien de temps il allait durer, mais ne savaient même pas *ce que* c'était ! Il y a donc un problème d'identification, mais en général, il s'agit d'un problème technique, et non de principe.

P. Artus : Les banques centrales ont dans notre période contemporaine plusieurs problèmes à traiter. Un problème majeur concerne le rapport entre les politiques structurelles et les politiques monétaires. Il est évident qu'en Europe, nous savons que nous devons chercher à résoudre le problème des rigidités structurelles. Les économistes ne sont toujours pas d'accord sur le niveau de croissance potentielle, mais si l'on tient compte des gains de productivité et des perspectives démographiques (voir figure 1), la croissance potentielle devrait s'élever à environ 1,5 %, ce qui nécessite la mise en œuvre de nombreuses réformes structurelles. La question est de savoir si la politique monétaire peut contribuer à la mise en place de ces réformes.

Figure 1.
Zone euro : productivité par tête

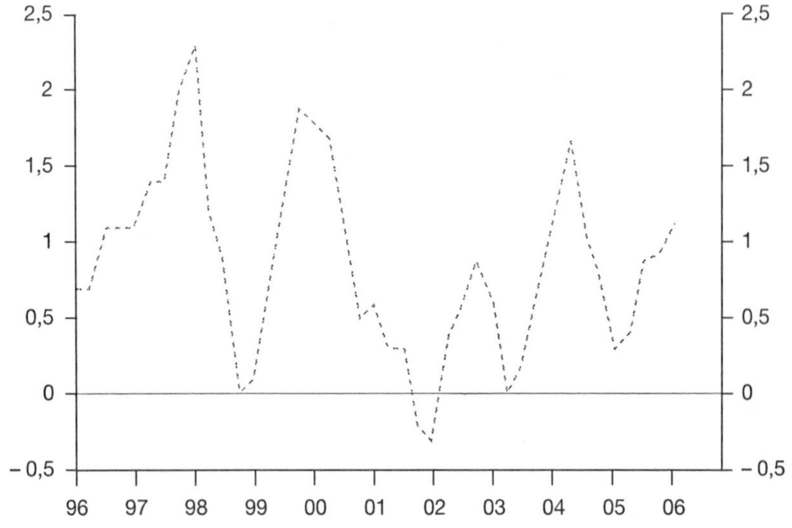

Sources : BCE, IXIS CIB.

Certains pays nordiques se sont déjà attaqués au problème. Dans les années 1990, la Suède a mené des politiques très dures visant à réduire le déficit budgétaire, par la réforme de l'État et la création de ce qu'on a appelé le « système d'agences ». Bien entendu, cette politique aurait pu avoir un effet extrêmement restrictif sur l'économie : les dépenses publiques ont été réduites de 12 % du PIB en six ans. Cela aurait normalement dû avoir pour conséquence une récession spectaculaire, mais on l'a évitée parce que la politique monétaire est passée à ce moment-là à une attitude très expansionniste, avec un affaiblissement considérable de la monnaie et une très forte baisse des taux d'intérêt à court terme. Ainsi, plutôt qu'une coordination entre les politiques budgétaire et monétaire, c'est la coordination entre les politiques monétaires et les politiques structurelles qui importe bien davantage. Il serait souhaitable que les banques centrales se penchent davantage sur le problème : comment peuvent-elles aider les gouvernements à mettre réellement en œuvre des réformes structurelles ?

Figure 2.
Suède : déficit public, taux d'intérêt à trois mois taux de change contre le dollar

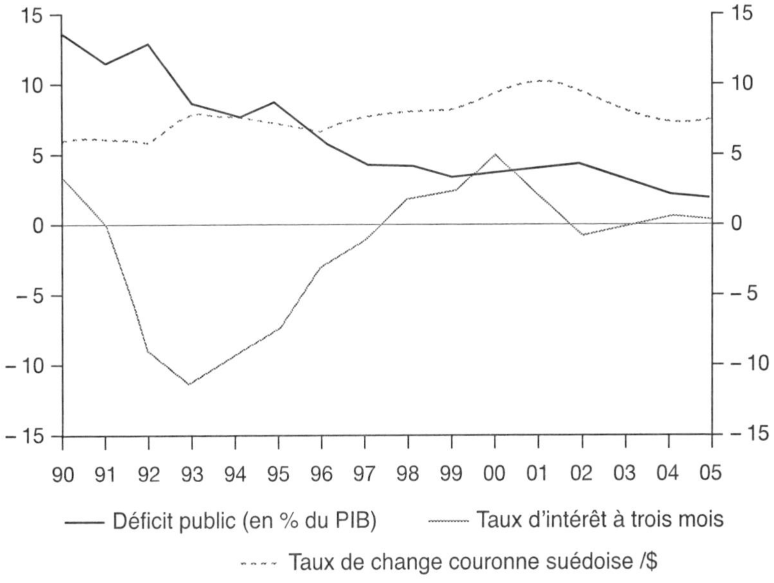

Sources : Datastream, IXIS CIB.

Le second problème concerne plus l'Europe que les États-Unis. Comment mener une politique monétaire lorsque les incertitudes quant à son fonctionnement et à la transmission des mécanismes de la politique monétaire sont nombreuses ? Le cas européen est très délicat. La tâche de la BCE est beaucoup plus complexe que celle de la Fed par exemple. Le tableau 1 montre la part des taux variables pour les crédits hypothécaires au sein de la zone euro. Les taux variables concernent entre 15 et 100 % des crédits, de sorte que, lorsque la BCE modifie les taux d'intérêt, cela a des effets très différents d'un pays à l'autre. Il y a une très grande hétérogénéité, ce qui implique une grande incertitude sur les voies de transmission quant aux effets de la politique monétaire. Les diverses études ne donnent guère d'informations sur ce qu'il convient de faire lorsqu'il y a une incertitude sur les effets de la politique monétaire. L'une des écoles de pensée conseille une attitude moins volontariste, plus prudente, dans les cas où on ne peut anticiper les effets des mesures. La théorie moderne préconise l'activisme, afin de comprendre comment réagit l'économie. Cette question est importante pour l'Europe, et personne ne sait vraiment, à ce jour, quels seront les effets de la hausse des taux à court terme sur l'économie européenne, ni à partir de quand elle commencera à se faire sentir.

Tableau 1.
Part des taux variables dans les nouveaux crédits hypothécaires
Pays de la zone euro

Zone euro*	50,8
Zone euro hors Allemagne	65,7
Allemagne	15
Autriche	58
Belgique	52
Espagne	95
Finlande	97
France	35
Grèce	88
Italie	85
Irlande	92
Luxembourg	81
Pays-Bas	44
Portugal	98

*par pondération des 12
Source : Banque de France.

La figure 3 met en évidence les conséquences de l'hétérogénéité : avec des taux d'intérêt bas, on a des pays comme l'Allemagne où les crédits hypothécaires augmentent de 2 % par an, et d'autres comme l'Espagne où ils augmentent de 22 % par an. Aux États-Unis, un emprunt est un emprunt ; ce n'est pas le cas en Europe, la réalité n'est pas la même selon que vous vivez en Allemagne ou en Espagne, et cela complique largement les choses pour la BCE. Il en va de même pour les prix de l'immobilier (figure 4, p. 258).

Figure 3.
Crédits hypothécaires aux ménages

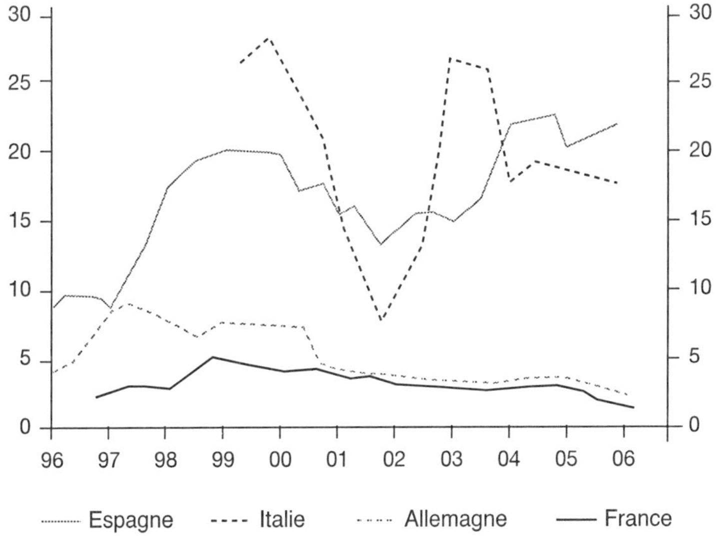

Sources : BUBA, BDE, Banque d'Italie, Banque de France.

Le risque de déflation constitue un autre problème d'importance. Il peut paraître étrange de soulever la question aujourd'hui ; en effet, l'état du marché nous indique que ce risque s'éloigne, même au Japon. Et pourtant, nous commençons à avoir des relations commerciales avec des pays où les coûts de main-d'œuvre sont sept fois plus bas qu'ici, de sorte que l'idée que les pays émergents ne peuvent plus créer d'effet désinflationniste est totalement erronée. La part de marché des pays émergents continue à croître de manière importante. La Chine représente 7 % du commerce mondial ; ce chiffre pourrait s'élever à 15 ou 20 %, grâce à des produits bien meilleur marché, de sorte qu'on ne peut pas nier le risque qu'une déflation survienne à un moment donné. Le cas du Japon a donné lieu à de nombreux débats concernant la conduite à tenir en cas de déflation. Il existe différentes façons de mener une politique monétaire, par exemple, en contrôlant la monnaie centrale ou en sélectionnant des cibles de taux de change ou de niveau de prix plutôt que des cibles d'inflation, mais je ne suis pas certain que la BCE saurait faire face à un retour de la déflation. Cette déflation, qui vient à peine de s'achever, a été une catastrophe pour le Japon.

Figure 4.
Prix de l'immobilier

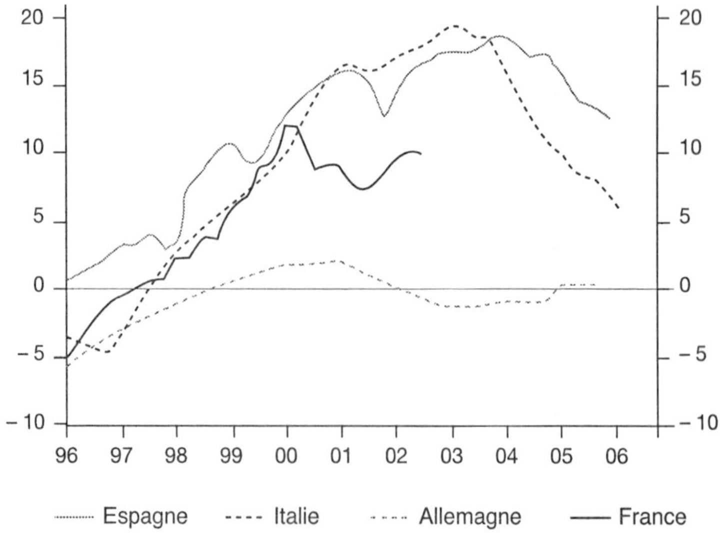

Sources : FNAIM, Statistiques nationales.

Le problème suivant concerne les prix des actifs. Les dirigeants des banques centrales s'accordent apparemment pour dire qu'il ne peut pas y avoir de conflit entre l'objectif de contrôle de l'inflation et celui de contrôle des prix d'actifs, dans la mesure où, si l'on maîtrise l'inflation, il ne peut y avoir de déséquilibre financier, et partant pas de risque de bulle spéculative. Il en va bien différemment en réalité. Prenons l'exemple du Royaume-Uni (figure 5) où l'inflation a été très basse ces vingt dernières années (1 à 2 %), le crédit en très forte hausse (entre 10 et 15 %), et le prix de l'immobilier en hausse de 15 à 25 % par an.

Figure 5.
Royaume-Uni : inflation, prix des maisons et crédits aux ménages

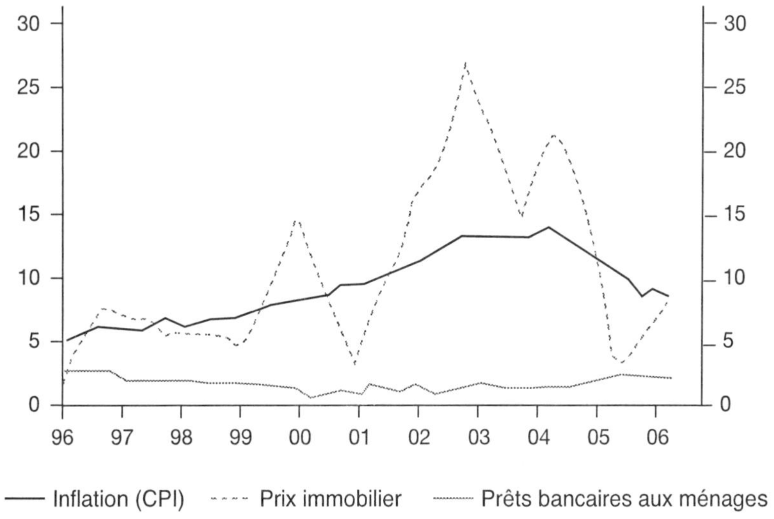

Sources : ONS, Halifax.

En réalité, il peut y avoir conflit entre le contrôle des prix d'actifs et la maîtrise de l'inflation. De sorte que si la banque centrale doit choisir entre la maîtrise d'un bien et celle d'un actif, dont l'offre manque totalement d'élasticité, elle optera sans doute pour les prix d'actifs plutôt que pour les prix des biens.

Ainsi, la banque centrale ne peut pas se retrancher derrière l'idée que la maîtrise de l'inflation suffit : on peut très bien connaître une inflation faible ou nulle sur une très longue période tout en ayant de gros problèmes en ce qui concerne les prix d'actifs. Or les prix d'actifs sont fortement corrélés à l'endettement des ménages. Il semble qu'il soit important que la banque centrale empêche l'augmentation excessive des prix d'actifs, afin d'éviter les crises bancaires, la perte de richesse et le risque évident de déflation.

2. La mondialisation

P. Artus : En 1996, nous nous trouvions dans un régime d'économies fermées. Dans un tel contexte, lorsque le chômage baisse et l'utilisation des capacités augmente, l'inflation se profile à l'horizon ; on peut alors s'appuyer sur un moyen très simple pour mener sa politique monétaire : observer les indicateurs précurseurs de l'inflation que sont l'emploi et le crédit. Le monde a radicalement changé depuis. On a pu constater une augmentation importante des flux, non seulement en ce qui concerne les marchandises, les services de crédit et les capitaux, mais aussi la main-d'œuvre. On est encore en train d'étudier les effets de la migration sur les économies, mais on n'en a sans doute pas pris toute la mesure, loin s'en faut.

Le monétarisme repose sur l'idée qu'une augmentation excessive de la masse monétaire ou de l'offre de crédit provoque une hausse de la demande de biens, et qu'à un moment donné, l'offre de marchandises étant rigide, elle atteint sa limite et on aboutit à l'inflation. Dans un monde où les biens, la main-d'œuvre et les capitaux peuvent circuler en toute liberté d'un pays à l'autre, et où les pays émergents disposent d'un excédent de capacités énorme (la Chine a un taux d'investissement en pourcentage du PIB de plus de 50 %), l'offre de biens et de services est devenue très flexible, au niveau national. Cela doit nous inciter à revoir notre définition du monétarisme. Une expansion du crédit a toujours pour effet une hausse de la demande de biens et de services, mais si l'offre de biens et de services est très flexible, cela n'aboutit pas à un accroissement de l'inflation. Tous les indicateurs avancés de l'inflation future envoient des signaux erronés : une demande intérieure plus forte, plus d'emplois, un rythme accru de la distribution du crédit et un taux de croissance plus élevé de l'agrégat monétaire M 3 ne donnent pas une inflation plus importante si ces phénomènes sont compensés par une hausse des importations. Cela est très important.

Observons quelques figures, en commençant par l'hypothèse classique selon laquelle la croissance de M 3 constitue un indicateur avancé de l'inflation future (figure 6).

Figure 6.
Zone euro : M 3, inflation et importations

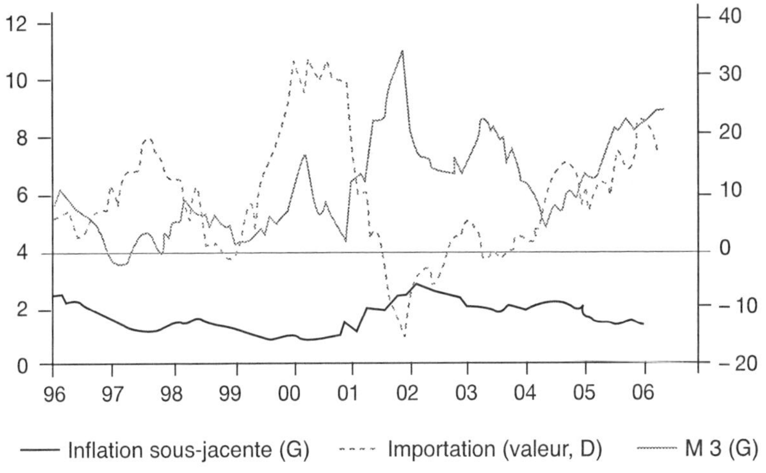

Sources : BCE, IXIX CIB.

On constate que, dans la zone euro, une augmentation de la masse monétaire (ce qui, dans les économies modernes, signifie une augmentation de l'offre de crédit) peut avoir pour conséquence une hausse des importations plutôt que de l'inflation. La demande supplémentaire a été satisfaite par une hausse des importations, et non par une demande accrue en direction de la production nationale. Si vous souhaitez acheter un téléviseur supplémentaire, celui-ci sera fabriqué en Chine, de sorte qu'il ne contribuera pas à l'inflation européenne. C'est le point de départ pour étudier les effets de la mondialisation sur l'environnement économique.

Figure 7.
Zone euro : demande intérieure, importations production industrielle (base 100 en 1999)

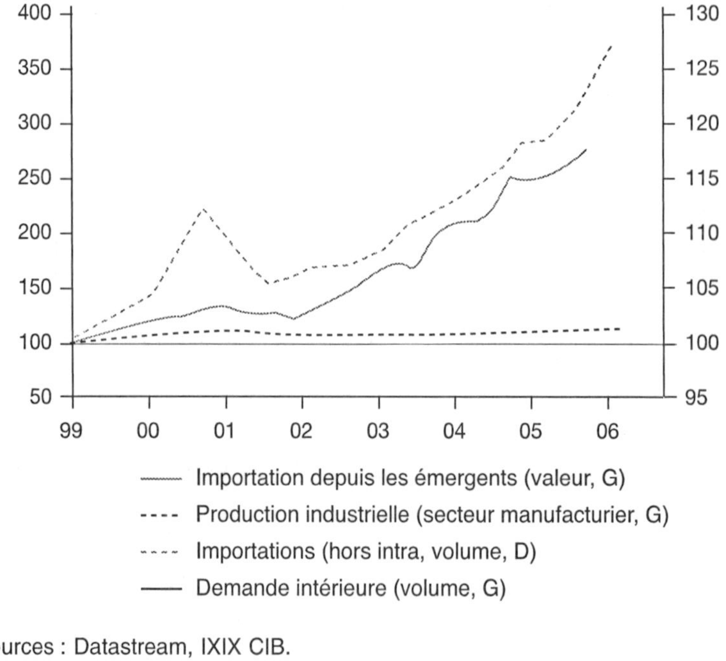

Sources : Datastream, IXIX CIB.

On constate (figure 7) que les importations en provenance des pays en développement ont augmenté d'environ 300 % depuis la mise en place de l'euro, de sorte qu'il est difficile de continuer à réfléchir en termes d'économie fermée. Dans un article du *Financial Times* (9 novembre 2006), le gouverneur de la BCE défend l'idée qu'on peut utiliser la croissance de la masse monétaire et l'expansion du crédit comme indicateurs avancés de l'inflation future. De toute évidence, il continue à réfléchir en termes d'économie fermée.

Il y a vingt ans, avec la forte expansion du crédit et la reprise nette de la demande que nous connaissons, nous aurions été confrontés à l'inflation, mais ce n'est pas le cas aujourd'hui, parce que ce que nous voulons acheter peut être produit ailleurs, dans des pays qui ont un énorme potentiel pour produire davantage. La Chine possède d'immenses réserves de main-d'œuvre, sous la forme de 300 millions de faux chômeurs dans les campagnes. La surcapacité vient aussi du fait que l'investissement augmente de 30 % par an en Chine ainsi que dans d'autres pays asiatiques. Il est désormais impératif de penser tous les facteurs en fonction de ce contexte d'économies très ouvertes.

Si l'on considère que la politique monétaire tient compte d'un facteur variable qui donne une hausse des prix lorsque la demande qui lui correspond est trop forte, alors les biens et les services échangés ne rentrent plus dans ce cadre, car l'offre qui leur correspond est devenue trop flexible. La politique monétaire a besoin de s'appuyer sur des éléments dont l'offre est extrêmement rigide, idéalement les actifs, comme l'immobilier, les actions, les obligations, et ainsi de suite.

Une autre question concerne la conduite à suivre au niveau régional ou national, et au niveau mondial. L'inflation est désormais un phénomène purement mondial ; on ne la voit pas reparaître à l'échelle locale si elle n'apparaît pas à l'échelle mondiale. Tant que des pays comme la Chine, l'Inde, le Brésil, etc., continuent à produire à bas prix tout en ayant une part importante de capacités inutilisées, l'Europe, le Royaume-Uni et les États-Unis ne connaissent pas d'inflation locale. Il faut donc que l'inflation – et cela sans doute pour une très longue durée – soit contrôlée à l'échelle planétaire, les biens sont très mobiles, de sorte que l'inflation est la même partout. Tant que la Chine ne fonctionne pas à pleine capacité, ce qui ne devrait pas arriver avant cinquante ans, on ne court aucun risque.

La figure 8 (p. 264) montre qu'à l'échelle mondiale, l'augmentation de la monnaie centrale se situe entre 12 et 15 % par an, ce qui prouve que la politique monétaire est globalement très expansionniste. Personne ne tient compte de ce fait, et la politique monétaire continue d'être menée à l'échelle locale. Or, à l'échelle locale, si l'inflation est un phénomène purement mondial, il nous faut quelque chose qui puisse être maîtrisé localement et qui soit significatif au niveau local. Le crédit et les prix d'actifs sont des candidats tout désignés pour cela, ce qui n'est certes pas le cas de l'inflation !

Figure 8.
Monde* : base monétaire et réserves de change

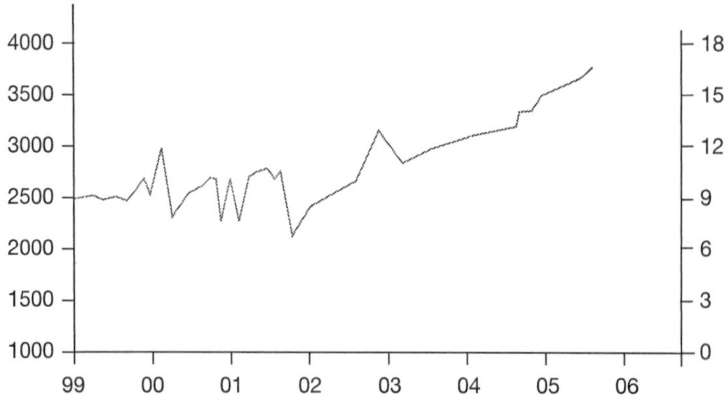

(*) États-Unis, Canada, UE à 15, Japon ; Chine, Inde, autres pays d'Asie, Peco ; Amérique latine y compris, Mexique, Russie, Norvège et OPEP
Sources : Banques centrales, Calculs IXIX CIB.

W. Buiter [exprime son désaccord avec l'idée de Patrick Artus selon laquelle l'inflation est un phénomène exclusivement mondial, et qu'il ne survient à l'échelle locale que s'il existe à l'échelle mondiale, en raison de la mobilité des biens] : Je ne le crois pas. Cela n'a rien à voir avec la mobilité des biens, mais l'inflation deviendra un phénomène planétaire si les diverses monnaies fiduciaires nationales deviennent de parfaits substituts. Je pense que Alan a raison de dire que les phénomènes réels ont des conséquences nominales, tout comme un phénomène nominal a, au moins à court terme, des conséquences réelles, mais cela est très loin de l'idée que l'inflation est devenue un phénomène mondial. L'ouverture toujours plus grande qui accompagne la mondialisation n'a pas de répercussions manifestes sur les facteurs économiques responsables de l'inflation à l'échelle nationale, tant que l'économie en question a un taux de change flottant.

P. Artus : Prenez deux pays, disons l'Europe et la Chine, ayant des relations commerciales libres entre eux, et au départ des coûts unitaires de main-d'œuvre et des niveaux de prix très différents. Willem dit que le système de change s'ajustera, qu'on s'orientera très vite vers des taux de change à parités de pouvoir d'achat (PPA) égales. Comment cela pourrait-il fonctionner dans le cas de l'Europe et de la Chine ? Le coût unitaire de la main-d'œuvre en Chine est sept fois moins élevé qu'en Europe, or nous ne pouvons pas laisser l'euro se déprécier de 600 %. Donc, en réalité, nous sommes quasiment dans un système de taux de change fixes. Ce que l'on peut constater entre ces deux pays, c'est une convergence des niveaux de prix assortie de taux de change quasiment fixes, ce qui implique que le niveau de prix augmente en Chine tandis qu'il baisse en Europe. Ce n'est pas tout à fait ce que dit la théorie, mais c'est ce que l'on obtient. La même chose s'est déjà produite auparavant avec des pays beaucoup plus petits, mais de manière moins symétrique. On a vu cette convergence des niveaux de prix lorsque l'Irlande, l'Espagne et le Portugal ont rejoint l'Union européenne. Nous retrouvons la même situation aujourd'hui : des coûts salariaux et des niveaux de prix moins élevés en Europe et aux États-Unis, et des niveaux de prix plus élevés en Chine. Il ne s'agit pas vraiment de désinflation, mais plutôt de convergence des niveaux de prix, mais si cela doit prendre vingt ans, cela ressemblera fort à de la désinflation durant cette période.

La mobilité de la monnaie centrale est une question très intéressante. Prenez la Chine et les États-Unis, par exemple : les États-Unis connaissent un déficit commercial très important avec la Chine, car la demande intérieure croissante se trouve satisfaite par une augmentation des importations. Par ailleurs, ce déficit commercial est financé par l'accumulation de réserves en Chine, ce qui implique une augmentation du volume de la monnaie centrale dans ce même pays. Ainsi donc, le consommateur américain est financé par l'accroissement de monnaie centrale en Chine. Le marché hypothécaire du logement fournit une autre illustration de la mobilité de l'argent. Au Royaume-Uni, par exemple, beaucoup de gens font des emprunts en yens, en Hongrie, 90 % des prêts se font en euros. Si nous étions dans un monde où de fortes contraintes s'exerçaient sur les balances commerciales, on ne pourrait pas satisfaire l'augmentation de la demande intérieure par une hausse des importations. Cela signifierait, par exemple, que la politique monétaire se conformerait à un modèle dépassé, qui la pousserait à réagir immédiatement à une hausse de la demande intérieure pour stabiliser la balance commerciale. Cela ne correspond pas à ce qu'on peut constater. La politique monétaire ne manifeste aucune réaction ; il y a d'importants déficits commerciaux, facilement financés par l'extrême mobilité des capitaux et des biens.

W. Buiter : De toute évidence, si deux pays ou deux régions ont des taux de change fixes, alors leurs taux d'inflation convergeront. Tant que la Chine est attachée à maintenir un taux de change fixe par rapport aux États-Unis, leurs taux d'inflation, même en tenant compte de l'écart d'inflation entre les biens faisant l'objet d'échanges internationaux et les biens destinés à la consommation intérieure, convergeront. Le choix d'un taux de change flottant est politique, et l'inflation relève donc d'un choix de politique monétaire nationale. C'est la raison pour laquelle, par exemple, après la faillite du système de parité fixe entre le peso et le dollar, l'inflation mexicaine était 30 % au-dessus des taux américain et chinois. Il n'y a donc pas d'ambiguïté ici : sous régime de taux de change flottant, l'inflation relève de la responsabilité de l'autorité monétaire nationale.

L'entrée de la Chine et de l'Inde dans l'économie mondiale a, certes, constitué un événement capital. L'excédent de capacités que ces deux pays représentent (c'est indéniablement le cas pour la Chine ; celui de l'Inde est beaucoup moins clair, mais il pourrait éventuellement produire les mêmes effets) affecte les salaires réels mondiaux, le taux de rendement réel de la formation de capital à l'échelle mondiale, le taux de rendement sans risque et peut-être même les primes de risque à l'échelle planétaire. Il n'y a pas toutefois de répercussions mécaniques sur l'inflation, qui reste le produit des banques centrales nationales. L'inflation est donc créée au niveau national, tant qu'on se trouve sous un régime de change flottant.

Observons à présent les répercussions de la mondialisation sur la politique monétaire. Dans un monde où les taux de change sont flottants, la coordination des banques centrales en temps normal, hors crise monétaire, est inutile. La mondialisation n'implique pas qu'il est souhaitable d'augmenter la fréquence des rencontres entre les différentes banques centrales. Il est bien entendu essentiel qu'il y ait des rencontres entre les banques centrales ou entre les responsables de la stabilité financière afin de mettre en place des stratégies pour faire face à des risques systémiques mondiaux du type 11 septembre, et à la crise qui se profile touchant le risque de crédit. Il faut se tenir prêt, mais cela ne nécessite pas la tenue de réunions régulières payées à grands frais par l'argent du contribuable pour envoyer des émissaires du Trésor et de la banque centrale en Chine. S'il y a un problème de déséquilibres planétaires par exemple, la situation, qui ne saurait se prolonger longtemps, de l'excédent de la balance des paiements courants que connaît le reste du monde face aux États-Unis, alors la solution se trouve du côté des mesures budgétaires et des réformes structurelles (visant à influer directement sur l'épargne privée et le comportement des investisseurs). La politique monétaire peut accompagner l'ajustement des déséquilibres planétaires. Si elle cherche de manière active à décourager les variations des prix relatifs qui contribuent à l'ajustement sans heurts des déséquilibres planétaires, cela n'aura pas d'utilité. La politique monétaire jouera au mieux un rôle mineur, de soutien, dans le combat contre les déséquilibres planétaires.

A. Blinder : Voyons de quelles manières la mondialisation peut affecter la politique monétaire. Il doit y avoir une position intermédiaire raisonnable entre deux positions non fictives, positions défendues par des personnes bien réelles. L'une des positions extrêmes consiste à dire que la mondialisation a rendu caduques les anciennes règles de fonctionnement de la banque centrale ; qu'il faut tout réapprendre. On n'entend pas cela dans la bouche des théoriciens, mais on l'entend venant de nombreux non-spécialistes, y compris de la part de gens très habiles sur les marchés financiers, qui devraient montrer un peu plus de bon sens ! L'autre extrême consiste à dire que la mondialisation ne compte pas ; que les banques centrales n'ont qu'à continuer à fonctionner comme elles l'ont toujours fait.

Pour défendre l'idée d'une position intermédiaire entre ces deux extrêmes, nous commencerons par rappeler brièvement quel est le rôle de la politique monétaire. Elle est censée influer sur les trajectoires de l'emploi (E) et de l'inflation (π), essentiellement en agissant sur la demande globale, et par là sur l'écart de PIB ($y - y^*$), sur lequel son action s'exerce par la modification du taux d'intérêt réel à long terme par rapport à sa valeur d'équilibre ($r_L - r_L^*$). Il s'agit là de la vision moderne de la transmission des impulsions de la politique monétaire, par opposition à la vision de Milton Friedman, ce qu'elle fait essentiellement en modifiant le taux d'intérêt nominal à court terme (i_s). On a déjà un double glissement entre le taux nominal à court terme et le taux réel à long terme. Les questions qu'il convient de se poser sont donc les suivantes : la mondialisation peut-elle influer sur la trajectoire du PIB ou sur celle du PIB potentiel ? Quels sont ses effets sur les taux réels à long terme ou sur le taux réel d'équilibre à long terme ? Quelle est enfin son incidence sur le lien entre le taux nominal à court terme et le taux réel à long terme et/ou sur la capacité de la banque centrale à maîtriser le taux nominal court sur son propre marché ?

Revenons d'abord sur deux points de méthode que les économistes connaissent peut-être trop bien. Le premier concerne le fait qu'un phénomène nominal et un phénomène réel sont deux choses différentes : la mondialisation est un phénomène réel qui repose sur des échanges réels, une productivité chinoise supérieure, etc., et n'a donc rien à voir avec l'aspect nominal des choses qui, fondamentalement, dépend de la masse monétaire. C'est l'exemple parfait de la dichotomie classique qui veut que les phénomènes réels ne puissent pas avoir de conséquences nominales. En tant qu'économistes, nous aurions dû apprendre depuis les années 1930 qu'il n'en va pas ainsi. Tout phénomène réel n'a pas une conséquence nominale, mais il ne faut pas pour autant exclure la possibilité qu'il en ait une. Le second point, que nous enseignons également à nos étudiants, est qu'il est essentiel d'opérer une distinction entre les effets volume et les effets croissance, et que l'inflation correspond à la croissance de quelque chose. Dans le monde réel, la mondialisation, comme la plupart des changements, est un processus qui se déroule depuis un certain temps et qui se poursuit encore. Au plan conceptuel, on peut penser un monde d'économies totalement fermées puis d'économies totalement ouvertes, avec des volumes qui changent, mais il faut des décennies pour que ces volumes changent, de sorte que, pratiquement, on a affaire à des changements de taux de croissance.

Considérons à présent l'idée que la mondialisation n'a pas d'effet sur la façon dont les banques centrales opèrent dans les faits. On avance trois arguments pour réfuter cette idée :

1. La mondialisation devrait conférer aux influences et aux circuits *internationaux* standard une importance supérieure aux circuits intérieurs (c'est-à-dire que le taux de change influe sur les prix à l'importation qui, à leur tour, influent sur l'inflation, ou les taux de change à l'étranger, ce qui influe sur le taux de change national).

2. La croissance de l'économie mondiale grâce à l'arrivée de pays comme la Chine et l'Inde (ainsi que l'Europe de l'Est, et d'autres pays encore) dans le « monde économique » constitue un élément majeur de la mondialisation. Il y a vingt ans, ces pays ne faisaient pas partie de l'économie mondiale ; c'est bel et bien le cas maintenant. Et leur présence se fera encore plus sentir dans la décennie à venir. Cela pourrait faire basculer l'équilibre mondial de la demande globale face à l'offre globale.

3. Les capitaux apatrides peuvent manifester une moins grande tolérance à l'inflation, ce qui pousse les gouvernements en général, et les banques centrales en particulier, à se montrer disciplinés.

Revenons sur ces trois points un peu plus en détail, en commençant par l'idée de l'importance accrue des influences et des circuits internationaux. C'est une des réalités de la mondialisation que les parts commerciales sont plus importantes qu'auparavant, et le phénomène se poursuit dans tous les pays. dans les pays riches, cela correspond à une évolution à long terme plutôt qu'à une rupture. Prenons la part commerciale des États-Unis, par exemple. Elle n'est pas tout à fait linéaire, mais elle ne cesse de grimper, et cela va continuer. La tendance vers une plus grande ouverture n'était pas plus forte dans les années 1990 qu'elle l'était dans les années 1960 : les volumes sont beaucoup plus importants, mais la tendance est la même. Et si l'on regarde de plus près le circuit de transmission dont on a parlé plus haut, par lequel l'expansion monétaire est censée faire baisser le taux de change, la dépréciation de la monnaie est censée faire monter les prix à l'importation, et la hausse des prix à l'importation faire augmenter le taux d'inflation intérieure, on est frappé par deux choses étranges. Les choses sont beaucoup plus simples, conceptuellement, qu'elles n'en ont l'air, ce circuit est beaucoup moins important qu'on ne pourrait le croire ; de surcroît, il semble perdre de son influence, au lieu d'en gagner. On pourrait penser qu'avec le développement de la mondialisation, les échanges sont de plus en plus nombreux, et les pays nouent des liens de plus en plus étroits, le circuit de transmission serait beaucoup plus prégnant, mais ce n'est pas le cas. On peut même constater que le circuit perd de sa force. On estime qu'aux États-Unis, les répercussions, qui ont toujours été faibles, semblent suivre une courbe asymptotique tendant vers zéro au fil du temps. Elles sont insignifiantes ! Cela est très étrange, et reste sans explication à ce jour.

Le canal de parité des taux d'intérêt n'a jamais fonctionné depuis des décennies. On aurait pu penser, naïvement, que cela était dû au fait qu'il n'y avait pas assez de mobilité du capital, et que les marges ne bénéficiaient pas d'un arbitrage satisfaisant. Partant, il serait raisonnable d'en déduire qu'à l'heure où le monde s'ouvre à une finance plus développée et plus dématérialisée, on devrait approcher de la parité des taux d'intérêt. Là encore, il semble qu'il n'en soit rien. Nous nous trouvons face à un réel paradoxe : nous savons que la mondialisation est bien là, nous savons que n'importe qui peut, avec un ordinateur, faire passer 10 milliards de dollars de la Chine vers les États-Unis en quelques millièmes de secondes, et pourtant la parité des taux d'intérêt n'est toujours pas en vue. Le signal est même souvent mal interprété : si l'on compare les taux à court terme dans deux pays différents, l'anticipation se fait dans la mauvaise direction. À cela également, on a du mal à trouver une explication.

Un dernier type de circuit où s'exerce l'influence de l'étranger concerne les répercussions de la mondialisation sur la productivité. C'est un nouveau concept, forgé par Rob Feenstra et Brad Jensen. Lorsqu'on observe la très grande hétérogénéité propre à tous les secteurs, et en particulier la productivité relative des différentes entreprises, usines, etc., on constate empiriquement que les entreprises et les usines ouvertes au commerce et opérant sur le marché international sont en moyenne plus productives que les établissements fonctionnant en secteur clos. En termes darwiniens, il semble que ceux qui sont contraints de se livrer à la concurrence internationale « courent plus vite ».

Feenstra cite une étude de Amiti et Wei montrant qu'aux États-Unis, « entre 1992 et 2000, l'externalisation des services représente sans doute entre 12 et 17 % de la hausse totale de la productivité. » Or, durant cette période, l'externalisation était un phénomène marginal. Au cours de la période 2000-2008, la part d'externalisation des services aux États-Unis sera cinq à dix fois plus importante. Ce pourcentage est donc en réalité très élevé. On peut recourir ici à la méthode citée plus haut, à propos des effets de volume et des effets de croissance. On a en fait affaire à des effets de volume sur la productivité, mais avec un volume qui ne cesse de grimper, tandis que, pour leur part, les processus d'ouverture et de mondialisation se poursuivent. Si cette poursuite s'accompagne toujours d'une légère progression de l'effet volume, il semble bien que l'effet de croissance pourra durer des décennies. Il en ressort qu'une plus grande ouverture aux échanges commerciaux peut stimuler la croissance de la productivité, et ce pour des raisons « schumpetériennes », si je puis m'exprimer ainsi.

Observons à présent la seconde manière dont la mondialisation pourrait influer sur la politique monétaire : par l'arrivée de nouveaux pays dans l'économie mondiale. Il semble que les pays émergents, en particulier la Chine, contribuent beaucoup plus à l'offre mondiale de biens et de services qu'à la demande mondiale. Qu'est-ce que cela implique ? À court terme, au sens keynésien, un accroissement de l'offre implique une moins grande tension sur le marché mondial, ce qui oriente la « courbe de Phillips » dans une direction favorable, c'est-à-dire vers une croissance plus rapide avec une inflation plus faible. Cela fait monter le taux de croissance potentielle, et la politique monétaire devrait s'adapter en conséquence. À long terme, au sens néoclassique, cela implique un taux d'intérêt réel à long terme plus bas, et la banque centrale doit ajuster son taux directeur pour s'adapter à ce nouvel environnement.

Le troisième argument en faveur de l'influence de la mondialisation est que les capitaux apatrides imposent le « consensus de Washington ». Si l'on observe cet apport de capitaux et de main-d'œuvre en termes de mobilité plutôt qu'en termes de quantité, il apparaît assez clairement que la mondialisation et la communication électronique ont augmenté la mobilité des capitaux beaucoup plus que celle de la main-d'œuvre. Cette mobilité existe, mais il n'est pas si facile de se déplacer de la Chine vers l'Europe ou les États-Unis. La mobilité des capitaux s'est accrue dans une bien plus large mesure que celle de la main d'œuvre, et cela a augmenté la puissance de négociation économique et politique du capital. Or, à cause du système fiscal, entre autres raisons, l'inflation a un effet négatif sur le rendement des capitaux. C'est pourquoi les marchés boursiers fléchissent lorsque l'inflation est en hausse. Ainsi, le capital est réfractaire à l'inflation, de sorte que les gouvernements qui suscitent chez lui des inquiétudes au sujet des conséquences inflationnistes de leur politique (entre autres choses) sont sanctionnés par le marché mondial des capitaux. On en a un exemple récent avec l'élection de Lula en 2002 qui a provoqué une quasi-panique au Brésil ; il se trouve qu'il suit en réalité une politique économique tout à fait conventionnelle, mais les craintes ont été grandes au départ.

On en conclura donc que le développement de la mondialisation (il faut souligner qu'il s'agit d'un processus continu et dynamique, et non d'une chose qui arrive du jour au lendemain) devrait accroître l'importance des circuits internationaux traditionnels mentionnés plus haut, mais que cela n'est apparemment pas le cas. Cela pourrait augmenter la croissance de la productivité pour les raisons avancées par Feenstra et Jensen. La mondialisation semble en outre contribuer davantage à l'offre qu'à la demande, et par suite faciliter la maîtrise de l'inflation, même si je n'irai pas aussi loin que Patrick pour qui on peut tout rapporter à la masse monétaire mondiale. Elle peut enfin renforcer les positions anti-inflationnistes des gouvernements et des banques centrales qui ont besoin de voir leur position affermie (beaucoup ne se trouvent pas dans ce cas), en raison du risque accru de retrait des capitaux.

B. Friedman (dans la salle) : Pour en revenir à ce que vous avez dit, Alan, sur les capitaux apatrides, avez-vous mentionné l'idée de « veille de marché obligataire » comme une idée qui est dans l'air du temps, ou bien comme une chose en laquelle vous croyez ? Apparemment, cela fait une vingtaine d'années que les veilles des marché obligataire sont tombées en sommeil. Les États-Unis connaissent un double déficit, de la balance courante et budgétaire, ce que, dans n'importe quel autre pays, on considérerait comme totalement irresponsable, or les veilles de marché obligataire ne s'en préoccupent absolument pas. Elles n'ont rien fait pendant l'ère Reagan, et même au milieu des années 1990, lorsque le président de la Chambre des représentants a suggéré l'idée que le gouvernement américain devrait peut-être se déclarer dans l'impossibilité de rembourser sa dette, les veilles de marché obligataire ont continué à fermer les yeux. En outre, parmi les pays touchés par la crise financière asiatique, on savait que certains connaissaient de graves déséquilibres macroéconomiques, tandis que d'autres semblaient être dans une situation saine. Il faut donc se demander si ces veilles de marché obligataire servent à quelque chose et, le cas échéant, à qui profite leur action.

A. Blinder : Je suis tout à fait d'accord avec la façon dont vous décrivez la disparition des veilles de marché obligataire (en particulier en ce qui concerne leur attitude face aux marchés américains), mais je parlais des politiques inflationnistes, en particulier dans les pays en voie de développement. Cela fait très longtemps que les États-Unis ne connaissent pas d'inflation (à moins, comme le font certains, qu'on descende au dixième de point !).

R. Solow : Je voudrais revenir sur ce qu'a dit Alan sur l'intégration de l'Inde et de la Chine dans les échanges économiques mondiaux et le déséquilibre qu'elle a introduit entre l'offre globale et la demande globale, au profit de la première. On pourrait affiner l'analyse. Cela suscite sans nul doute une hausse de l'offre globale de main-d'œuvre par rapport à la demande globale de main-d'œuvre, mais le rapport pourrait être inversé en ce qui concerne la demande et l'offre de capitaux.

Question d'un auditeur : Dans un monde où les taux d'intérêt nominaux et réels à long terme sont déterminés par l'épargne globale et/ou par les interventions et les politiques menées par les banques centrales, quelles en sont les répercussions sur la politique monétaire ; vaudrait-il mieux la resserrer, l'assouplir, ou la laisser telle quelle ?

P. Artus : Quelques semaines avant de quitter la Fed, Alan Greenspan a publié un article intéressant sur ce qu'il convient de faire lorsque les taux d'intérêt à long terme ne réagissent plus vraiment à ce qui se passe du côté des taux à court terme. Il y a deux hypothèses. Pour des raisons de croyance, le choc inflationniste n'a pas de répercussions sur les anticipations d'inflation, de sorte que les taux à long terme restent inchangés. Les banques centrales ne devraient pas chercher à lutter contre ce phénomène. En réalité, on se trouve avec un investisseur étrange, appelé banque centrale, qui achète des monceaux d'obligations. Les marchés pensent souvent que les banques centrales sont des investisseurs normaux qui cherchent à faire des profits, alors que ce n'est pas le cas. Leur cible est d'ordre macroéconomique : il s'agit de maintenir la stabilité de la monnaie ou de soutenir les exportations, elles ne s'intéressent donc pas tellement à la rentabilité de leurs investissements. D'étranges débats ont eu lieu concernant la question de savoir si la Banque populaire de Chine s'inquiétait d'éventuelles pertes de capital sur ce qu'elle détient en dollars. En fait, elle ne s'en soucie pas ; elle a une provision inscrite à son bilan, c'est tout. Si bien que face à cet investisseur étrange qui achète des obligations à l'aveugle, alors que les taux des obligations ne sont pas déterminés de manière conventionnelle (offre/demande), les banques centrales devraient se montrer beaucoup plus activistes afin de compenser le fait que les taux à long terme sont beaucoup plus rigides qu'auparavant. Elles n'osent sans doute pas le faire ; lorsqu'on entend parler de taux à court terme neutres, cela ne veut pas dire grand-chose. Si le taux à long terme ne réagit plus par rapport au taux à court terme, qu'est-ce donc qu'un taux à court terme neutre ? La rigidité des taux à long terme dans le monde d'aujourd'hui est sans doute due au fait que la Chine ainsi que d'autres pays achètent « à l'aveugle ». Normalement, les banques centrales devraient surréagir aux perturbations afin de compenser cela, dans la mesure où elles n'ont pas la maîtrise de la courbe.

A. Blinder : Si vous pensez que la demande venant de la Banque populaire de Chine est inélastique, alors le marché perd de plus en plus d'élasticité au fur et à mesure que la Chine et d'autres pays jouent un rôle de plus en plus important. Cela n'explique pas pourquoi il n'y a pas de changement de prix alors que la demande est très variable. Il s'ensuit que si les taux obligataires varient moins, c'est sans doute parce que l'offre est moins volatile.

W. Buiter : Si la banque centrale chinoise achète à n'importe quel prix, cela complique sans doute la tâche des autorités monétaires nationales lorsqu'elles veulent mener une politique monétaire qui dépend du rapport entre taux longs et courts, si le taux long est déterminé arbitrairement.

P. Artus : Un investisseur normal préférera détenir de l'argent plutôt que des obligations en fonction du niveau relatif des taux à court et à long termes, mais ce n'est pas comme cela que réagissent les banques centrales. C'est pourquoi le taux à long terme réagit moins au taux à court terme.

O. Issing : L'activisme suppose qu'on agit avant d'avoir connaissance des effets de son action. Cela suscite une telle volatilité des comportements qu'à la fin, il devient impossible de repérer quel est le résultat de ses actions. Par conséquent, si l'on n'est sûr de rien et si l'on ne sait pas très bien ce qui se passe à l'échelle mondiale, l'activisme n'est pas la bonne solution.

R. Solow : L'activisme se mesure de deux façons : par la fréquence des actions, et par leur ampleur. Bill Brainard a naguère démontré que moins on avait de certitudes quant à l'issue de ses actions, plus on faisait preuve de prudence.

W. Buiter : Imaginez que vous ayez un gouffre à franchir. Vous savez qu'il fait 300 mètres de profondeur et 1,20 mètre de large ; vous sautez en faisant un grand bond. Vous vous trouvez à présent au bord d'un autre gouffre, vous savez qu'il fait 300 mètres de profondeur, mais vous ne savez pas quelle est sa largeur. Il peut faire 1 mètre ou 1,50 mètre. Est-ce que vous sauterez moins loin ? Non, vous ferez un plus grand bond. L'incertitude peut donc mener à des actions de plus grande ampleur. Je ne cherche pas à démontrer que Brainard avait tort, mais je voudrais rappeler que l'incertitude ne conduit pas nécessairement à la prudence, ou à des demi-mesures.

R. Solow : Je doute que la rareté de l'action soit la meilleure réponse à l'incertitude. Cela dépend peut-être de la façon dont on veut agir, avec vigueur ou en douceur ; mais, dans bien des cas, on peut réagir à l'incertitude par l'exploration. Buiter a choisi un exemple où aucune exploration n'est possible. On aurait pu aussi lancer une pierre par-dessus le gouffre.

3. Communication et transparence

P. Artus : Selon la plupart des études contemporaines, la transparence est une nécessité, en particulier dans les pays qui pratiquent le ciblage de l'inflation · il faut donner aux marchés votre sentiment, les informer sur vos prévisions d'inflation, sur les modèles que vous utilisez, sur les raisons pour lesquelles vous baissez ou vous remontez les taux d'intérêt. il existe aussi de nombreuses études qui, à l'inverse, démontrent que la transparence a des effets négatifs. Si vous livrez une grande quantité d'information aux marchés, par exemple, vous coordonnez les anticipations, et cela peut susciter des réactions très brutales. Prenons un cas extrême : la banque centrale annonce que « le cours des actions va s'effondrer l'année prochaine », je vous laisse imaginer les conséquences ! Par ailleurs, une trop grande transparence de la banque centrale peut rendre plus difficile le contrôle de l'économie. La transparence est-elle donc une nécessité pour les banques centrales, ou non ? La question exige que l'on en débatte plus longuement. Il faut distinguer la transparence de la prévisibilité, ce sont deux choses différentes. La banque centrale peut être prévisible sans être transparente ; on peut prévoir ses actions, mais si ses actions sont stupides ou incompréhensibles, on ne comprendra pas les raisons qui les sous-tendent.

O. Issing : Lorsque je suis entré dans l'univers de la banque centrale à la fin des années 1990, je n'avais pas conscience de l'importance qu'allait prendre la communication. En Allemagne, dans les années 1970, par exemple, le président de la Bundesbank faisait un discours deux fois par an. Le discours était extrêmement ennuyeux, mais cela était sans importance puisqu'il donnait aux gens l'occasion de se rencontrer. Il ne suscitait aucune réaction de la part des marchés, les marchés financiers étaient absents. Un bulletin mensuel rendait compte de la bonne marche de l'économie ou évoquait certains problèmes, mais la Bundesbank n'accepta de reconnaître la récession qu'une fois cette dernière bel et bien installée. C'était l'époque où les banques centrales vivaient dans un monde opaque, qu'elles avaient elles-mêmes créé, du moins en partie. Cela rappelle l'histoire de la femme de l'évêque de Worcester, lady Wilberforce qui, lorsqu'elle entendit parler de la nouvelle doctrine de Darwin, en 1860, se serait exclamée : « Descendre des singes ! Nous ! Quelle horreur ! Espérons que ce n'est pas vrai, mais si c'est le cas, prions pour que cela ne se sache pas ! » Le monde a radicalement changé, et en mieux, à mon avis.

La politique monétaire ne peut fixer que le taux à court terme. L'effet des mesures qu'elle prend sur la courbe de rendement globale dépend beaucoup des anticipations ; dans ce contexte, il est manifeste que la communication est très importante. Il faut distinguer la communication concernant les mesures prises par la banque centrale à court terme de celle concernant les mesures prises à moyen ou à long terme. À court terme, la communication prend essentiellement la forme de mots codés donnant lieu à de très fortes attentes en ce qui concerne les décisions qui seront prises lors de la prochaine réunion du comité. Elle est à distinguer de la vision à plus long terme. À court terme, l'annonce n'est quasiment soumise à aucune condition, car normalement la situation n'a pas le temps de changer. Plus la communication vise un horizon lointain, plus les conditions risquent de changer. La différence entre les deux s'efface parfois, dans la mesure où il est quasiment impossible de communiquer les conditions de réalisation de l'annonce. C'est pourquoi ce que d'aucuns considèrent comme ce qui se fait de mieux en matière de communication de la part de la banque centrale, l'annonce de la trajectoire future des taux d'intérêt de la banque centrale, n'est pas la meilleure chose à faire. Premièrement, il est impossible d'établir clairement la conditionnalité de la trajectoire future annoncée des taux d'intérêt de la banque centrale. Deuxièmement, si des changements surviennent dans le contexte économique, comme un changement du taux d'intérêt, les gens se demanderont immédiatement quel sera l'impact de ce changement sur la trajectoire annoncée du taux d'intérêt. Ainsi, à moins que la banque centrale ne communique en permanence, les marchés seront plongés dans une grande incertitude quant à l'effet des changements sur la fonction de réaction de la banque centrale, ce qui suscite beaucoup de volatilité. Ce n'est pas par hasard si seules les banques centrales des petits pays ont choisi cette voie. Sur les marchés financiers, peu de gens se soucient de la communication des petites banques centrales ; il en va tout autrement des grandes banques centrales. Troisièmement, si la décision est prise par un comité, il est très difficile de se mettre d'accord sur des trajectoires futures de taux d'intérêt ; de plus, si individuellement, les membres du comité expriment des opinions divergentes, on a affaire à un type de communication qui suscite de l'incertitude et une grande volatilité sur les marchés, ce qui produit un effet contraire à l'effet souhaité dans le cadre d'une telle approche.

Une stratégie convaincante assortie de bons résultats et, donc, une politique de communication cohérente se complètent l'une l'autre sur le plus long terme et sont le signe d'une politique monétaire efficace. C'est dans un tel cadre qu'on peut ancrer durablement les anticipations d'inflation, au-delà du court terme. Pour y parvenir, la banque centrale doit en outre communiquer de manière à faire comprendre au public ainsi qu'aux marchés comment elle réagira à l'avenir aux chocs exogènes, de sorte que sa fonction de réaction apparaisse plus ou moins évidente. C'est là une condition majeure si l'on veut ancrer la communication sur le moyen ou le long terme.

A. Blinder : D'ici vingt ans au maximum, les projections sur les taux d'intérêt futurs de la BCE et de la Fed se feront numériquement, en quelque sorte. D'après Otmar, l'un des obstacles vient du fait que la conditionnalité ne peut pas être communiquée aux marchés, parce que les gens sont captifs de tout ce que dit la banque centrale, alors que cela est conditionné par le taux de change, entre autres choses. Si le taux de change varie, les gens s'attendront à ce que la politique monétaire prenne une nouvelle direction. Ils ont raison, et ils ne l'oublieront pas jusqu'à la prochaine annonce, de la part de la BCE, de la Fed ou de toute autre institution, relative à leur nouvelle trajectoire. Cela n'arrive pas à chaque minute, en réaction à chaque nouvelle donnée, mais lors de chaque réunion, quelle qu'en soit la fréquence. Contrairement à la Fed, la BCE n'a pas de longue tradition d'ouverture, parce qu'elle est beaucoup plus récente : à ses débuts, elle était plus ouverte que la Fed, mais a été très critiquée. Elle communiquait plus et mieux que la Fed dont la longue histoire se perd dans la période sombre de l'opacité. Comme chaque fois que la Fed pratiquait l'ouverture, ses agents finissaient par se demander : « De quoi avions-nous peur ? Pourquoi n'avons-nous pas agi ainsi il y a cinq ans ? », les épisodes d'ouverture de la Fed n'ont jamais produit un effet négatif quelconque. Ce qui est délicat (comme on l'a déjà évoqué), c'est qu'on ne peut pas révéler les décisions qu'on n'a pas encore prises !

W. Buiter : Techniquement, selon la constitution actuelle, l'annonce des taux futurs probables aurait valeur de mesure politique, de sorte qu'il faudrait organiser un vote à son sujet. Il serait difficile de faire voter le comité sur des structures par échéances contingentes dont l'horizon est à vingt ou trente ans. Le comité aurait un moyen opérationnel de contourner le problème en votant le taux courant et en confiant le reste des simulations stochastiques concernant la politique de taux d'intérêt future aux techniciens (c'est sans doute ce que font les Norvégiens !). Je ne suis pas certain que les banques centrales utilisent des modèles comportant des éléments prospectifs lorsqu'ils font leurs prévisions d'inflation, mais si c'est le cas, il leur faut, à un certain stade, introduire une fonction de réaction, tout simplement pour pouvoir résoudre le modèle et faire leur prévision. Les instruments dont on dispose pour faire des simulations stochastiques et construire un diagramme en éventail du taux d'intérêt en plus des diagrammes de l'inflation et de la production, ne posent pas de problème, il suffit de déléguer la tâche et de la placer sur un autre plan du point de vue de la législation actuelle.

O. Issing : Je ne voudrais pas parier sur les prévisions d'Alan concernant le comportement à venir de la BCE ainsi que des autres banques centrales ! On ne peut pas faire d'extrapolation, mais la communication est entrée dans une sorte de dynamique, qui fait que même les banques centrales les plus réticentes ne peuvent pas se permettre de ne pas se joindre au cortège, non seulement parce qu'elles auraient l'air ridicule, mais aussi parce qu'elles risqueraient d'être sanctionnées par les marchés. C'est une bonne chose. Cependant, dans cette évolution vers une transparence toujours plus grande, on peut rencontrer des événements face auxquels la transparence est facteur de volatilité, par exemple, et ne remplit pas le rôle qu'on attend d'elle. On ne peut donc pas en faire l'économie, mais tout dépend du processus d'apprentissage.

4. Responsabilité et indépendance

W. Buiter : Lorsqu'on parle de la responsabilité de la banque centrale, en particulier lorsqu'on a pour but de mettre la BCE devant son obligation de rendre des comptes (ce qu'elle aurait dû faire depuis longtemps), il est important de faire la distinction entre la responsabilité formelle, qui concerne l'obligation pour l'agent ou le mandataire de rendre compte au mandant ou au bénéficiaire et se rapporte à la transparence, et la responsabilité substantielle, laquelle, une fois que cette information a été transmise au mandant, peut entraîner certaines conséquences. Dans le cas des banques centrales, leur grande indépendance opérationnelle, en particulier celle dont jouit la BCE (la plus indépendante du monde au plan opérationnel, suivie de loin par la Banque d'Angleterre), signifie qu'il n'y a pas de responsabilité substantielle, qu'il n'y a pas de conséquences. On ne peut pas licencier les personnes, même pour incompétence, les seules raisons valables étant la faute grave ou l'incapacité légale, et, même dans ce cas, on peut se pourvoir en appel. Cela pose un problème. Il vaut mieux confier la politique monétaire, au sens étroit, à une banque centrale jouissant d'une grande indépendance opérationnelle, mais cela a des conséquences. Il s'ensuit que l'obligation de rendre des comptes doit être prise très au sérieux, de sorte que l'aspect de la responsabilité formelle qui consiste à dénoncer les abus (à travers les « listes d'infamies ») doit pouvoir s'effectuer dans les meilleures conditions possibles, et c'est pourquoi il est si important qu'il y ait à rendre compte des procédures, chose qui, étrangement, n'entre pas dans le cadre de la BCE, pas de minutes, pas de votes, etc. Cette obligation doit compenser l'absence de légitimité, inévitable lorsque l'autorité déléguée n'a pas à répondre ou à rendre compte de ses actes de manière substantielle.

Considérer la relation entre la BCE et le Parlement européen comme une relation mandataire-mandant, ou même curateur-bénéficiaire force un peu le sens de ces notions, car un mandataire sur lequel le mandant ne peut influer (pour le sanctionner ou le récompenser), ou un curateur qui n'a pas de tierce partie au-dessus de lui pour juger s'il a agi au mieux des intérêts du bénéficiaire, avec le soin requis, n'est pas un mandataire ou un curateur normal. La question qui se pose est donc la suivante : comment, dans un régime de gouvernement démocratique, un mandataire qui, fondamentalement, n'a pas à répondre de ses actes, peut-il conserver sa légitimité en tant qu'autorité déléguée ? L'une des conditions nécessaires est de restreindre le domaine de la responsabilité substantielle, de transformer la banque centrale en une autorité monétaire minimaliste, opérationnellement indépendante. On ne devrait pas la laisser accumuler un grand nombre d'autres tâches, responsabilités et obligations, abritée qu'elle est derrière le rempart d'impunité que constitue l'indépendance opérationnelle. Dans le cas de la BCE, l'objectif est clair : la stabilité des prix au sens strict, et, subordonnés à cela, la croissance, l'emploi, le bonheur, etc. Il n'y a pas non plus d'ambiguïté sur l'instrument : il s'agit du taux d'intérêt nominal à court terme. Et on en reste là !

Quelles sont les tâches auxquelles la banque centrale doit renoncer ? Elle n'a pas à superviser ou à réglementer les banques, les institutions financières et les marchés financiers. Il est clair que ces tâches aussi doivent être déléguées, mais il faut que l'organisme de contrôle jouisse d'un degré d'indépendance opérationnelle moins élevé que celui de la banque centrale, car même si elles sont en partie techniques et spécialisées, les activités de contrôle et de réglementation sont aussi profondément politiques. Il y a des droits de propriété à la clé, sur lesquels on empiète régulièrement, de sorte qu'on ne peut pas abandonner ces fonctions à une instance qui serait intouchable, à l'abri de son rempart, à la manière des banques centrales indépendantes. Je suis prêt à avancer l'idée qu'il faut retirer à la banque centrale la propriété, le contrôle et la gestion des systèmes de règlement brut en temps réel (RBTR), comme Target, pour les confier à un autre organisme, éventuellement privé. Pour fonctionner efficacement, cet organisme devrait bénéficier d'une autorisation de découvert auprès de la banque centrale, ce qui n'est pas la même chose que de placer le système RBTR sous l'autorité de la banque centrale qui, à mon avis, ne devrait plus en avoir le contrôle. Or la BCE (du moins, certains de ses membres) ont exprimé le souhait, non seulement de conserver la maîtrise du système RBTR, mais encore de l'étendre à la compensation et à la liquidation des titres financiers en général. Cela encore devrait être confié à un organisme indépendant, et pour les mêmes raisons, cette tâche ne mérite pas et ne requiert pas le genre d'indépendance opérationnelle dont jouit la banque centrale. En la confiant à la banque centrale, on accroît dangereusement le domaine de la non-responsabilité. Enfin, je souhaiterais même qu'on retire à la banque centrale la fonction de prêteur en dernier ressort (PDR), au moins dans sa substance. Comment le faire si l'on croit que l'argent de la banque centrale joue un rôle fondamental dans la résolution ou la prévention des crises de liquidités ? Très clairement, pour répondre avec efficacité au problème de la fonction de PDR, il nous faut trois choses : une trésorerie pourvue d'un « trésor de guerre » à long terme (seul le trésor peut tenir la promesse d'une recapitalisation en dernier ressort), une instance de contrôle et de réglementation financière (la seule à détenir l'information), et la banque centrale, autorité monétaire, disposant d'un « trésor de guerre » à court terme, et donc de la capacité à créer des liquidités incontestées, à discrétion et sans délai. On peut bien entendu retirer, en substance, à la banque centrale la seconde fonction en accordant à l'instance de réglementation financière une autorisation de découvert illimité, garantie par le trésor de la banque centrale, afin qu'elle puisse remplir cette fonction. En vue de réduire le domaine de la non-responsabilité vis-à-vis du public, je préconise que cette fonction de PDR soit confiée à une telle instance de réglementation financière.

A. Blinder : En premier lieu, les « listes d'infamies » relèvent bien de la responsabilité substantielle. Au moment de quitter la Fed, auriez-vous préféré être à la place de Arthur Burns ou à celle d'Alan Greenspan ? Cela a son importance. Au demeurant, Willem a raison de dire qu'on pourrait faire mieux et qu'on pourrait être plus exigeant. Deuxièmement, on peut être reconduit dans ses fonctions, et cela relève du politique, aux États-Unis comme ailleurs. Si vous ne faites pas bien votre travail, on ne veut plus de vous, tout comme les hommes politiques peuvent être désavoués lors d'une élection. Troisièmement, et là je suis d'accord, c'est quasiment impossible à mettre en place en Europe, parce que c'est inscrit dans le traité, mais aux États-Unis (et dans bien d'autres pays), le *Federal Reserve Act*, ainsi que tout ce qu'il contient, provient de lois, votées par le Congrès, et susceptibles de subir des amendements à tout moment. De sorte que, dans un cas extrême où la banque centrale se met à adopter un comportement inacceptable, le Congrès peut saisir le taureau par les cornes, et lui imposer sa propre loi à travers des changements radicaux. Cela devrait figurer dans les statuts de toute banque centrale, même si on peut espérer n'y avoir jamais recours. Cela n'a jamais été le cas aux États-Unis, du moins depuis 1935, date de la restructuration de la Fed. Il existe donc trois types de responsabilités. Si l'on rapporte cela à la situation de Tony Blair, par exemple, il y a bien une « liste d'infamies ». Peut-être sera-t-il réélu, peut-être échouera-t-il lors d'un vote de confiance, de même y a-t-il une responsabilité substantielle qui s'applique à la banque centrale.

W. Buiter : Je suis d'accord avec l'idée que la Fed fait preuve de responsabilité substantielle dans une bien plus grande mesure que la BCE qui est la banque la plus indépendante du monde au plan opérationnel. Pour les membres de la BCE, la responsabilité substantielle ne représente pas grand-chose, puisque son directoire est élu pour huit ans, non renouvelables, et qu'il ne peut y avoir d'échec lors d'un vote de confiance, dans la mesure où la seule manière de faire évoluer le cadre légal et réglementaire de la banque est de changer le traité, ce qui ne peut se faire qu'à l'unanimité des 25 pays, et se révèle donc impossible. D'autres banques centrales opérationnellement indépendantes, comme la Banque d'Angleterre ou la Banque centrale de Nouvelle-Zélande, vont bien au-delà de ce qu'Alan a décrit comme des prérogatives de réserve : le Chancelier de l'Échiquier peut reprendre la main sur la fixation des taux à tout moment (sous réserve de l'accord du Parlement). Beaucoup d'autres pays disposent de prérogatives de réserve similaires, mais pas la BCE. La seule chose qui marche pour la BCE en matière de responsabilité substantielle, c'est la « liste d'infamies », et son efficacité dépend de la capacité à encaisser les coups que l'on prête aux personnes concernées. On aimerait, dans le cadre de la responsabilité démocratique normale, que ce ne soit pas le seul mécanisme sur lequel on puisse compter.

B. Friedman (dans l'assistance) : La « liste d'infamies » peut fonctionner différemment dans un contexte où les opinions sont hétérogènes. Paul Volcker est désormais considéré comme largement responsable de la bonne santé de l'économie des États-Unis, mais il fut un temps où on l'accusait à longueur de pages, dans le *New York Times* ou le *Wall Street Journal*, de saccager l'économie des États-Unis. Dans un monde où les opinions sont hétérogènes, ce genre de chose est donc à double tranchant.

O. Issing : L'idée qu'un mandataire indépendant doit être peu ou prou contrôlé par le mandant a beaucoup d'attraits à mes yeux. La théorie des choix publics prévoit des sanctions pour des travers comme le dépassement de la cible d'inflation. Son objectif est de concevoir un mécanisme de contrôle qui ne mette pas en péril l'indépendance politique, car si le mandant est aussi celui qui exerce le contrôle, on n'est jamais tout à fait sûr des raisons pour lesquelles le mandataire se trouve relevé de ses fonctions ou sanctionné. C'est un problème difficile à résoudre. Certes, plus le mandat est vaste, plus il est politique, et plus le politique a peine à résister à la tentation d'intervenir. Si le mandat est restreint au maintien de la stabilité des prix, il devient alors difficile de faire porter à la banque centrale la responsabilité d'autre chose ; le débat se resserre sur la question de savoir si la banque centrale remplit cet objectif précis. Dans le principe, je me range à la pensée de Willem, mais aucune proposition ne m'a encore convaincu.

Bibliographie

Aizenman, Joshua et Nancy Marion (2003), « The High Demand for International Reserves in the Far East : What is Going on ? », *Journal of the Japanese and International Economies*, 2003, 17 (3), pp. 370-400.

Allen, Franklin et Douglas Gale (2005), « From Cash-in-the-market Pricing to Financial Fragility », *Journal of the European Economic Association*, 3 (2 3), pp. 535-546.

Allen, Franklin, Stephen Morris et Hyun Song Shin (2006), « Beauty Contests and Iterated Expectations in Asset Markets », *Review of Financial Studies*, 19, pp. 719-752.

Angeletos, Marios et Alessandro Pavan (2007), *Wall Street and Silicon Valley : A Delicate Interaction*, Cambridge, Mass., National Bureau of Economic Research, pp. 1-49.

Atkins, Ralph (2006), « Trichet Defends ECB's Methods on Rates », *Financial Times*, 9 novembre.

Backus, David et John Driffill (1995), « Inflation and Reputation », *American Economic Review*, 75, pp. 530-538.

Bagehot, Walter (1874), *Lombard Street, A Description of the Money Market*, New York, Scribner, Armstrong.

Ball, Lawrence et Niamh Sheridan (2005), « Does Inflation Targeting Matter ? », in Ben Bernanke et Michael Woodford (éd.), *The Inflation-Targeting Debate,* Chicago, University of Chicago Press, pp. 249-278.

Barro, Robert et Roger Gordon (1983), « A Positive Theory of Monetary Policy in a Natural Rate Model », *Journal of Political Economy*, 91, pp. 589-610.

Bayrhoffer, Walther (1941), « Die alte und die neue Reichsbank », in *Deutsche Geldpolitik. Schriften der Akademie für Deutsches Recht*, Gruppe Wirtschaftswissenschaft (4), Berlin, Duncker & Humblot, pp. 87-102.

Berger, Helge (1997), « The Bundesbank's Path to Independence : Evidence from the 1950s' », *Public Choice*, 93, pp. 427-453.

Berger, Helge et Jakob de Haan (1999), « A State within the State ? An Event Study on the Bundesbank (1948-1973) », *Scottish Journal of Political Economy*, 46, pp. 17-39.

Bernanke, Ben (2006), « Monetary Aggregates and Monetary Policy at the Federal Reserve : A Historical Perspective », Commentaires à la 4e conférence de la BCE, Francfort, Allemagne, 10 novembre 2006.

Bernhard, William (1998), « A Political Explanation of Variations in Central Bank Independence », *American Political Science Review*, 92 (2), pp. 311-327.

Bethusy-Huc, Viola (1962), *Demokratie und Interessenpolitik*, Wiesbaden, Franz Steiner.

Bini-Smaghi, Lorenzo et Daniel Gros (2001), « Is the ECB Sufficiently Accountable and Transparent ? », ENEPRI, working paper n° 7, septembre.

Blanchard, Olivier et Stanley Fischer, *Lectures on Macroeconomics*, MIT Press, 1989.

Blanchard, Olivier et Jordi Gali (2005), « Real Wage Rigidities and the New Keynesian Model », NBER, working paper 11806 (novembre), National Bureau of Economic Research, Cambridge, Ma.

Blancheton, Bertrand (2001), *Le Pape et l'Empereur. La Banque de France, la direction du Trésor et la politique monétaire de la France (1914-1928)*, Paris, Albin Michel, coll. « Histoire de la Mission historique de la Banque de France ».

Borchardt, Knut (1976), « Währung und Wirtschaft », in Deutsche Bundesbank (éd.), *Währung und Wirtschaft in Deutschland, 1876-1975*, Francfort-sur-le-Main, Fritz Knapp, pp. 3-55.

Bourdieu, Pierre (1982), *Ce que parler veut dire*, Paris, Fayard.

Bourdieu, Pierre (2000), *Les Structures sociales de l'économie*, Paris, Fayard, 1982 ; Le Seuil.

Bouvier, Jean (1988), « The Banque de France and the State from 1850 to the Present Day », in Gianni Toniolo (éd.), *Central Banks' Independence in Historical Perspective*, Berlin et New York, Walter de Gruyter, pp. 73-104.

Bresciani-Turroni, Costantino (1968), *The Economics of Inflation. A study of Currency Depreciation in Post-War Germany*, Londres, Kelley Publishers.

Buchheim, Christoph (1999), « The Establishment of the Bank Deutscher Länder and the West German Currency Reform », in Deutsche Bundesbank (éd.), *Fifty Years of the Deutsche Mark : Central Bank and the Currency in Germany since 1948*, Oxford, Oxford University Press, pp. 55-100.

Buiter, Willem et Alain Jewitt (1981), « Staggered Wage Setting with Real Relativities : Variations on a Theme of Taylor », *The Manchester School*, 49 (septembre), pp. 211-228.

Burguière, André (2006), *L'École des Annales. Une histoire intellectuelle*, Paris, Odile Jacob.

Caesar, Rolf (1981), *Der Handlungsspielraum von Notenbanken. Theoretische Analyse und internationaler Vergleich*, Baden-Baden, Nomos.

Cagan, Phillip (1956), « The Monetary Dynamics of Hyperinflation », in Milton Friedman (éd.), *Studies in the Quantity Theory of Money*, Chicago, University of Chicago Press, pp. 25-117.

Cao, Jin et Gerhard Illing (2008), « Liquidity Shortages and Monetary Policy », CESifo, working paper Series, n° 2210, Munich.

Capie, Forest, Charles Goodhart, Stanley Fisher et Norbert Schnadt (éd.) (1994), *The Future of Central Banking*, Cambridge, Cambridge University Press.

Carpenter, Seth (2004), « Transparency and Monetary Policy : What Does The Academic Literature Tell Policymakers ? », Finance and Economics Discussion, series 2004-35, Washington, DC, Board of Governors of the Federal Reserve System.

Cecchetti, Steven et Stefan Krause (2001), « Central Bank Structure, Policy Efficiency and Macroeconomic Performance : Exploring the Empirical Relationships », NBER, document de travail n° 8354 (juillet).

Chadha, Jagjit et Charles Nolan (2001), « Inflation Targeting, Transparency and Interest Rate Volatility : Ditching "Monetary Mystique" in the UK », *Journal of Macroeconomics*, 23, pp. 349-366.

Chortareas, Georgios, David Stasavage et Gabriel Sterne (2001), « Does It Pay to be Transparent ? International Evidence from Central Bank Forecasts », Banque d'Angleterre, document de travail n° 143.

Clarida, Richard, Jordi Gali et Mark Gertler (1999), « The Science of Monetary Policy », *Journal of Economic Literature*, 37 (décembre), pp. 1661-1707.

Cukierman, Alex (1994), « Central Bank Independence and Monetary Control », *The Economic Journal*, 104 (427), pp. 1437-1448.

David, Paul (1985), « Clio and the Economics of QWERTY », *The American Economic Review*, 75 (2), pp. 332-337.

Debelle, Guy et Stanley Fischer (1994), « How Independent Should a Central Bank Be ? », in Jeffrey C. Fuhrer (éd.), *Goals, Guidelines and Constraints Facing Monetary Policymakers*, actes de la conférence de la Federal Reserve Bank de Boston, Series 38, pp. 195-225.

Debrun, Xavier (2001), « Bargaining over EMU vs. EMS : Why Might the ECB Be the Twin Sister of the Bundesbank ? », *Economic Journal*, 111, pp. 566-590.

De Haan, Jakob et Fabian Amtenbrink (2002), « A Non-Transparent European Central Bank : Who is to Blame ? », document présenté à la Conférence sur la transparence de la politique monétaire, Londres, Banque d'Angleterre (mai).

De Haan, Jakob, Fabian Amtenbrink et Sandra Waller (2004), « The Transparency and Credibility of the European Central Bank », *Journal of Common Market Studies*, 42, pp. 775-794.

Dehay, Éric (2001), « L'indépendance de la banque centrale : de la Bundesbank à la Banque centrale européenne », in Bernd Zielinski et Michel Kauffmann (éd.), *France-Allemagne. Les défis de l'euro. Des politiques économiques entre traditions nationales et intégration*, Asnières, PIA.

Demertzis, Maria et Andrew Hughes Hallett (2003), « Central Bank Transparency in Theory and Practice », manuscrit non publié, Banque des Pays-Bas et université Vanderbilt (janvier).

De Rato, Rodrigo (2006), « Shared Responsibilities : Solving the Problem of Global Imbalances », discours à l'université de Californie, Berkeley, 3 février.

Deutsche Bundesbank (1988), *30 Jahre Deutsche Bundesbank. Die Entstehung des Bundesbankgesetzes vom 26. Juli 1957*, Francfort-sur-le-Main, Deutsche Bundesbank.

Deutscher Sparkassen- und Giroverband [Association allemande des caisses d'épargne] (1960), in *Jahresbericht* [Rapport annuel] *1959*, Bonn.

Diamond, Douglas et Raghu Rajan (2005), « Liquidity Shortages and Banking Crises », *Journal of Finance*, 60 (2), pp. 615-647.

Dickhaus, Monika (1996), *Die Bundesbank im westeuropäischen Wiederaufbau. Die internationale Währungspolitik der Bundesrepublik Deutschland 1948 bis 1958*, Munich, Oldenbourg.

Die Bundesbank (1950), *Aufbau und Aufgaben : Bericht über eine Aussprache führender Sachverständiger*, Francfort-sur-le-Main, Fritz Knapp.

Distel, Joachim (2003), *Die Errichtung des westdeutschen Zentralbanksystems mit der Bank deutscher Länder*, Tübingen, Mohr.

Dooley, Michael, David Folkers-Landau et Peter Garber (2003), « An Essay on the Revived Bretton Woods System », NBER, document de travail n° 9971.

Dooley, Michael, David Folkerts-Landau et Peter Garber (2004a), « The Revived Bretton Woods System : The Effects of Periphery Intervention and Reserve Management on Interest Rates and Exchange Rates in Center Countries », NBER, document de travail n° 10332.

Dooley, Michael, David Folkerts-Landau et Peter Garber (2004b), « Direct Investment, Rising Real Wages and the Absorption of Excess Labor in the Periphery », NBER, document de travail n° 10626.

Dooley, Michael, David Folkerts-Landau et Peter Garber (2004c), « The US Current Account Deficit and Economic Development, Collateral for a Total Return Swap », NBER, document de travail n° 10727.

Dooley, Michael, David Folkerts-Landau et Peter Garber (2005a), « Savings Gluts and Interest Rates : The Missing Link to Europe », NBER, document de travail n° 11520.

Dooley, Michael, David Folkerts-Landau et Peter Garber (2005b), « Interest Rates, Exchange Rates and International Adjustment », NBER, document de travail n° 11771.

Duwendag, Dieter (éd.) (1973), *Macht und Ohnmacht der Bundesbank*, Francfort-sur-le-Main, Athenaeum.

Dyson, Kenneth et Kevin Featherstone (1999), *The Road to Maastricht. Negotiating Economic and Monetary Union*, Oxford, Oxford University Press.

Eggertsson, Gauti B. et Michael Woodford (2003), « The Zero Bound on Interest Rates and Optimal Monetary Policy », *Brookings Papers on Economic Activity*, 1, pp. 139-211.

Ehrenberg, Herbert (1973), *Zwischen Marx und Markt. Konturen einer infrastrukturorientierten und verteilungswirksamen Wirtschaftspolitik*, Francfort-sur-le-Main, Societätsverlag.

Eichberger, Jürgen et Martin Summer (2005), « Bank Capital, Liquidity, and Systemic Risk », *Journal of the European Economic Association*, 3 (2-3), pp. 547-555.

Eichengreen, Barry (1996), *Globalizing Capital : A History of the International Monetary System,* Princeton, Princeton University Press.

Eichengreen, Barry (2004), « Global Imbalances and the Lessons of Bretton Woods », NBER, document de travail n° 10497.

Eichengreen, Barry (2006), *The European Economy since 1945 : Coordinated Capitalism and Beyond*, Princeton, NJ, Princeton University Press.

Eichengreen, Barry et Raul Razo-Garcia (2006), « The International Monetary System in the Last and Next Twenty Years », *Economic Policy*, 47, pp. 393-442.

Eijffinger, Sylvester et Petra Geraats (2004), « How Transparent are Central Banks ? », *Cambridge University Working Paper in Economics* n° 0411 (janvier).

Eijffinger, Sylvester et Petra Geraats (2006), « How Transparent are Central Banks ? », *European Journal of Political Economy*, 22, pp. 1-22.

Eijffinger, Sylvester, Marco Hoeberichts et Eric Schaling (2000), « A Theory of Central Bank Accountability », CEPR, document de discussion n° 2354 (janvier).

Eisenberg, Larry et Thomas H. Noe (2001), « Systemic Risk in Financial Systems », *Management Science*, 47, pp. 236-249.

Elster, Jon (1987), *Ulysse et les sirènes*, Paris, Minuit.

Faust, Jon et Lars Svensson (2001), « Transparency and Credibility : Monetary Policy with Unobservable Goals », *International Economic Review*, 42, pp. 369-397.

Feldman, Gerald (1993), *The Great Disorder. Politics, Economics, and Society in the German Inflation, 1914-1924*, New York et Oxford, Oxford University Press.

Fels, Gerhard, Herbert Giersch, Hubertus Müller-Groeling et Klaus-Dieter Schmidt (1971), « Neue Rollenverteilung in der Konjunkturpolitik », *Die Weltwirtschaft*, 1, pp. 5-8.

Fisher, Irving (1930), *The Theory of Interest*, New York, MacMillan.

Fonds monétaire international (2005), « Global Imbalances : A Saving and Investment Perspective », in *World Economic Outlook*, Washington, DC, IMF.

Forder, James (1996), « On the Assessment and Implementation of "Institutional Remedies" », *Oxford Economic Papers*, 48 (1), pp. 39-51.

Franke, Günter et Jan Pieter Krahnen (2005), « Default Risk Sharing Between Banks and Markets : The Contribution of Collateralized Debt Obligations », CFS, document de travail 2005/06, Ifk-CFS Francfort.

Friedman, Benjamin (2004), « Why the Federal Reserve Should Not Adopt Inflation Targeting », *International Finance*, 7 (printemps), pp. 129-136.

Friedman, Milton (1976), *Inflation et systèmes monétaires*, Paris, Calmann-Lévy, Presses Pocket, n° 8, coll. « Agora ».

Fry, Maxwell, Deanne Julius, Lavan Mahadeva, Sandra Roger et Gabriel Sterne (2000), « Key Issues in the Choice of Monetary Policy Framework », in Lavan Mahadeva et Gabriel Sterne (éd.), *Monetary Policy Frameworks in a Global Context,* Londres, Routledge, pp. 1-216.

Fuhrer, Jeff et George Moore (1995), « Inflation Persistence », *Quarterly Journal of Economics,* 110 (février), pp. 127-159.

Gaugenrieder, Carl (1960), *Die rechtliche Stellung der deutschen Zentralnotenbank im Staatsgefüge in Geschichte und Gegenwart*, thèse, université de Würzburg.

Geisler, Rolf (1953), *Notenbankverfassung und Notenbankentwicklung in den USA und Westdeutschland*, Berlin, Duncker & Humblot.

Genberg, Hans, Robert McCauley, Yung Chul Park et Avinash Persaud (2005), « Official Reserves and Currency Management in Asia : Myth, Reality and the Future », *Geneva Reports on the World Economy*, ICMB, CEPR.

Geraats, Petra (2002a), « Why Adopt Transparency ? The Publication of Central Bank Forecasts », manuscrit non publié, université de Cambridge (juillet).

Geraats, Petra (2002b), « Central Bank Transparency », *Economic Journal,* 112, pp. 532-565.

Geraats, Petra (2005), « Political Pressures and Monetary Mystique », document de travail n° 0557 (décembre).

Geraats, Petra (2006), « Transparency of Monetary Policy : Theory and Practice », *CESifo Economic Studies*, 52, pp. 111-152.

Gerlach, Stefan et Frank Smets (1995), « The Monetary Transmission Mechanism : Evidence from the G7 Countries », CEPR, document de discussion n° 1219.

Gersbach, Hans (1998), « Financial Intermediation with Market Side Switching », manuscrit non publié, université de Heidelberg.

Giersch, Herbert, Karl-Heinz Paqué et Holger Schmieding (1992), *The Fading Miracle : Four Decades of Market Economy in Germany*, Cambridge, Cambridge University Press.

Goodhart, Charles (1992), « Entretien », *Revue d'économie financière*, 22 (automne), pp. 31-35.

Goodhart, Charles (2007), « The Interest Rate Conditioning Assumption », document de travail, London School of Economics, Groupe marchés financiers.

Goodhart, Charles et Gerhard Illing (éd.) (2002), *Financial Crises, Contagion and the Lender of Last Resort : A Reader*, Oxford, Oxford University Press.

Goodman, John (1991), « The Politics of Central Bank Independence », *Comparative Politics*, 23 (3), pp. 329-349.

Greenspan, Alan (1999), *New Challenges for Monetary Policy*, actes du symposium de la Federal Reserve de Kansas City à Jackson Hole, WY, 26-28 août 1999, http://www.kc.frb.org/PUBLICAT/SYMPOS/1999/sym99prg.htm.

Greif, Avner (1994), « Cultural Beliefs and the Organization of Society : a Historical and Theoretical Reflection on Collectivist and Individual Societies », *Journal of Political Economy*, 102, pp. 912-950.

Grilli, Vittorio, Masciandaro Donato et Guido Tabellini (1991), « Political and Monetary Institutions and Public Financial Policies in the Industrial Countries », *Economic Policy*, 6 (13), pp. 341-392.

Gruber, Joseph W. et Steven B. Kamin (2005), « Explaining the Global pattern of Current Account Imbalances », Board of Governors of the Federal Reserve System, *International Finance Discussion Papers*, n° 846, novembre.

Grüner, Hans-Peter (2002), « How Much Should Central Banks Talk ? A New Argument », *Economics Letters*, 77, pp. 195-198.

Haldane, Andrew et Vicky Read (2000), « Monetary Policy Surprises and the Yield Curve », Banque d'Angleterre, document de travail n° 106.

Hansmeyer, Karl-Heinrich et Rolf Caesar (1976), « Kriegswirtschaft und Inflation (1936-1948) », in Deutsche Bundesbank (éd.), *Währung und Wirtschaft in Deutschland 1876 1975*, Francfort-sur-le-Main, Fritz Knapp, pp. 367-429.

Hayo, Bernd (1998), « Inflation Culture, Central Bank Independence and Price Stability », *European Journal of Political Economy*, 14, pp. 241-263.

Hellwig, Christian (2005), « Heterogeneous Information and the Welfare Effects of Public Information Disclosures », document de travail, université de Californie à Los Angeles.

Hentschel, Volker (1988), « Die Entstehung des Bundesbankgesetzes 1949-1957. Politische Kontroversen und Konflikte », *Bankhistorisches Archiv*, 14, pp. 3, 31, 79, 115.

Holmström, Bengt et Jean Tirole (1998), « Private and Public Supply of Liquidity », *Journal of Political Economy*, 106, pp. 1-40.

Holtfrerich, Carl-Ludwig (1986), *The German Inflation 1914-1923. Causes and Effects in International Perspective*, Berlin et New York, Walter de Gruyter.

Holtfrerich, Carl-Ludwig (1988), « Relations between Monetary Authorities and Governmental Institutions : The Case of Germany from the 19th Century to the Present », in Gianni Toniolo (éd.), *Central Banks' Independence in Historical Perspective*, Berlin et New York, Walter de Gruyter, pp. 105-159.

Holtfrerich, Carl-Ludwig (1999), « Monetary Policy under Fixed Exchange Rates (1948-1970) », in Deutsche Bundesbank (éd.), *Fifty Years of the Deutsche Mark : Central Bank and the Currency in Germany since 1948*, Oxford, Oxford University Press, pp. 307-401.

Holtfrerich, Carl-Ludwig (2007), *Wo sind die Jobs ? Eine Streitschrift für mehr Arbeit*, Munich, Deutsche Verlags-Anstalt.

Illing, Gerhard (1992), « Private Information as Transaction Costs : The Coase Theorem Revisited », *Journal of Institutional and Theoretical Economics*, 148, pp. 558-576.

Illing, Gerhard (2004), « Financial Fragility, Bubbles, and Monetary Policy », in Hans-Werner Sinn, Mika Widgrén et Marko Köthenbürger (éd.), *European Monetary Integration*, Cambridge, MA, MIT Press, pp. 141-169.

Illing, Gerhard (2005), « How to escape contagion in the interest rate trap », in Reiner König et Hermann Remsperger (éd.), *Financial Stability and Globalisation*, Francfort : Deutsche Bundesbank, pp. 49-62.

Ito, Takatoshi, Eiji Ogawa et Yuri N. Sasaki (1998), « How did the dollar peg fail in Asia ? », *Journal of the Japanese and International Economies*, 12 (4), pp. 256-304.

Jeanneney, Jean-Noël (1976), *François de Wendel en République. L'argent et le pouvoir 1914-1940,* Paris, Le Seuil, coll. « L'univers historique ».

Jeanneney, Jean-Noël (1977), *Leçon d'histoire pour une gauche au pouvoir. La faillite du Cartel (1924-1926)*, Paris, Le Seuil, coll. « Histoire immédiate ».

Jensen, Henrik (2002), « Optimal Degrees of Transparency in Monetary Policymaking », *Scandinavian Journal of Economics*, 104, pp. 399-424.

Kaiser, Rolf (1980), *Bundesbankautonomie. Möglichkeiten und Grenzen einer unabhängigen Politik*, Francfort-sur-le-Main, R.G. Fischer.

Kaufmann, Daniel, Aart Kraay et Massimo Mastruzzi (2005), « Governance Matters IV : Governance Indicators for 1996-2004 », manuscrit non publié, Banque mondiale (mai).

King, Mervyn (1997), « Changes in U.K. Monetary Policy : Rules and Discretion in Practice », *Journal of Monetary Economics,* 39 (juin), pp. 81-97.

King, Mervyn (2006), Discours de « Mansion House », ville de Londres, 21 juin 2006.

King, Michael (2001), « The Politics of Central Bank Independence », *Central Banking*, XI (3), pp. 50-57.

Kloten, Norbert *et al.* (1980), *Zur Entwicklung des Geldwertes in Deutschland. Fakten und Bestimmungsgründe*, Tübingen, Mohr.

Kloten, Norbert, Karl-Heinz Ketterer et Rainer Vollmer (1985), « West Germany's Stabilization Performance », in Leon Lindberg et Charles S. Maier (éd.), *The Politics of Inflation and Economic Stagnation*, Washington, DC, Brookings Institution Press, pp. 353-402.

Koerfer, Daniel (1987), *Kampf ums Kanzleramt. Erhard und Adenauer*, Stuttgart, Deutsche Verlags-Anstalt.

Köhler, Horst et Andreas Kees (1996), « Die Verhandlungen zur Europäischen Wirtschafts- und Währungsunion », in Theo Waigel (éd.), *Unsere Zukunft heißt Europa. Der Weg zur Wirtschafts- und Währungsunion*, Düsseldorf, ECON, pp. 145-174.

Kösters, Wim (2003), « The Monetary and Economic Policy Coordination in the Third Stage of the EMU : The Risk of Asymmetric Shocks », in Jean-Victor Louis et Assimakis P. Komninos (éd.), *The Euro : Law, Politics, Economics*, Londres, British Institute of International and Comparative Law, pp. 483-486.

Kuttner, Kenneth et Adam Posen (2000), « Inflation, Monetary Transparency, and G 3 Exchange Rate Volatility », Institut pour l'Économie internationale, document de travail n° 006 (juillet).

Lordon, Frédéric (2000), « La force des idées simples. Misère épistémique des comportements économiques », *Politix*, 13 (52), pp. 183-209.

Lordon, Frédéric et André Orléan (2008), « Genèse de l'État et genèse de la monnaie : le modèle de la *Potentia Multitudinis* », in Yves Citton et Frédéric Lordon (éd.), *Spinoza et les sciences sociales*, Paris, Éditions Amsterdam.

Ludwig-Erhard-Stiftung (éd.) (1986), *Die Korea-Krise als ordnungspolitische Herausforderung der deutschen Wirtschaftspolitik. Texte und Dokumente*, Stuttgart, Fischer.

Mankiw, Gregory et Ricardo Reis (2002), « Sticky Information Versus Sticky Prices : A Proposal to Replace the New Keynesian Phillips Curve », *Quarterly Journal of Economics*, 117 (novembre), pp. 1295-1328.

Marcussen, Martin (1998), « Ideas and Elites : Danish Macroeconomic Policy Discourse in the EMU Process », thèse, université d'Aalborg.

Marsh, David (1992), *Die Bundesbank. Geschäfte mit der Macht*, Munich, Bertelsmann.

Milgrom, Paul et John Roberts (1994), « Comparing Equilibria », *American Economic Review*, 84, pp. 441-459.

Mishkin, Frederic (2004), « Why the Fed Should Adopt Inflation Targeting », *International Finance*, 7, pp. 117-127.

Moravcsik, Andrew (1999), *The Choice for Europe : Social Purpose and State Power from Messina to Maastricht*, Londres, UCL Press.

Morris, Stephen et Hyun Song Shin (2002), « The Social Value of Public Information », *American Economic Review*, 92, pp. 1521-1534.

Morris, Stephen et Hyun Song Shin (2005), « Central Bank Transparency and the Signal Value of Prices », *Brookings Papers on Economic Activity*, 2, pp. 1-66.

Morris, Stephen et Hyun Song Shin (2007), « Optimal Communication », *Journal of the European Economics Association Papers and Proceedings*, 5, pp. 594-602.

Müller, Helmut (1973), *Die Zentralbank eine Nebenregierung. Reichsbankpräsident Hjalmar Schacht als Politiker der Weimarer Republik*, Opladen, Westdeutscher Verlag.

Muller, Philippe et Murray Zelmer (1999), « Greater Transparency in Monetary Policy : Impact on Financial Markets », Banque du Canada, Rapport technique 86, Ottawa, Banque du Canada (août).

Nussbaum, Arthur (1934), « Comparative and International Aspects of American Gold Cause Abrogation », *The Yale Law Journal*, 44 (1), pp. 53-89.

Obstfeld, Maurice et Kenneth Rogoff (2004), « The Unsustainable US Current Account Position Revisited », préparé pour la conférence du NBER « G-7 Current Account Imbalances : Sustainability and Adjustment », 12-13 juillet 2004.

Ogawa, Eiji et Takatoshi Ito (2002), « On the desirability of a Regional Basket Currency Arrangement », *Journal of the Japanese and International Economies*, 16 (3), pp. 317-334.

Perrot, Marguerite (1955), *La Monnaie et l'opinion publique en France et en Angleterre de 1924 à 1936*, Paris, Armand Colin, « Cahiers de la Fondation nationale des sciences politiques ».

Pierenkemper, Toni (1998), « Die Angst der Deutschen vor der Inflation oder : kann man aus der Geschichte lernen ? », *Jahrbuch für Wirtschaftsgeschichte,* 1998 (1), pp. 59-84.

Plessis, Alain (1985), *Le Concours de la Banque de France à l'économie, 1842-1914. États, Fiscalités, Économies*, Paris, Sorbonne.

Plessis, Alain (1998), « Les rapports entre l'État et la Banque de France jusqu'en 1914 : tutelle ou indépendance ? », in *Histoires de la Banque de France*, Paris, Albin Michel, coll. « Histoire de la Mission historique de la Banque de France », pp. 161-182.

Pöhl, Karl Otto (1996), « Der Delors-Bericht und das Statut einer Europäischen Zentralbank », in Theo Waigel (éd.), *Unsere Zukunft heißt Europa. Der Weg zur Wirtschafts- und Währungsunion*, Düsseldorf, ECON, pp. 193-209.

Pöhl, Karl Otto (2003), « Die Bundesbank und die Europäische Währungsunion », in Wilhelm Hankel, Karl Albrecht Schachtschneider et Joachim Starbatty (éd.), *Der Ökonom als Politiker Europa, Geld und die soziale Frage*, Stuttgart, Lucius & Lucius, pp. 455-462.

Puhl, Emil (1941), « Die Wiederherstellung der deutschen Währungshoheit », *Deutsche Geldpolitik. Schriften der Akademie für Deutsches Recht, Gruppe Wirtschaftswissenschaft*, 4, Berlin, Duncker & Humblot, pp. 35-50.

Reinhart, Carmen, Kenneth Rogoff et Miguel Savastano (2004) « The Modern History of Exchange Rate Arrangements : A Reinterpretation », *Quarterly Journal of Economics*, 119, pp. 1-49.

Robert, Rüdiger (1978), *Die Unabhängigkeit der Bundesbank. Analyse und Materialien*, Kronberg/Taunus, Athenäum.

Roberts, John (1995), « New Keynesian Economics and the Phillips Curve », *Journal of Money, Credit and Banking*, 27 (novembre), pp. 975-984.

Rogoff, Kenneth (1985), « The Optimal Degree of Commitment to a Monetary Target », *Quarterly Journal of Economics,* 100 (novembre), pp. 1169-1189.

Rudebusch, Glenn et John Williams (2006), « Revealing the Secrets of the Temple : The Value of Publishing Central Bank Interest Rate Projections », document de travail n° 2006 31, San Francisco, Réserve fédérale de San Francisco.

Sauer, Stephan (2007), « Liquidity Risk and Monetary Policy », 2007-27, université de Munich.

Sayers, Richard (1976), *The Bank of England 1891-1944,* vol. 1, Cambridge, Cambridge University Press.

Schacht, Hjalmar (1937), « Die Wiederherstellung der deutschen Währungshoheit », *Zeitschrift der Akademie für Deutsches Recht*, 4, pp. 137-139.

Schelling, Friedrich von (1975), *Die Bundesbank in der Inflation. Plädoyer für eine neue Geldverfassung*, Francfort-sur-le-Main, Fritz Knapp.

Shaling, Eric et Charles Nolan (1998), « Monetary Policy Uncertainty and Inflation : The Role of Central Bank Accountability », *The Economist*, 146, pp. 585-602.

Shiller, Robert, John Campbell et Kermit Schoenholtz (1983), « Forward Rates and Future Policy : Interpreting the Term Structure of Interest Rates », *Brookings Papers on Economic Activity*, 1, pp. 173-223.

Shin, Hyun Song, (2005) « Financial System Liquidity, Asset Prices and Monetary Policy », in *The Changing Nature of the Business Cycle*, Sydney, Banque centrale d'Australie, pp. 312-335.

Shin, Hyun Song (2008), « Risk and Liquidity in a System Context », Princeton University, *Journal of Financial Intermediation*, juillet, pp. 315-329.

Sievert, Olaf (2003), « Vom Keynesianismus zur Angebotspolitik », in Sachverständigenrat zur Begutachtung der gesamtwirtschaftlichen Entwicklung (éd.), *Vierzig Jahre Sachverständigenrat 1963-2003,* Wiesbaden, Statistisches Bundesamt, pp. 34-46.

Siklos, Pierre (2002), *The Changing Face of Central Banking : Evolutionary Trends Since World War II,* New York, Cambridge University Press.

Singer, Kurt (1922), « Die Autonomie der Reichsbank », *Wirtschaftsdienst*, 7, pp. 734-735.

Smant, David (2002), « Has the European Central Bank followed a Bundesbank Policy ? Evidence from the Early Years », *Kredit und Kapital*, 35, pp. 327-343.

Sørensen, Jan (1991), « Political Uncertainty and Macroeconomic Performance », *Economics Letters*, 37, pp. 4377-4381.

Starbatty, Joachim (1984), « Zur Rollenverteilung in der Konjunkturpolitik », *Ordo Jahrbuch für die Ordnung von Wirtschaft und Gesellschaft*, 35, pp. 151-166.

Stern, Klaus (1999), « The Note-Issuing Bank within the State Structure », in Deutsche Bundesbank (éd.), *Fifty Years of the Deutsche Mark : Central Bank and the Currency in Germany since 1948*, Oxford, Oxford University Press, pp. 103-164.

Stolper, Wolfgang E. et Karl W. Roskamp (1979), « Planning a Free Economy : Germany 1945-1960 », *Zeitschrift für die gesamte Staatswissenschaft*, 135, pp. 374-404.

Svensson, Lars (1997), « Inflation Forecast Targeting : Implementing and Monitoring Inflation Targets », *European Economic Review*, 41 (juin), pp. 1111-1146.

Svensson, Lars (2004), « Challenges for Monetary Policy », document pour la réunion du groupe Bellagio à la Banque nationale de Belgique, janvier 2004.

Svensson, Lars (2006), « Social Value of Public Information : Morris and Shin (2002) Is Actually Pro Transparency, Not Con », *American Economic Review*, 96, pp. 448-451.

Tinbergen, Jan (1952), *On the Theory of Economic Policy*, Amsterdam, North-Holland Publishing Company.

Tinbergen, Jan (1956), *Economic Policy : Principles and Design*, Amsterdam, North-Holland Publishing Company.

Tomann, Horst (1997), *Stabilitätspolitik. Theorie, Strategie und europäische Perspektive*, Berlin, Springer.

Upper, Christian et Andreas Worms (2004), « Estimating Bilateral Exposures in the German Interbank Market : Is there A Danger of Contagion ? », *European Economic Review*, 48 (4), pp. 827-849.

Verhandlungen des Reichtags (1938), *III. Wahlperiode 1936*, 459, Berlin, Reichsdruckerei.

Vocke, Wilhelm (1956), *Gesundes Geld. Gesammelte Reden und Aufsätze zur Währungspolitik*, Francfort-sur-le-Main, Fritz Knapp.

Wallich, Henry C. (1955), *Triebkräfte des deutschen Wiederaufstiegs*, Francfort-sur-le-Main, Fritz Knapp.

Walsh, Carl (1999), « Announcements, Inflation Targeting and Central Bank Incentives », *Economica*, 66 (262), pp. 255-269.

Wandel, Eckard (1980), *Die Entstehung der Bank deutscher Länder und die deutsche Währungsreform 1948*, Francfort-sur-le-Main, Fritz Knapp.

Widdig, Bernd (2001), *Culture and Inflation in Weimar Germany*, Berkeley, Los Angeles et Londres, University of California Press.

Williamson, John (1990), « What Washington Means by Policy Reform », in John Williamson (éd.), *Latin American Adjustment : How Much Has Happened ?*, Washington, DC, Institute for International Economics, pp. 7-20.

Williamson, John (2000), *Exchange Rate Regimes for Emerging Markets : Reviving the Intermediate Option*, Washington, DC, Institute for International Economics.
Woll, Artur et Gerald Vogl (1976), *Geldpolitik*, Stuttgart, Gustav Fischer.
Woodford, Michael (2003), *Interest and Prices : Foundations of a Theory of Monetary Policy*, Princeton, Princeton University Press.

Index

Table

OUVRAGES PUBLIÉS PAR LE CENTRE COURNOT
POUR LA RECHERCHE EN ÉCONOMIE
(anciennement Centre Saint-Gobain)

MICHEL AGLIETTA ET ANTOINE REBERIOUX
Dérives du capitalisme financier

MASAHIKO AOKI
Fondements d'une analyse institutionnelle comparée

ROBERT BOYER
La croissance, début de siècle.
De l'octet au gène

OUVRAGES COLLECTIFS

Institutions et croissance.
Les chances d'un modèle économique européen

Institutions et innovation.
De la recherche aux systèmes sociaux d'innovation

L'avancée des biens publics.
Politique de l'intérêt général et mondialisation

La société du probable.
Augustin Cournot et la naissance des mathématiques sociales

Composition : Nord Compo
Impression : Bussière, octobre 2008
Éditions Albin Michel
22, rue Huyghens, 75014 Paris
www.albin-michel.fr

ISBN : 978-2-226-18704-8
N° d'édition : 25855 – N° d'impression : 083088/4
Dépôt légal : novembre 2008
Imprimé en France